分布式微服务架构
原理与实战

黄文毅 著

U0350729

清华大学出版社
北京

内 容 简 介

随着互联网技术的发展，系统架构由单体架构、垂直 MVC 架构、SOA 服务化、分布式服务演变到分布式微服务架构，这是互联网企业架构的必经之路。分布式微服务架构涵盖的技术面广，知识点多。本书旨在让更多计算机从业者熟悉一个完整的分布式微服务架构所涉及的基础概念、涵盖的技术以及实战开发。

本书蕴含的知识体系甚广，第 1~2 章主要讲解架构是如何向前演化发展的以及阅读本书之前需要准备的环境。第 3~5 章主要讲解服务之间的 RPC 调用、通信协议等。第 6~7 章主要讲解服务路由以及服务注册中心的原理和实践。第 8 章主要讲解服务调用。第 9 章主要讲解服务容器化以及如何部署和发布服务。第 10~11 章主要讲解服务限流、降级、容错以及熔断等技术。第 12~13 章主要讲解如何搭建服务日志和监控体系。第 15 章主要讲解配置中心的原理以及如何搭建配置中心。第 16 章主要讲解分布式数据库、分布式缓存、分布式事务、分布式 Session 以及服务如何通过 Kafka 解耦。第 17 章主要讲解微服务如何测试。第 18 章主要讲解目前主流的分布式微服务架构案例。

本书适用于所有 Java 编程语言开发人员、分布式微服务架构爱好者以及计算机专业的学生等。

图书在版编目（CIP）数据

分布式微服务架构：原理与实战/黄文毅著. —北京：清华大学出版社，2019.9
ISBN 978-7-302-53781-6

Ⅰ．①分… Ⅱ．①黄… Ⅲ．①分布式计算机系统Ⅳ．①TP338.8

中国版本图书馆 CIP 数据核字（2019）第 200062 号

责任编辑：王金柱
封面设计：王　翔
责任校对：闫秀华
责任印制：宋　林

出版发行：清华大学出版社
　　　　　网　　　址：http://www.tup.com.cn，http://www.wqbook.com
　　　　　地　　　址：北京清华大学学研大厦 A 座　　　　邮　　编：100084
　　　　　社 总 机：010-62770175　　　　　　　　　　邮　　购：010-62786544
　　　　　投稿与读者服务：010-62776969，c-service@tup.tsinghua.edu.cn
　　　　　质 量 反 馈：010-62772015，zhiliang@tup.tsinghua.edu.cn
印 装 者：三河市君旺印务有限公司
经　　销：全国新华书店
开　　本：190mm×260mm　　　印　　张：23.5　　　字　　数：602 千字
版　　次：2019 年 11 月第 1 版　　　　　　　印　　次：2019 年 11 月第 1 次印刷
定　　价：89.00 元

产品编号：082125-01

前　言

　　微服务是一种分布式系统架构，是近年来备受关注的话题。它是大型互联网公司系统架构发展到一定程度的产物。它建议我们将业务切分为更加细粒度的服务，并使每个服务的职责单一且可独立部署，服务内部高内聚，服务之间低耦合，彼此相互隔离。分布式微服务架构在大型互联网公司是一把利剑，但并非适合所有企业，比如传统 IT 企业。因为分布式微服务架构对技术要求高，需要我们有一个自动化部署系统、分布式微服务日志中心以及完善的服务监控和告警平台，对公司的运维人员要求更高，需要投入更多的人力和物力，只有大公司或者一流的技术团队才能真正玩得起微服务架构。所以，我们不能为了微服务而去微服务，需要根据企业自身的情况选择适合自己公司的系统架构。

　　本书是一本理论和实践相结合的图书，将非常完善地介绍分布式微服务所涵盖的方方面面的知识，并通过大量生动形象的原理图以及实战案例加深读者对微服务架构的理解，相信读者必会受益匪浅。

　　让我们开始分布式微服务架构的探险之旅吧！

本书结构

　　本书共 18 章，以下是各章节的内容概要。

　　第 1 章主要介绍系统架构的发展历程和架构演变：单体架构、垂直 MVC 架构、SOA 面向服务架构、分布式系统架构、分布式微服务架构。

　　第 2 章主要介绍开始学习分布式微服务架构之前的环境准备，包括 JDK 安装、Intellij IDEA 安装、Maven 安装、快速搭建 Spring Boot 项目以及 Spring Boot 核心功能及生产级特性。

　　第 3 章主要介绍微服务之间如何通过 RPC 相互调用、RPC 核心组件、RPC 调用过程、RPC 框架的性能以及目前流行的 RPC 框架等。

　　第 4 章主要介绍微服务之间调用时，数据如何进行序列化与反序列化，以及目前主流的序列化框架和实战。

　　第 5 章主要介绍回顾 Java 网络通信，包括传统 BIO 编程、伪异步 I/O 编程、NIO 编程，介绍目前非常流行的通信框架 Netty，以及如何通过 Netty 开发具体实例。最后，介绍分布式服务框架使用的私有协议和公有协议，设计自定义私有协议需要注意的问题。

　　第 6 章主要介绍微服务路由、服务信息存放方式、负载均衡的实现以及负载均衡算法。

　　第 7 章主要介绍微服务注册中心的概念、ZooKeeper 的概念、ZooKeeper 的原理、ZooKeeper 的安装、ZooKeeper 搭建集群环境、命令行客户端 ZkClient 以及 ZooKeeper 实现服务注册与发现。

　　第 8 章主要介绍服务调用的方式：同步调用、异步调用、并行调用、泛化调用等。

　　第 9 章主要回顾 Docker 容器化技术，包括 Docker 的基本概念、Docker 的架构、Docker 的安装、Docker 常用命令、Docker 构建镜像以及如何通过 Docker 技术将 Spring Boot 应用容器化。最后，介绍微服务部署的几种方式：蓝绿部署、滚动发布以及灰度发布/金丝雀部署等。

第 10 章主要介绍服务限流定义、服务限流算法、限流设计以及分级限流。

第 11 章主要介绍服务降级原因、服务降级开关、自动降级、读服务降级、写服务降级、服务容错策略、Hystrix 降级与熔断、服务优先级设计等。

第 12 章主要介绍服务版本和服务发布的三种方式：注解方式、XML 配置化方式、API 调用方式。

第 13 章主要介绍分布式日志、日志类型、日志结构、常用的日志框架以及如何搭建 ELK 日志中心。

第 14 章主要介绍分布式微服务架构监控，包括：监控价值、监控的完整体系、微服务监控的类型、Spring Boot 应用监控、Spring Boot Admin 监控系统以及如何集成 InfluxDB + cAdvisor + Grafana 搭建监控系统等。

第 15 章主要介绍配置中心的演化、配置中心的原理以及如何使用 Spring Cloud Config 搭建配置中心。

第 16 章主要介绍分布式数据库架构与原理、分布式事务理论、分布式缓存架构与原理、分布式 Session 架构与原理以及微服务之间的解耦。

第 17 章主要介绍微服务测试，包括：Spring Boot 单元测试、Mockito/PowerMockito 测试框架、H2 内存型数据库、REST API 测试以及性能测试等。

第 18 章主要介绍微服务架构案例：分布式微服务框架 Dubbo、Spring Boot + Spring Cloud 解决方案、Spring Boot + Kubernetes + Docker 解决方案等，同时介绍 Spring Cloud 的概念、Spring Cloud 生态、Dubbo 的原理、Kubernetes 的概念、Kubernetes 的原理与使用等。

学习本书的预备知识

Java 基础

读者需要掌握 J2SE 基础知识，这是最基本的，也是最重要的。

Java Web 开发技术

在项目实战中需要用到 Java Web 的相关技术，比如：Spring、Spring MVC、Tomcat 等技术。

Spring Boot 技术

本书的很多内容都是建立在读者了解 Spring Boot 的基础上展开的，读者需要对微服务脚手架 Spring Boot 的基础知识和功能特性有一定的了解。

其他技术

读者需要了解目前主流的技术，比如数据库 MySQL、缓存 Redis、消息中间件 Kafka、容器技术 Docker 等。

本书使用的软件版本

本书项目实战开发环境为：

- 操作系统 Mac Pro

- 开发工具 Intellij IDEA 2018.1
- JDK 使用 1.8 版本以上
- Spring Boot 最新版 2.1.4.RELEASE
- 其他主流技术基本使用最新版本

读者对象

- 使用 Java 技术体系的中、高级开发人员
- 系统架构师
- 系统运维人员
- 对分布式微服务架构感兴趣的所有开发人员

源代码下载

本书 GitHub 源代码下载地址：

https://github.com/huangwenyi10/distributed-service-architecture-book.git。

致谢

本书能够顺利出版，首先感谢清华大学出版社的王金柱老师及背后的团队对本书的辛勤付出，这是我第四次和王金柱老师合作，每次合作都能让我感到轻松和快乐，也让我体会到写作是一件快乐的事情，我很享受这个过程。

感谢厦门美图之家科技有限公司，书中很多的知识点和项目实战经验都来源于贵公司，如果没有贵公司提供的实战案例，这本书就不可能问世。感谢主管黄及峰，导师阮龙生和吴超群，同事张汉铮、兰可成、彭阳坤、黄灿槟、王怀宗、许巡枝、吴旭星，项目管理张春宇等在学习和生活上对我的照顾。

感谢笔者的女朋友郭雅苹，感谢她一路不离不弃地陪伴和督促，感谢她对我工作的理解和支持，感谢她对我生活无微不至的照顾，使我没有后顾之忧，全身心投入本书的写作中。

限于笔者水平和写作时间有限，书中肯定存在不妥之处，欢迎读者批评指正（邮箱：huangwenyi10@163.com）。

黄文毅

2019 年 5 月 31 日

目　　录

第**1**章

从架构演进启程

本章主要介绍系统架构的发展历程和架构演变，包括单体架构、垂直 MVC 架构、SOA 面向服务架构、分布式系统架构、分布式微服务架构。

1.1　水平分层架构

1.1.1　应用架构概述

人会随着生存环境的变化而不断成长，应用架构也一样。应用架构所处的环境是什么呢？答案是很明显的，应用架构所处的环境就是业务。业务由简单到复杂，应用架构也要相应地做出调整来适应业务的变化。任务脱离业务的架构都是耍流氓，因为架构一旦脱离业务，就好像人脱离了生存环境，皮之不存，毛将焉附。最早的应用程序业务比较简单，因此呈现出一种几乎无架构的状态，具体如图 1-1 所示。

无架构应用包括几十或者几百个功能项，而所有功能项都被打包进了一个单体的应用中，例如传统的 OA、ERP、CRM 等其他各种各样的软件。对于这种野兽级别的软件应用，其部署、排错、扩展和升级等工作对开发人员来说都是噩梦。

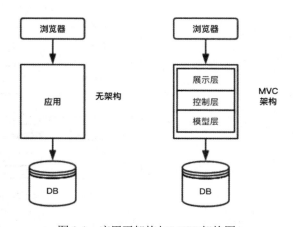

图 1-1　应用无架构与 MVC 架构图

1.1.2　MVC 架构/水平分层架构

随着业务不断复杂，我们意识到架构可以做到水平分层，比如展示层、控制层、数据层等。我们将这样的架构称为"MVC 架构"。

（1）展示层（View）

视图是用户看到并与之交互的界面。对老式的 Web 应用程序来说，视图就是由 HTML + CSS 元素组成的界面，在新式的 Web 应用程序中，HTML 依旧在视图中扮演着重要的角色。

（2）控制层（Controller）

控制层接收用户的输入并调用模型和视图完成用户的需求，所以当单击 Web 页面中的超链接和发送 HTML 表单时，控制器本身不输出任何东西和做任何处理。它只是接收请求并决定调用哪个模型构件去处理请求，然后确定用哪个视图来显示返回的数据，经典的技术有 Servlet、Structs、Spring MVC 等。

（3）模型层（Model）

模型层是应用程序中用于处理应用程序数据逻辑的部分。通常模型对象负责在数据库中存取数据。一个模型可以同时为多个视图提供数据。标准的 MVC 框架事实上并不包含模型层，通常需要专门的数据库连接池和统一的数据库访问接口对接数据库。因此，ORM 框架逐渐流行起来，常用的有 iBatis、MyBatis、Hibernate 等。这些 ORM 框架屏蔽了底层的数据库连接池和数据源的实现，实现程序对象到关系数据库数据的映射。

通过 MVC 框架开发的项目会统一打成大的 War 包，部署到 Tomcat、Jetty 等 Web 服务器上。传统的 MVC 框架如何实现高可用和高并发呢？具体原理如图 1-2 和图 1-3 所示。

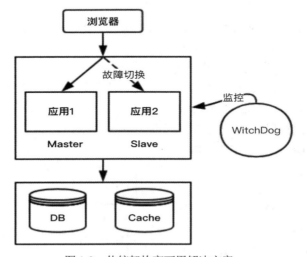

图 1-2　传统架构高可用解决方案

传统应用架构一般采用热双机的模式。正常情况下，Master 主机提供服务，当 Master 主机出现故障或者宕机的时候，切换到 Slave 从机。我们可以通过 Linux 的 WatchDog 或者 Keepalived 检测服务器的状态,如果有一台 Web 服务器宕机或工作出现故障,Keepalived 就会检测到,并将有故障的服务器从系统中剔除,同时使用其他服务器代替该服务器的工作,当服务器工作正常后,Keepalived 自动将服务器加入服务器群中。这些工作全部自动完成,不需要人工干涉,需要人工做的只是修复故障的服务器。对于高并发、大流量的场景,传统应用架构一般采用 Apache(软负载)或者 F5 做负载均衡,具体如图 1-3 所示。

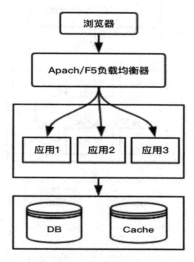

图 1-3 传统架构高并发解决方案

随着业务不断发展,业务变得越来越复杂,传统 MVC 架构下的系统应用代码越来越多,其缺点也渐渐显露出来。

- 部署效率低。业务膨胀导致代码膨胀、测试用例膨胀,编译和部署效率变低,某个功能出问题或者编译异常都得重新打包部署,效率极低。
- 维护困难。由于业务的膨胀,功能越来越复杂,代码修改牵一发而动全身,维护和定制都非常困难。
- 团队协作效率低,代码重复率高。
- 系统可靠性和可用性变差。业务的发展导致访问量、网络流量上升,负载均衡、数据库连接等都会面临巨大压力。由于所有的模块都在一个应用进程里,因此如果某个应用接口发生故障,比如内存泄漏,就会导致整个应用宕机,严重影响业务的正常进行。
- 新功能上线周期变长。新开发的功能需要和老功能一起打包、编译和测试,如果测试出 Bug,整个系统就需要重新修改、回归测试、打包和部署,这些强耦合会导致整个交互效率下降。

1.2 SOA 服务化架构

当水平分层应用越来越多时,应用之间的交互不可避免,我们需要将核心业务抽取出来,作为独立的服务,逐渐形成稳定的服务中心。同时将公共 API 抽取出来,作为独立的公共服务供其他调用者消费，以实现服务的共享和重用，降低开发和运维成本。应用拆分之后会按照模块独立部署，接口调用由本地 API 演进成跨进程的远程方法调用，具体如图 1-4 所示。

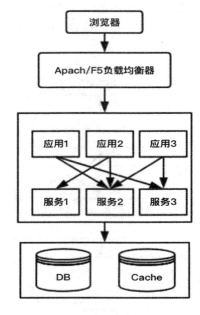

图 1-4　SOA 服务化原理图

应用和服务之间的远程调用或者服务之间的远程调用通常有两种方式，即基于 HTTP 的远程调用和基于 RPC 的远程调用。

1.2.1　SOA 概述

SOA（面向服务的架构）将应用程序的不同功能单元（称为服务）进行拆分，并通过这些服务之间定义良好的接口和契约联系起来。

SOA 是一种粗粒度、松耦合的服务架构，服务之间通过简单、精确定义接口进行通信，不涉及底层编程接口和通信模型。SOA 可以看作是 B/S 模型以及 Web Service 技术之后的自然延伸。

SOA 面向服务架构是站在一个新的高度理解企业级架构中的各种组件的开发、部署形式的，它将帮助企业系统架构者更迅速、更可靠、更具重用性地架构整个业务系统。SOA 架构能够更加从容地面对业务的急剧变化。

1.2.2　SOA 的特征

SOA 的实施具有几个鲜明的基本特征。实施 SOA 的关键目标是实现企业 IT 资产的最大化作用。要实现这一目标，就要在实施 SOA 的过程中牢记以下特征：

- 可从企业外部访问。
- 随时可用。

- 粗粒度的服务接口分级。
- 松散耦合。
- 可重用的服务。
- 服务接口设计管理。
- 标准化的服务接口。
- 支持各种消息模式。
- 精确定义的服务契约。

1.2.3　SOA 面临的问题

　　SOA 是一种粗粒度、松耦合的服务架构，随着业务的不断发展，服务数量越来越多，服务治理、服务运维、服务日志在线搜索查询、服务性能、面向服务后服务数量暴增对运维人员的挑战等一系列问题接踵而来。基于这些问题，分布式微服务架构应运而生。

1.3　分布式微服务架构

1.3.1　微服务概述

　　微服务是在 2014 年由 Martin Fowler 大神提出的。首先，可以肯定的是 SOA 和微服务是一脉相承的。Martin Fowler 提出这一概念可以说把 SOA 的理念继续升华，精进了一步。微服务的核心思想是在应用开发领域，使用一系列微小服务来实现单个应用，或者说微服务的目的是有效地拆分应用，实现敏捷开发和部署，可以使用不同的编程语言编写。

1.3.2　SOA 与微服务

　　从实现的方式来看，两者都具有中立性，与语言无关，协议跨平台。相比 SOA，微服务框架将能够带来更大的敏捷性，并为构建应用提供更轻量级、更高效率的开发。而 SOA 更适合大型企业中的业务过程编排和应用集成。

　　从服务粒度来看，既然是微服务，必然更倡导服务的细粒度，重用组合，甚至是每个操作（或方法）都是独立开发的服务，足够小到不能再进行拆分。而 SOA 没有这么极致的要求，只需要接口契约的规范化，内部实现可以更粗粒度。

　　从部署方式来看，传统的 SOA 服务粒度比较大，多数会采用将多个服务合并打成 War 包的方案。而微服务则打开了这个黑盒子，把应用拆分成一个一个的单个服务，应用 Docker 技术，不依赖任何服务器和数据模型，是一个全栈应用，可以通过自动化方式独立部署，每个服务运行在自己的进程中，通过轻量的通信机制联系，经常是基于 HTTP 或者 RPC 的，这些服务基于业务能力构建，能实现集中化管理。

　　另外，微服务是去 ESB（总线）、去中心化、分布式的，而 SOA 还是以 ESB 总线为核心，大量的 WS 标准实现。

1.3.3　微服务架构的特点

微服务的主要特点有：

- 单一职责：与面向对象原则中的单一职责原则类似，需要确保每个微服务只做一件事情。
- 独立部署、升级、扩展和替换：每个服务都可以单独部署及重新部署而不影响整个系统。微服务能以独立进程进行部署（对于重要服务而言），也可将多个微服务合设到同一个进程中，进行高密度部署（对于非核心服务）。服务可以被部署到物理机器上，也可以通过 Docker 技术实现容器级部署，降低部署成本，提高资源利用率。
- 支持异构/多种语言：每个服务的实现细节都与其他服务无关，这使得服务之间能够解耦，团队可以针对每个服务选择最合适的开发语言、工具和方法。
- 服务无状态：所有的微服务都尽量保证无状态或者有状态的可以做状态转移，例如 session 等数据，可以转移到 Redis 集群中。
- 微服务间采用统一的通信模式，如 RPC、REST 等。
- 隔离化：每个微服务相互隔离，互不影响。每个微服务运行在自己的进程中，某一个服务出现问题不会影响其他服务。
- 自动化管理：需要对微服务提供自动化部署和监控预警的能力，实现真正的 DevOps。

1.3.4　微服务架构的缺点

1. 复杂度高

微服务间通过 REST、RPC 等形式交互，需要考虑被调用方故障、过载、消息丢失等各种异常情况，代码逻辑更加复杂。

对于微服务间的事务性操作，因为不同的微服务采用不同的数据库，所以无法利用数据库本身的事务机制保证一致性，需要引入二阶段提交等分布式事务技术。

2. 运维复杂，成本高

在采用微服务架构时，系统由多个独立运行的微服务构成，需要一个设计良好的监控系统对各个微服务的运行状态进行监控。运维人员需要对系统有细致的了解才能够更好地运维系统，微服务架构的引入会带来运维成本的上升。

3. 影响性能

微服务之间通过 REST、RPC 等形式进行跨进程交互，增加网络 IO，通信的时延会受到较大的影响。

4. 依赖更加复杂

微服务架构模式下，应用的改变将会波及多个服务。比如，在完成一个需求时需要修改服务 A、B、C，而 A 依赖 B，B 依赖 C。在单体应用中，只需要改变相关模块，整合变化，部署就好了。

对比之下，微服务架构模式就需要考虑相关改变对不同服务的影响。比如，需要更新服务 C，然后是 B，最后才是 A。

1.3.5　微服务架构全景图

微服务架构平台技术体系非常庞大，这里只能简单列举平台基础的技术，具体内容如图 1-5 所示。

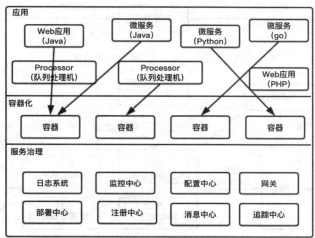

图 1-5　微服务架构简单全景图

- 日志系统（日志中心）：主要用于收集和管理微服务应用产生的日志，快速帮助开发人员定位异常，同时还可以在日志系统中搜索历史日志。日志配合告警系统，可以按照日志信息的等级（error、info 等）、日志的某一个具体的字段设置告警规则，通过短信、企业微信、邮箱提醒开发人员，帮助开发人员及时发现并解决问题。
- 监控中心：主要用于实时监控微服务运行情况，比如 CPU、内存、QPS、成功率等。设置各项指标的阈值，当微服务应用程序的某一个指标达到设置的阈值时，发出告警提醒开发人员及时处理问题。
- 配置中心：主要用于统一管理微服务的配置，开发人员或者运维人员通过配置中心可以实时动态更新微服务的配置参数，不需要重启系统，配置的参数即可生效。
- 网关：主要用于给前端调用提供统一的入口。
- 部署中心：主要用于编译并打包微服务源码并将其部署到 Docker 容器中，技术可以选择 Jenkins（慢慢淘汰）和 GitHub CI（主流）。
- 注册中心：主要用于管理微服务相关的配置信息，如服务提供者信息，常用的技术有 ZooKeeper 等。
- 消息中心：主要用于微服务之间相互解耦，常用的技术有 Kafka、RabbitMQ 等。大型互联网企业都有自己的消息中心，可以在消息中心管理 topic、查看消息队列的消费情况、查看消息队列的消费速度和堆积情况等。如果队列出现消息堆积，那么还会结合监控中心进行告警通知。

- 追踪中心：主要用于管理微服务的调用轨迹。
- 容器化：容器化技术促进微服务架构落地，目前流行的技术主要是 Docker 技术。
- 应用层：在应用层中主要相关的业务服务有用户服务、订单服务、产品服务等，各个微服务由不同的开发团队管理，每个团队可以选择适合自己业务开发的语言和技术框架，开发语言如 Java、Go、PHP，技术架构如目前流行的微服务脚手架 Spring Boot。

图 1-6 只是简单列举微服务中重要的组成部分，企业中用的技术更为复杂，其他子系统更为繁多。

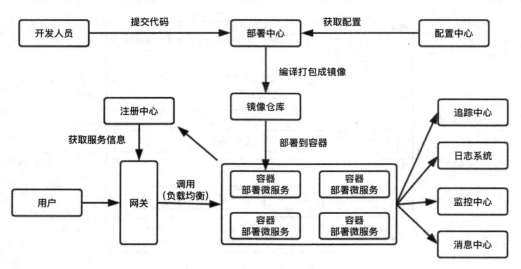

图 1-6　微服务架构各部分协调与分工

图 1-6 只是微服务架构简单的全景图，接下来我们了解各个部分是如何协调与分工的。

- 开发人员将代码提交到代码仓库（GitHub）。
- 部署中心从配置中心获取服务相关的配置参数。
- 部署中心将应用程序和配置文件一同复制到 Docker 镜像中，并上传镜像到镜像仓库。
- 服务发布时，从镜像仓库下载指定的镜像，启动并运行容器，容器启动后，会自动将配置信息写入注册中心。
- 用户通过浏览器或者移动端访问应用系统时，首先请求进入网关。
- 网关通过服务名称从服务注册中心获取服务所在的 IP 地址和端口，根据服务地址（IP 地址和端口）以反向代理的方式，结合一定的负载均衡策略调用具体的容器。
- 服务在容器运行过程中会产生大量的日志，这些日志会被收集到日志系统中进行管理，监控中心可以监控容器的运行情况，并通过可视化的报表展示数据（如 Grafana 技术），追踪中心提供图形化界面查看服务之间的调用轨迹以及所产生的调用时延迟等。

1.3.6　微服务类型

我们根据服务的作用以及特点，将其分为 4 种类型：基础服务、业务服务、前置服务、组合服务。不同服务迁移的优先级不同。

- 基础服务：基础组件，与具体的业务无关，比如短信服务、邮件服务等。这种服务最容易拆出来做微服务，是第一优先级分离出来的服务。
- 业务服务：一些垂直的业务系统，只处理单一的业务类型，比如评论服务、点赞服务、Feed服务等。这类服务职责比较单一，根据业务情况来选择是否迁移，是第二优先级分离出来的服务。
- 前置服务：前置服务一般为服务的接入或者输出服务，比如网站的前端服务、App 的服务接口等，这是第三优先级分离出来的服务。
- 组合服务：组合服务涉及具体的业务，比如订单服务，需要调用很多垂直的业务服务，这类服务一般放到最后进行微服务化架构改造，因为这类服务最为复杂，除非涉及大的业务逻辑变更，否则不会轻易进行迁移。

1.3.7　微服务拆分原则与步骤

微服务拆分是一个渐进的过程，不能一步到位。服务拆分之前，需要确认公司业务是否适合，是否需要进行微服务化改造，毕竟很多传统的垂直系统是不适合走微服务这一套的；需要梳理系统的业务，对不同的业务进行分类；同时需要加强团队成员的微服务架基础知识的配置，比如 Spring Boot 技术、Spring Cloud 技术等。

在进行微服务改造的过程中，优先对新业务系统进行微服务化，前期可以只有少量的项目进行微服务化改造，随着大家对技术的熟悉度增加，可以加大微服务改造的范围。

这里总结几个微服务拆分的步骤：

（1）梳理业务

梳理出业务模块以及模块之间的依赖关联关系。这一过程需要相关的业务人员一起评估。

（2）优先对公共业务进行服务化

优先对公共业务进行服务化，如用户服务、邮箱服务、消息服务等。

（3）对业务服务进行服务化

对业务服务进行服务化，切分的服务之间尽量不要有任何的关联，开始服务化时，先粗粒度地进行服务的划分，之后再慢慢根据业务的情况进行细粒度服务的切分，不必追求一步到位。微服务拆分后，服务之间的依赖关系复杂，如果循环调用，升级的时候就很头疼，不知道应该先升级哪个，后升级哪个，难以维护。

- 基础服务层以及基础业务服务层主要做数据库的操作和一些简单的业务逻辑，不允许调用其他任何服务。
- 组合服务层可以调用基础服务层完成复杂的业务逻辑，也可以调用组合服务层，但不允许循环调用，也不允许调用 Controller 层服务。
- Controller 层服务可以调用组合业务层服务，不允许被其他服务调用。

（4）微服务的领域模型设计

微服务拆分完成后，需要设计每个服务设计的数据库表、表与表之间的关系。数据库表设计需要文档化，方便相关开发人员查阅。

（5）定义微服务接口

　　数据库表设计完成后，需要定义服务接口，让外部调用。服务接口的入参、出参、方法的名称以及注释等都需要仔细思考，必要时还需要开会评审。服务接口也需要文档化，方便调用者查阅。

第**2**章

微服务开发框架

本章将介绍学习分布式微服务架构之前的环境准备，包括 JDK 安装、Intellij IDEA 安装、Maven 安装、快速搭建 Spring Boot 项目以及 Spring Boot 核心功能及生产级特性。

2.1　环境准备

2.1.1　安装 JDK

JDK（Java SE Development Kit）建议使用 1.8 及以上的版本，其官方下载路径为 https://www.oracle.com/technetwork/java/javase/downloads/jdk11-downloads-5066655.html。访问该链接出现如图 2-1 所示的界面。读者可以根据计算机的操作系统配置选择合适的 JDK 安装包，笔者的计算机是 MacBook Pro，因此下载安装包：jdk-11.0.1_osx-x64_bin.dmg。

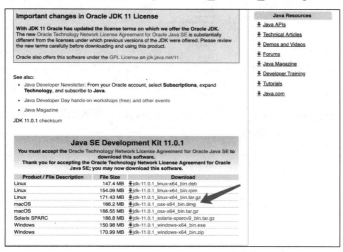

图 2-1　JDK 安装包下载

安装包下载完成之后，双击下载软件，按照提示安装即可，如图 2-2 所示。

图 2-2　JDK 安装

打开 Finder，找到安装好的 JDK 路径，具体如图 2-3 所示。

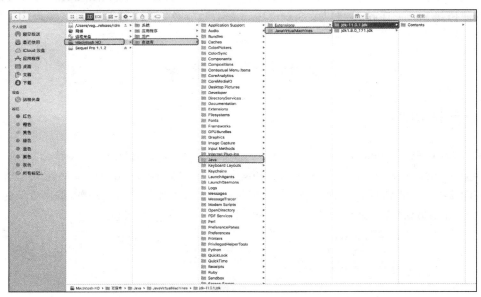

图 2-3　JDK 安装路径图

其中，Contents 下的 Home 文件夹是该 JDK 的根目录，具体如图 2-4 所示。

图 2-4　JDK Home 文件夹

在英文输入法的状态下，按键盘上的 "Command＋ 空格" 组合键，调出 Spotlight 搜索，输入 ter，选择【终端】，然后按回车键，便可以快速启动终端，具体如图 2-5 所示。

图 2-5　Spotlight 搜索启动终端

在【终端】输入 "java –version"，如果看到 JDK 版本为 11.0.1，就说明 JDK 安装成功，具体如图 2-6 所示。

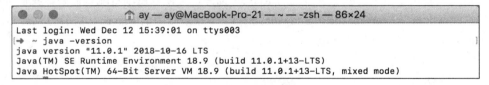

图 2-6　JDK 安装成功

如果是第一次配置环境变量，那么可以使用 touch .bash_profile 创建一个.bash_profile 的隐藏配置文件。如果是编辑已存在的配置文件，那么可以使用 open -e .bash_profile 命令。假如配置文件已存在，这里我们使用 open -e .bash_profile 命令打开配置文件。在配置文件中添加如下代码，具体如图 2-7 所示。

```
//JAVA_HOME 是 Java 的安装路径（注意该行注释不可加到.bash_profile 配置文件中）
JAVA_HOME=/Library/Java/JavaVirtualMachines/jdk-11.0.1.jdk/Contents/Home
PATH=$JAVA_HOME/bin:$PATH:.
CLASSPATH=$JAVA_HOME/lib/tools.jar:$JAVA_HOME/lib/dt.jar:.
export JAVA_HOME
export PATH
export CLASSPATH
```

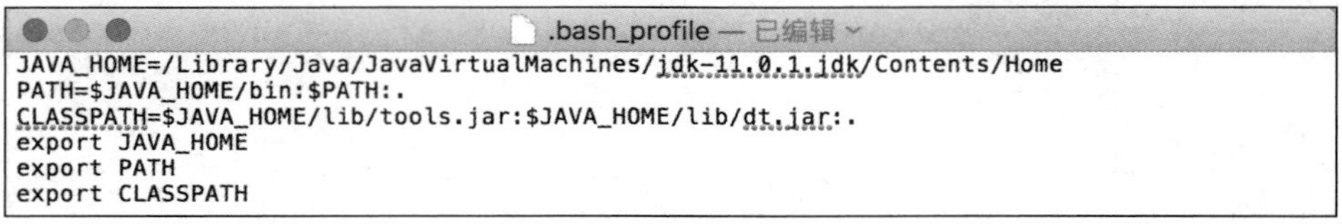

图 2-7 bash_profile 添加 JDK 配置

保存并关闭.bash_profile 文件，在命令行【终端】输入命令"source .bash_profile"使配置文件生效。同时在【终端】输入"echo $JAVA_HOME"显示刚才配置的路径，具体如图 2-8 所示。

图 2-8 验证 JDK 配置是否添加成功

2.1.2 安装 Intellij IDEA

在 Intellij IDEA 的官方网站（https://www.jetbrains.com/idea/download/#section=mac）可以免费下载 IDEA。下载 IDEA 后，运行安装程序，按提示安装即可。本书使用的是 Intellij IDEA 2018.1 版本，当然大家也可以使用其他版本的 IDEA，版本不要过低即可。

2.1.3 安装 Apache Maven

Apache Maven 是目前流行的项目管理和构建自动化工具。虽然 IDEA 已经包含 Maven 插件，但是还是希望大家在工作中能够安装自己的 Maven 插件，方便以后项目配置需要。我们可以通过 Maven 的官网（http://maven.apache.org/download.cgi）下载最新版的 Maven。本书的 Maven 版本为 apache-maven-3.6.0，具体如图 2-9 所示。

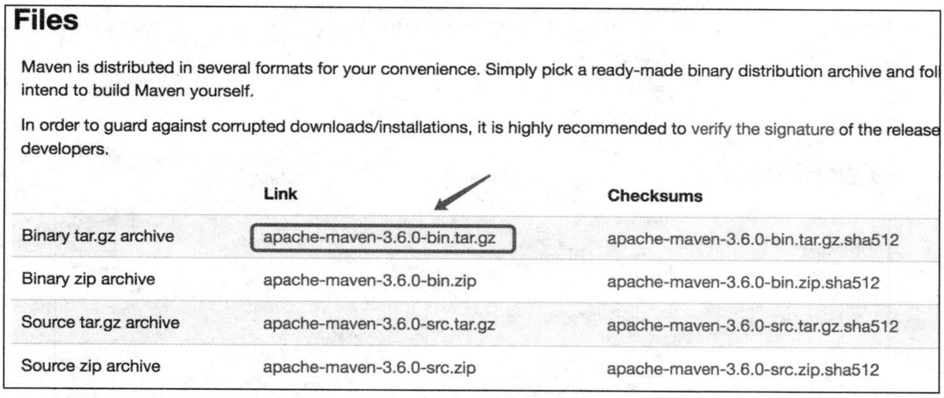

图 2-9　apache-maven-3.6.0 下载页面

打开命令行【终端】，输入"open -e .bash_profile"命令打开配置文件。然后输入 Maven 的环境变量，具体代码如下所示：

```
###MAVEN_HOME 是 Maven 的安装路径（注意该行注释不可加到.bash_profile 配置文件中）
MAVEN_HOME=/Users/ay/Downloads/soft/apache-maven-3.6.0

###JAVA_HOME 是 Java 的安装路径（注意该行注释不可加到.bash_profile 配置文件中）
JAVA_HOME=/Library/Java/JavaVirtualMachines/jdk-11.0.1.jdk/Contents/Home
###在原有的基础上添加:$M2_HOME/bin（注意该行注释不可加到.bash_profile 配置文件中）
PATH=$JAVA_HOME/bin:$PATH:.:$M2_HOME/bin
CLASSPATH=$JAVA_HOME/lib/tools.jar:$JAVA_HOME/lib/dt.jar:.
export JAVA_HOME
export PATH
export CLASSPATH
```

Maven 环境变量添加完成之后，保存并退出.bash_profile 文件。在命令行【终端】输入"source ~/.bash_profile"命令使环境变量生效。输入 mvn -v 查看 Maven 否安装成功。

2.2　一分钟快速搭建 Spring Boot 项目

2.2.1　使用 Spring Initializr 新建项目

使用 Intellij IDEA 创建 Spring Boot 项目有多种方式，比如使用 Maven 和 Spring Initializr。这里只介绍 Spring Initializr 这种方式，因为这种方式不但为我们生成完整的目录结构，还为我们生成一个默认的主程序，节省时间。我们的目的是掌握 Spring Boot 知识，而不是学一堆花样。具体步骤如下：

步骤01　在 Intellij IDEA 界面中，单击【File】→【New】→【Product】，在弹出的窗口中选择【Spring Initializr】选项，在【Product SDK】中选择 JDK 的安装路径，如果没有，就新建一个，然后单击【Next】按钮，具体如图 2-10 所示。

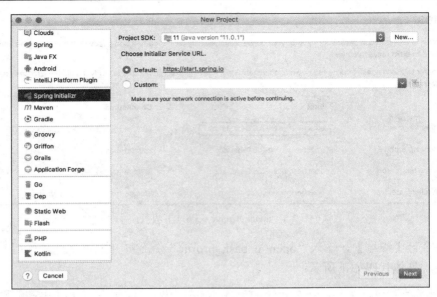

图 2-10 新建 Spring Boot 项目

步骤02 选择【Spring Boot Version】，这里按默认版本（本书使用的 Spring Boot 版本为 2.1.1）即可。勾选【Web】选项，然后单击【Next】按钮，具体如图 2-11 所示。

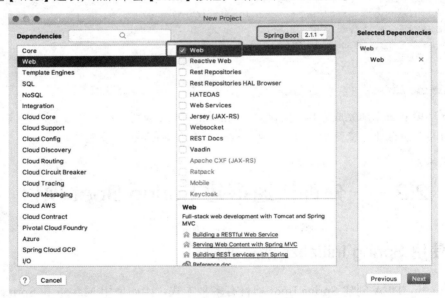

图 2-11 选择 Spring Boot 版本

步骤03 填写项目名称【my-spring-boot】，其他保持默认即可，然后单击【Finish】按钮。至此，一个完整的 Spring Boot 创建完成，具体如图 2-12 所示。

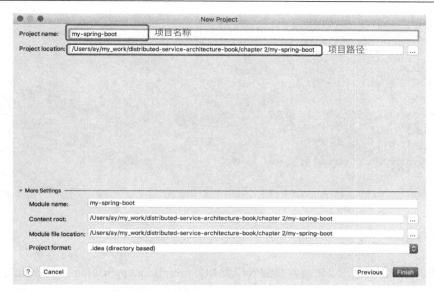

图 2-12　填写 Spring Boot 项目名称

步骤04　在 IDEA 开发工具上，找到刷新依赖的按钮（Reimport All Maven Projects），下载相关的依赖包，这时开发工具开始下载 Spring Boot 项目所需依赖包，如图 2-13 所示。

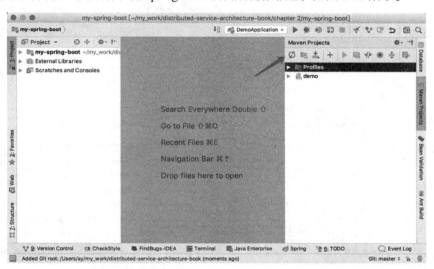

图 2-13　刷新 Spring Boot 项目依赖

步骤05　在项目的目录 com.example.demo.controller 下创建 HelloController 控制层类，具体代码如下所示：

```
package com.example.demo.controller;
import org.springframework.web.bind.annotation.RequestMapping;
import org.springframework.web.bind.annotation.RestController;


/**
 * 描述：控制层类
```

```
 * @author ay
 * @date 2019-02-01
 */
@RestController
public class HelloController {

    @RequestMapping("/hello")
    public void say(){
        //打印信息
        System.out.println("hello ay");
    }
}
```

2.2.2　测试

Spring Boot 项目创建完成之后，找到入口类 MySpringBootApplication 中的 main 方法并运行。当看到如图 2-14 所示的界面，表示项目启动成功。同时还可以看出项目启动的端口（8080）以及启动时间。在浏览器输入访问地址：http://localhost:8080/hello，便可以在控制台打印信息"hello ay"。

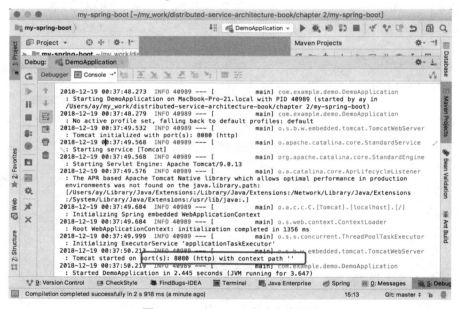

图 2-14　Spring Boot 启动成功界面

2.3　Spring Boot 简单介绍

Spring Boot 是目前流行的微服务框架，倡导"约定优先于配置"，其设计目的是用来简化新 Spring 应用的初始化搭建以及开发过程。Spring Boot 是一个典型的"核心 + 插件"的系统架构，提供了很多核心的功能，比如自动化配置、提供 starter 简化 Maven 配置、内嵌 Servlet 容器、应用监控等功能，让我们可以快速构建企业级应用程序。Spring Boot 使编码变得简单，使配置变得简单，使部署变得简单，使监控变得简单。

2.3.1　Spring Boot 核心功能及特性

Spring Boot 提供的特性如下：

（1）遵循习惯优于配置的原则

Spring Boot 的配置都在 application.properties 中，但是并不意味着在 Spring Boot 应用中就必须包含该文件。application.properties 配置文件包含大量的配置项，而大多数配置项都有其默认值，很多配置项不用我们去修改，使用默认值即可。这类行为叫作"自动化配置"。

（2）提供了"开箱即用"的 Spring 插件

Spring Boot 提供了大量的 Starter，当我们需要整合其他技术（比如 Redis、MQ 等）时，只需要添加一段 Maven 依赖配置即可开启使用。每个 Starter 都有自己的配置项，而这些配置都可以在 application.properties 配置文件中进行统一配置，例如常用的 spring-boot-starter-web、spring-boot-starter-tomcat、spring-boot-starter-actuator 等。

（3）内嵌 Servlet 容器

传统的项目都需要将项目打包成 War 包部署到 Web 服务器，比如 Tomcat、Jetty、Undertow。而 Spring Boot 应用程序启动后会在默认端口 8080 下启动嵌入式 Tomcat，执行 Spring Boot 项目的主程序 main() 函数，便可以快速运行项目。

（4）倡导 Java Config

Spring Boot 可以完全不使用 XML 配置，并倡导我们使用 Java 注解方式开发项目。

（5）多环境配置

项目开发过程中，项目不同的角色会使用不同的环境，比如开发人员会使用开发环境，测试人员会使用测试环境，性能测试会使用性能测试环境，项目开发完成之后会把项目部署到线上环境，等等。不同的环境往往会连接不同的 MySQL 数据库、Redis 缓存、MQ 消息中间件等。环境之间相互独立与隔离才不会相互影响。隔离的环境便于部署，提高工作效率。假如项目 my-spring-boot 需要 3 个环境：开发环境、测试环境、性能测试环境。我们复制 my-spring-boot 项目配置文件 application.properties，分别取名为 application-dev.properties、application-test.properties、application-perform.properties，作为开发环境、测试环境、性能测试环境。多环境的配置文件开发完成之后，我们在 my-spring-boot 的配置文件 application.properties 中添加配置激活选项，具体代码如下所示：

```
### 激活开发环境配置
spring.profiles.active=dev
如果我们想激活测试环境的配置，可修改为：
### 激活测试环境配置
spring.profiles.active=test
如果我们想激活性能测试环境的配置，可修改为：
### 激活性能测试环境配置
```

```
spring.profiles.active=test
```

（6）提供大量生产级特性

Spring Boot 提供大量的生产级特性，例如应用监控、健康检查、外部配置和核心指标等。我们可以给 Spring Boot 应用发送 /metrics 请求获取 JSON 数据，该数据包含内存、Java 堆、类加载器、处理器、线程池等信息。我们还能在 Java 命令（备注：java -jar xxx.jar）上直接运行 Spring Boot 应用，并带上外部配置参数，这些参数将覆盖已有的默认配置参数。我们甚至可以通过发送一个 URL 请求去关闭 Spring Boot 应用。Spring Boot 提供了基于 HTTP、SSH、Telnet 等方式对运行时的项目进行监控。

2.3.2　Spring Boot 的缺点

Spring Boot 为我们带来诸多便利的同时也带来了如下缺点：

- 高度集成，开发人员不知道底层实现。
- 如果开发人员不了解 Spring Boot 底层，项目出现问题就会很难排查。
- 将现有或传统的 Spring Framework 项目转换为 Spring Boot 应用程序相对来说比较困难和耗时。Spring Boot 适用于全新 Spring 项目。
- Spring Boot 整合公司自研的框架和组件相对比较麻烦，例如 Spring Boot 整合公司自研的 RPC 框架等。

2.4　Spring Boot 目录介绍

2.4.1　Spring Boot 工程目录

Spring Boot 的工程目录如图 2-15 所示。

- /src/main/java：目录下放置所有的 Java 文件（源代码文件）。
- /src/main/resources：用于存放所有的资源文件，包括静态资源文件、配置文件、页面文件等。
- /src/main/resources/static：用于存放各类静态资源。
- /src/main/resources/application.properties：配置文件，这个文件非常重要。Spring Boot 默认支持两种配置文件类型（.properties 和.yml）。
- /src/main/resources/templates：用于存放模板文件，如 Thymeleaf（这个技术不懂不用着急，以后会介绍）模板文件。
- /src/test/java：放置单元测试类 Java 代码。
- /target：放置编译后的.class 文件、配置文件等。

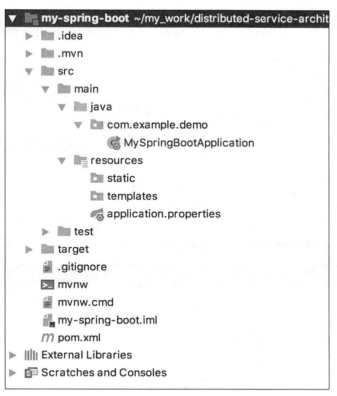

图 2-15　Spring Boot 项目目录

Spring Boot 将很多配置文件进行了统一管理，且配置了默认值。Spring Boot 会自动在 /src/main/resources 目录下找 application.properties 或者 application.yml 配置文件。找到后将运用此配置文件中的配置，否则使用默认配置。这两种类型的配置文件有其一即可，也可以两者并存。两者区别如下：

```
application.properties:
server.port = 8080
application.yml:
server:
port:8080
```

> **注　意**
>
> .properties 配置文件的优先级高于.yml。例如在.properties 文件中配置了 server.port = 8080，同时在.yml 中配置了 server.port = 8090，Spring Boot 将使用.properties 中的 8080 端口。

2.4.2　Spring Boot 入口类

入口类的类名是根据项目名称生成的，我们的项目名称是 my-spring-boot，故入口类的类名是"项目名称 + Application"，即 MySpringBootApplication.java。入口类的代码很简单，代码如下：

```
import org.springframework.boot.SpringApplication;
import org.springframework.boot.autoconfigure.SpringBootApplication;

@SpringBootApplication
public class MySpringBootApplication {

  public static void main(String[] args) {
    SpringApplication.run(MySpringBootApplication.class, args);
  }
}
```

- @SpringBootApplication：一个组合注解，包含@EnableAutoConfiguration、@ComponentScan 和@SpringBootConfiguration 三个注解，是项目启动注解。如果使用这三个注解，项目依旧可以启动起来，只是过于烦琐。因此，需要用@SpringBootApplication 简化。
- @SpringApplication.run：应用程序开始运行的方法。

注　意
MySpringBootApplication 入口类需要放置在包的最外层，以便能够扫描到所有子包中的类。

2.4.3　Spring Boot 测试类

Spring Boot 的测试类主要放置在/src/test/java 目录下。项目创建完成后，Spring Boot 会自动为我们生成测试类 MySpringBootApplicationTests.java。其类名也是根据"项目名称 + ApplicationTests"生成的。测试类的代码如下：

```
import org.junit.Test;
import org.junit.runner.RunWith;
import org.springframework.boot.test.context.SpringBootTest;
import org.springframework.test.context.junit4.SpringRunner;

@RunWith(SpringRunner.class)
@SpringBootTest
public class MySpringBootApplicationTests {

  @Test
  public void contextLoads() {

  }
}
```

- @RunWith(SpringRunner.class)：@RunWith(Parameterized.class) 参数化运行器，配合 @Parameters 使用 Junit 的参数化功能。查源码可知，SpringRunner 类继承自 SpringJUnit4ClassRunner 类，此处表明使用 SpringJUnit4ClassRunner 执行器。此执行器集成了 Spring 的一些功能。如果只是简单的 Junit 单元测试，该注解可以去掉。
- @SpringBootTest：此注解能够测试我们的 SpringApplication，因为 Spring Boot 程序的入口是 SpringApplication，所以基本上所有配置都会通过入口类去加载，而该注解可以引用入口类的配置。
- @Test：JUnit 单元测试的注解，注解在方法上，表示一个测试方法。

当我们右击执行 MySpringBootApplicationTests.java 中的 contextLoads 方法的时候，大家可以看到控制台打印的信息和执行入口类中的 SpringApplication.run()方法打印的信息是一致的。由此便知，@SpringBootTest 是引入了入口类的配置。

2.4.4　pom 文件

Spring Boot 项目下的 pom.xml 文件主要用来存放依赖信息。具体代码如下所示：

```xml
<?xml version="1.0" encoding="UTF-8"?>
<project
xmlns="http://maven.apache.org/POM/4.0.0"
xmlns:xsi="http://www.w3.org/2001/XMLSchema-instance"
xsi:schemaLocation="http://maven.apache.org/POM/4.0.0
http://maven.apache.org/xsd/maven-4.0.0.xsd">
    <modelVersion>4.0.0</modelVersion>
    <parent>
        <groupId>org.springframework.boot</groupId>
        <artifactId>spring-boot-starter-parent</artifactId>
        <version>2.1.1.RELEASE</version>
        <relativePath/> <!-- lookup parent from repository -->
    </parent>
    <groupId>com.example</groupId>
    <artifactId>demo</artifactId>
    <version>0.0.1-SNAPSHOT</version>
    <name>demo</name>
    <description>Demo project for Spring Boot</description>

    <properties>
        <java.version>11</java.version>
    </properties>

    <dependencies>
      <dependency>
          <groupId>org.springframework.boot</groupId>
          <artifactId>spring-boot-starter-web</artifactId>
      </dependency>

      <dependency>
          <groupId>org.springframework.boot</groupId>
          <artifactId>spring-boot-starter-test</artifactId>
          <scope>test</scope>
      </dependency>
    </dependencies>

    <build>
```

```
        <plugins>
          <plugin>
            <groupId>org.springframework.boot</groupId>
            <artifactId>spring-boot-maven-plugin</artifactId>
          </plugin>
        </plugins>
      </build>
</project>
```

- spring-boot-starter-parent：一个特殊的 starter，它用来提供相关的 Maven 默认依赖，使用它之后，常用的包依赖可以省去 version 标签。
- spring-boot-starter-web：只要将其加入项目的 Maven 依赖中，就得到了一个可执行的 Web 应用。该依赖中包含许多常用的依赖包，比如 spring-web、spring-webmvc 等。我们不需要做任何 Web 配置，便能获得相关 Web 服务。
- spring-boot-starter-test：这个依赖和测试相关，只要引入它，就会把所有与测试相关的包全部引入。
- spring-boot-maven-plugin：一个 Maven 插件，能够以 Maven 的方式为应用提供 Spring Boot 的支持，即为 Spring Boot 应用提供了执行 Maven 操作的可能，能够将 Spring Boot 应用打包为可执行的 JAR 或 WAR 文件。

2.5　Spring Boot 生产级特性

2.5.1　应用监控

Spring Boot 大部分模块都是用于开发业务功能或连接外部资源的。除此之外，Spring Boot 还为我们提供了 spring-boot-starter-actuator 模块，该模块主要用于管理和监控应用。这是一个用于暴露自身信息的模块。spring-boot-starter-actuator 模块可以有效地减少监控系统在采集应用指标时的开发量。spring-boot-starter-actuator 模块提供了监控和管理端点以及一些常用的扩展和配置方式，具体如表 2-1 所示。

表 2-1　监控和管理端点

路径（端点名）	描述	鉴权
/actuator/health	显示应用监控指标	false
/actuator/beans	查看 bean 及其关系列表	true
/actuator/info	查看应用信息	false
/actuator/trace	查看基本追踪信息	true
/actuator/env	查看所有环境变量	true
/actuator/env/{name}	查看具体变量值	true

（续表）

路径（端点名）	描述	鉴权
/actuator/mappings	查看所有 url 映射	true
/actuator/autoconfig	查看当前应用的所有自动配置	true
/actuator/configprops	查看应用所有配置属性	true
/actuator/shutdown	关闭应用（默认关闭）	true
/actuator/metrics	查看应用基本指标	true
/actuator/metrics/{name}	查看应用具体指标	true
/actuator/dump	打印线程栈	true

在 Spring Boot 中使用监控，首先需要在 pom.xml 文件中引入所需的依赖 spring-boot-starter-actuator，具体代码如下所示：

```
<dependency>
    <groupId>org.springframework.boot</groupId>
    <artifactId>spring-boot-starter-actuator</artifactId>
</dependency>
```

在 pom.xml 文件引入 spring-boot-starter-actuator 依赖包之后，需要在 application.properties 文件中添加如下的配置信息：

```
### 应用监控配置
#指定访问这些监控方法的端口
management.server.port=8099
```

management.port 用于指定访问这些监控方法的端口。spring-boot-starter-actuator 依赖和配置都添加成功之后，重新启动 my-spring-boot 项目，项目启动成功之后，在浏览器测试各个端点。比如在浏览器中输入：http://localhost:8099/actuator/health，可以看到如图 2-16 所示的应用健康信息。

图 2-16　应用健康信息

比如在浏览器中输入：http://localhost:8099/actuator/env，可以查看所有环境变量，具体如图 2-17所示。

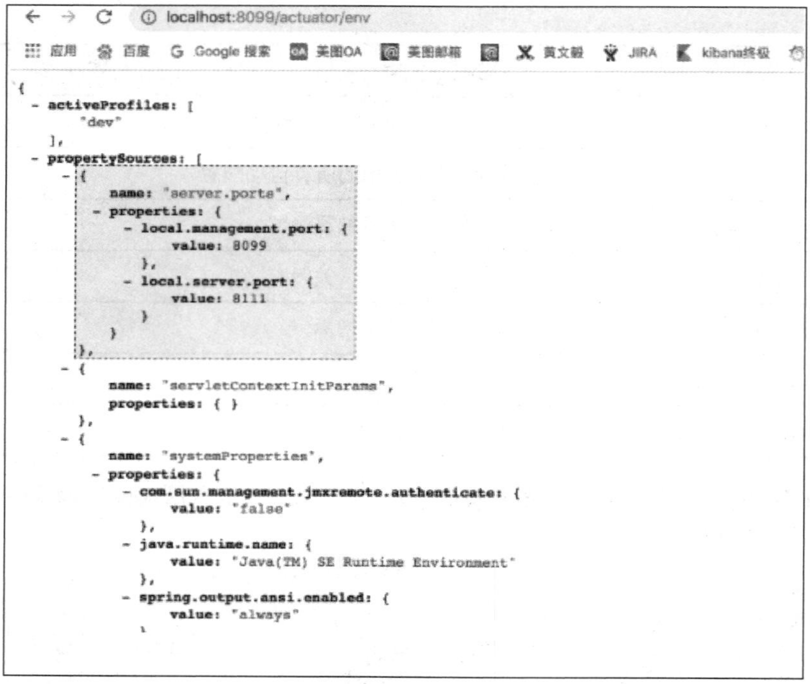

图 2-17　应用环境变量

其他端点测试可以按照表 2-2 所示的访问路径依次访问测试。

表 2-2　监控和管理端点

路径（端点名）	描述
http://localhost:8099/actuator/health	显示应用监控指标
http://localhost:8099/actuator/beans	查看 bean 及其关系列表
http://localhost:8099/actuator/info	查看应用信息
http://localhost:8099/actuator/trace	查看基本追踪信息
http://localhost:8099/actuator/env	查看所有环境变量
http://localhost:8099/actuator/env/{name}	查看具体变量值
http://localhost:8099/actuator/mappings	查看所有 url 映射
http://localhost:8099/actuator/autoconfig	查看当前应用的所有自动配置
http://localhost:8099/actuator/configprops	查看应用所有配置属性
http://localhost:8099/actuator/shutdown	关闭应用（默认关闭）
http://localhost:8099/actuator/metrics	查看应用基本指标
http://localhost:8099/actuator/metrics/{name}	查看应用具体指标
http://localhost:8099/actuator/dump	打印线程栈

在浏览器中可以把返回的数据格式化成 JSON 格式,因为笔者的 Google Chrome 浏览器安装了 JsonView 插件,具体安装步骤如下:

步骤01 浏览器中输入链接: https://github.com/search?utf8=%E2%9C%93&q=jsonview,在弹出的页面中单击 gildas-lormeau/JSONView-for-Chrome,具体如图 2-18 所示。

图 2-18　JsonView-for-Chrome 界面

步骤02 单击【Download Zip】,插件下载完成,解压缩到相应目录。

步骤03 在浏览器右上角单击【更多工具】→【扩展程序】→【加载已解压的扩展程序】,选择插件目录。

步骤04 安装完成,重新启动浏览器(快捷键: Ctrl+R)。

除了 spring-boot-starter-actuator 提供的默认端点外,我们还可以定制端点,定制端点一般通过"management.endpoint + 端点名 + 属性名"来设置。比如,我们可以在配置文件 application.properties 中把端点名 health 的更多详细信息打印出来,具体代码如下所示:

```
management.endpoint.health.show-details=always
```

配置添加完成之后,重新启动 my-spring-boot 项目,在浏览器中输入访问地址: http://localhost:8099/actuator/health,可以获得应用健康更多详细信息。如果想关闭端点 beans,那么可以在配置文件 application.properties 中添加如下代码:

```
management.endpoint.beans.enabled=false
```

配置添加完成之后,重新启动 my-spring-boot 项目,在浏览器输入访问地址: http://localhost:8099/actuator/beans,返回 404 错误信息,具体代码如下所示:

```
{
    timestamp: "2018-12-23T09:04:34.759+0000",
    status: 404,
    error: "Not Found",
    message: "No message available",
    path: "/actuator/beans"
}
```

如果想知道 Spring Boot 提供了哪些端点,那么可以引入 hateoas 依赖,具体代码如下所示:

```
<dependency>
    <groupId>org.springframework.boot</groupId>
    <artifactId>spring-boot-starter-hateoas</artifactId>
</dependency>
```

hateoas 是一个超媒体技术,通过它可以汇总端点信息,包含各个端点的名称与链接。hateoas

依赖添加完成之后，在浏览器输入访问地址：http://localhost:8099/actuator，将看到所有的端点及其访问链接，如图 2-19 所示。

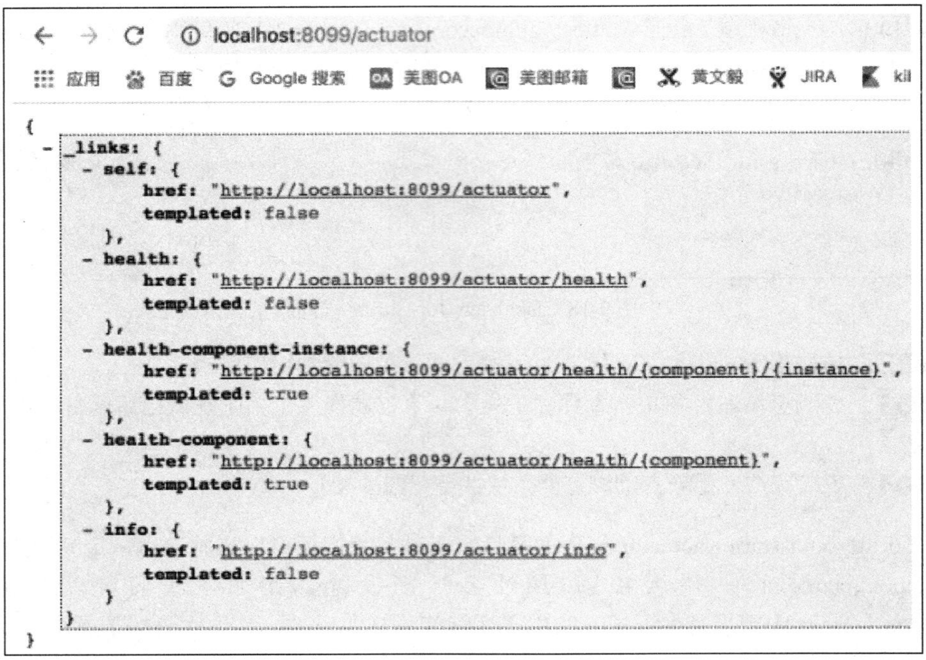

图 2-19　端点信息汇总

2.5.2　健康检查

在浏览器中输入访问地址：http://localhost:8099/actuator/health，将可以看到如图 2-20 所示的图片。

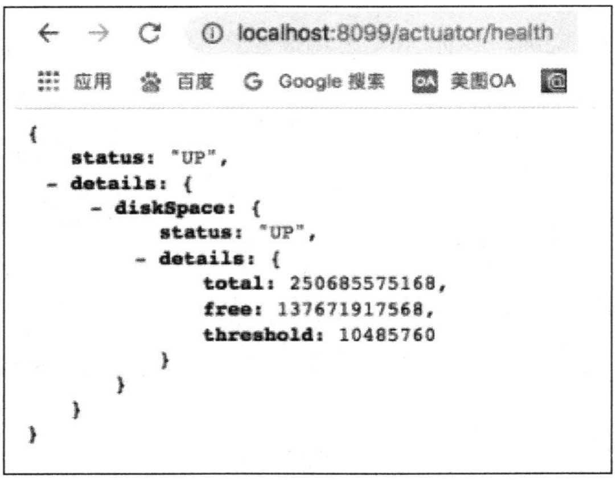

图 2-20　端点信息汇总

health 端点用于查看当前应用的运行状况，即应用的健康状况，我们简称"健康检查"。status: "UP" 代表应用正处于运行状态。diskSpace 表示磁盘空间的使用情况。默认端点 health 的信息是从 HealthIndicator 的 bean 中收集的，Spring 中内置了一些 HealthIndicator，如表 2-3 所示。

表 2-3　监控和管理端点

路径（端点名）	描述
CassandraHealthIndicator	检测 Cassandra 数据库是否运行
DiskSpaceHealthIndicator	检测磁盘空间
DataSourceHealthIndicator	检测 DataSource 连接是否能获得
ElasticsearchHealthIndicator	检测 Elasticsearch 集群是否在运行
JmsHealthIndicator	检测 JMS 消息代理是否在运行
MailHealthIndicator	检测邮箱服务器是否在运行
MongoHealthIndicator	检测 Mongo 是否在运行
RabbitHealthIndicator	检测 RabbitMQ 是否在运行
RedisHealthIndicator	检测 Redis 是否在运行
SolrHealthIndicator	检测 Solr 是否在运行

我们可以利用 Spring Boot 的健康检查特性开发一个微服务系统监控平台，用于获取每个微服务的运行状态和性能指标。也可以使用现有的解决方案，比如 spring-boot-admin，这是一款基于 Spring Boot 的开源监控平台。

2.5.3　跨域访问

对于前后端分离的项目来说，如果前端项目与后端项目部署在两个不同的域下，那么势必会引起跨域问题的出现。针对跨域问题，我们可能第一个想到的解决方式就是 JSONP，但是 JSONP 方式有一些不足，JSONP 方式只能通过 Get 请求方式来传递参数，当然还有其他的不足之处。在 Spring Boot 中通过 CORS（Cross-Origin Resource Sharing，跨域资源共享）协议解决跨域问题。CORS 是一个 W3C 标准，它允许浏览器向不同源的服务器发出 xmlHttpRequest 请求，我们可以继续使用 Ajax 进行请求访问。Spring MVC 4.2 版本增加了对 CORS 的支持，具体做法如下所示：

```
@Configuration
public class MyWebAppConfigurer extends WebMvcConfigurerAdapter{

    @Override
    public void addCorsMappings(CorsRegistry registry) {
        registry.addMapping("/**");
    }
}
```

我们可以在 addMapping 方法中配置路径，/** 代表所有路径。当然也可以修改其他属性，例如：

```
@Configuration
public class MyWebAppConfigurer extends WebMvcConfigurerAdapter{

    @Override
    public void addCorsMappings(CorsRegistry registry) {
        registry.addMapping("/api/**")
            .allowedOrigins("http://192.168.1.97")
            .allowedMethods("GET", "POST")
            .allowCredentials(false).maxAge(3600);
    }
}
```

以上两种方式都是针对全局配置的。如果想做到更细致的控制，那么可以使用@CrossOrigin
注解在 Controller 类中使用。

```
@CrossOrigin(origins = "http://192.168.1.97:8080", maxAge = 3600)
@RequestMapping("rest_index")
@RestController
public class AyController{}
```

这样就可以指定 AyController 中所有方法都能处理来自 http:19.168.1.97:8080 的请求。

2.5.4　外部配置

Spring Boot 支持通过外部配置覆盖默认配置项，具体优先级如下：

（1）Java 命令行参数。

（2）JNDI 属性。

（3）Java 系统属性（System.getProperties()）。

（4）操作系统环境变量。

（5）RandomValuePropertySource 配置的 random.*属性值。

（6）JAR 包外部的 application-{profile}.properties 或 application.yml（带 spring.profile）配置文件。

（7）JAR 包内部的 application-{profile}.properties 或 application.yml（带 spring.profile）配置文件。

（8）JAR 包外部的 application.properties 或 application.yml（不带 spring.profile）配置文件。

（9）JAR 包内部的 application.properties 或 application.yml（不带 spring.profile）配置文件。

（10）@Configuration 注解类上的@PropertySource。

（11）通过 SpringApplication.setDefaultProperties 指定的默认属性。

以 Java 命令行参数为例，运行 Spring Boot jar 包时，指定如下参数：

```
### 参数用--xxx=xxx 的形式传递
java -jar app.jar --name=spring-boot --server.port=9090
```

应用启动的时候，就会覆盖默认的 Web Server 8080 端口，改为 9090。

第3章

分布式 RPC 框架

本章主要介绍微服务之间如何通过 RPC 相互调用、RPC 核心组件、RPC 调用过程、RPC 框架性能以及目前流行的 RPC 框架等。

3.1 RPC 框架概述

3.1.1 RPC 的定义

RPC（Remote Procedure Call，远程过程调用）是一种进程间的通信方式。它允许程序调用另一个地址空间（通常是共享网络的另一台机器上）的过程或函数，而不用程序员显式地编码远程调用的细节，即程序员无论是调用本地的还是远程的函数，本质上编写的调用代码基本相同。目前，主流的平台都支持各种远程调用技术，以满足分布式系统架构中不同系统之间的远程通信和相互调用。

3.1.2 RPC 核心组件

完整的 RPC 框架主要包含 4 个核心的组件：Client、Server、Client Stub 以及 Server Stub，具体如图 3-1 所示。

- 客户端（Client）：服务调用方。
- 服务端（Server）：服务提供者。
- 客户端存根（Client Stub）：存放服务端的地址消息，再将客户端的请求参数打包成网络消息，然后通过网络远程发送给服务方。
- 服务端存根（Server Stub）：接收客户端发送过来的消息，将消息解包，并调用本地的方法。

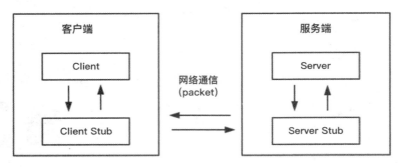

图 3-1 RPC 核心组件图

3.1.3 RPC 调用过程

RPC 调用过程如图 3-2 所示。

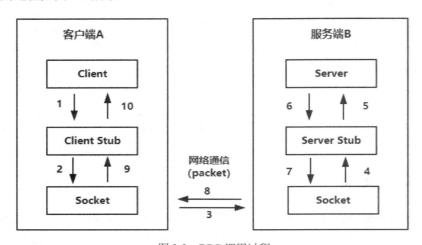

图 3-2 RPC 调用过程

（1）客户端（Client）以本地调用方式调用服务（依赖服务接口，以接口的方式调用）。

（2）客户端存根（Client Stub）接收到调用请求后，负责将方法、参数等组装成能够进行网络传输的消息体（将消息体对象序列化为二进制）。

（3）客户端通过 Socket 将消息发送到服务端。

（4）服务端存根（Server Stub）收到消息后对消息进行解码（将消息对象反序列化）。

（5）服务端存根（Server Stub）根据解码结果调用本地的服务（利用反射原理）。

（6）本地服务执行并将结果返回给服务端存根（Server Stub）。

（7）服务端存根（Server Stub）将返回结果打包成消息（将结果消息对象序列化）。

（8）服务端（Server）通过 Socket 将消息发送到客户端。

（9）客户端存根（Client Stub）接收到结果消息，并进行解码（将结果消息反序列化）。

（10）客户端（Client）得到最终结果。

无论是哪种类型的数据，最终都需要转换成二进制流在网络上进行传输，数据的发送方需要将对象转换为二进制流，而数据的接收方则需要把二进制流再恢复为对象。RPC 的目标是把（2）、（3）、（4）、（7）、（8）、（9）这些步骤都封装起来，具体如图 3-3 所示。

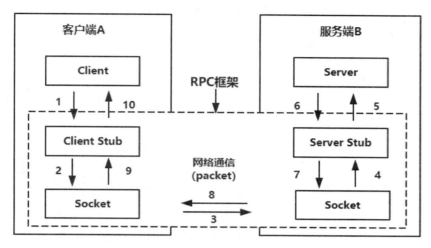

图 3-3　RPC 框架原理图

3.1.4　RPC 框架调用分类

RPC 调用主要分为两种：同步调用和异步调用

- 同步调用：客户端调用服务端方法，等待直到服务端返回结果或者超时，再继续自己的操作。
- 异步调用：客户端调用服务端方法，不再等待服务端返回，直接继续自己的操作。

1. 同步调用

在分布式微服务架构中，一个业务的调用会跨 N（N≥2）个服务进程，整个调用链路上的同步调用等待的瓶颈会由最慢（或脆弱）的服务决定。比如 A-B-C 这样一个调用链路，A 同步调用 B 并等待返回结果，B 同步调用 C 并等待返回结果，以此类推，就像一组齿轮链，级级传动，这很容易产生雪崩效应。若 C 服务挂了，则会导致前面的服务全部因为等待超时而占用大量不必要的线程资源。对于雪崩效应，常用解决方法有：使用超时策略和熔断器机制。

（1）超时策略：在一个服务调用链中，某个服务的故障可能会导致级联故障。调用服务的操作可以配置为执行超时，如果服务未能在这个时间内响应，就回复一个失败消息。然而，这种策略可能会导致许多并发请求到同一个操作被阻塞，直到超时期限届满。这些阻塞的请求可能会存储关键的系统资源，如内存、线程、数据库连接等。因此，这些资源可能会枯竭，导致需要使用相同的资源系统出现故障。设置较短的超时可能有助于解决这个问题，但是一个请求从发出到收到成功或者失败的消息需要的时间是不确定的。在分布式微服务架构下，我们需要根据成功调用一个服务调用链的平均时间来合理配置服务接口超时时间。

（2）熔断器机制：熔断器的模式使用断路器来检测故障是否已得到解决，防止请求反复尝试执行一个可能会失败的操作，从而减少等待纠正故障的时间，相对于超时策略更加灵活。熔断器机制在后续的章节中会有详细描述。

注　意

RPC 的同步调用确保请求送达对方并收到对方响应，若没有收到响应，则框架抛出 Timeout 超时异常。这种情况下，调用方是无法确定调用是成功还是失败的，需要根据业务场景（是否可重入，幂等）选择重试和补偿策略。

2．异步调用

RPC 的异步调用意味着 RPC 框架不阻塞调用方线程，调用方不需要立刻拿到返回结果，甚至调用方根本就不关心返回结果。RPC 的异步交互场景如图 3-4 所示。

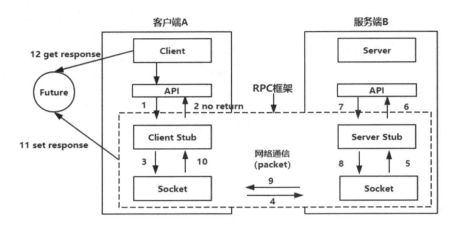

图 3-4　RPC 异步交互原理

由图 3-4 可知，异步请求返回一个 Future 对象给调用方，以便调用方可以通过 Future 来获取返回值。有了 Future 机制，我们再来看一个具体实例，如图 3-5 所示。

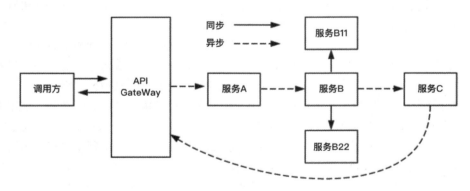

图 3-5　RPC 异步交互具体实例

调用方通过服务网关（API Gateway）发起调用并等待结果，随后网关派发调用请求给后续服务，其主调用链路为 A-B-C，其内部为异步调用，链路上不等待，最后由 C 返回结果给服务网关。其中，B 又依赖两个子服务：B11 和 B22，B 需要 B11 和 B22 的返回结果才能发起 C 调用，因此在支线上 B 针对 B11 和 B22 调用就需要是同步的。

> **注　意**
>
> 在微服务架构下，大部分的服务调用都是同步调用，异步调用的使用场景：上游服务不会实时关注下游服务的调用结果，比如通过异步调用记录日志。通过异步调用在一定程度上可以提升服务性能，但不可滥用，否则会产生不可预料的结果。

3.1.5　RPC 框架性能

影响 RPC 框架性能的因素如下：

- 网络 IO 模型：在高并发状态下，阻塞式同步 IO、非阻塞式同步 IO 或者多路 IO 模型对 RPC 服务器影响很大，特别是单位处理性能下对内存、CPU 资源使用率的影响。
- 基于的网络协议：RPC 框架可选择的协议有 HTTP 协议、HTTP/2 协议、TCP 协议等。HTTP 协议使用文本协议对传输内容进行编码，相对于采用二进制编码协议的 TPC/IP 协议码流更大。选择不同的协议对 RPC 框架的性能有一定的影响。目前没有采用 UDP 协议作为主要的传输协议。
- 消息封装格式：消息封装格式的设计是影响 RPC 框架性能最重要的原因，这就是为什么几乎所有主流的 RPC 框架都会设计私有的消息封装格式。选择或者定义一种消息格式的封装要考虑的问题包括消息的易读性、描述单位内容时的消息体大小、编码难度、解码难度、解决半包/粘包问题的难易度。Dubbo 消息体数据包含 Dubbo 版本号、接口名称、接口版本、方法名称、参数类型列表、参数、附加信息等。
- Schema 和序列化（Schema & Data Serialization）：序列化、反序列化的时间，序列化后数据的字节大小直接影响 RPC 框架性能。

3.1.6　RPC 框架与分布式服务框架

RPC 框架的通信方式是点对点，即服务消费者与服务提供者是点对点通信的。点对点通信包括通信、序列化、反序列化以及协议等内容。分布式服务框架不仅具有 RPC 框架的特性，还包括以下特性：

- 由多台服务器提供服务，具有负载均衡策略。
- 服务自动注册、发布。
- 服务治理。

当大规模的应用服务化之后，服务治理问题会慢慢暴露出来，纯粹的 RPC 框架服务治理能力都不健全，要解决这些问题，必须通过服务框架和服务治理来完成，单凭 RPC 框架无法解决服务治理问题。

3.2 RPC 框架

3.2.1 RMI 远程方法调用

RMI（Remote Method Invocation）基于 Java 远程方法协议（Java Remote Method Protocol）和 Java 的原生序列化，利用 java.rmi 包实现。它能够使部署在不同主机上的 Java 对象之间进行透明的通信与方法调用。RMI 实现原理如图 3-6 所示。

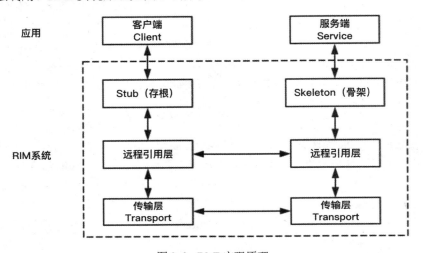

图 3-6　RMI 实现原理

客户端方法调用从客户对象经占位程序（Stub）、远程引用层（Remote Reference Layer）和传输层（Transport Layer）向下，然后再次经传输层，向上穿过远程调用层和骨干网（Skeleton），到达服务器对象。

- 占位程序：扮演着远程服务器对象的代理角色，使该对象可被客户激活。
- 远程引用层：处理语义、管理单一或多重对象的通信，决定调用应发往一个服务器还是多个服务器。
- 传输层：管理实际的连接，并且追踪可以接受方法调用的远程对象。
- 骨干网：完成对服务器对象实际的方法调用，并获取返回值。返回值向下经远程引用层、传输层，再向上经传输层和远程调用层返回。最后，占位程序获得返回值。

RMI 的特性如下：

- 支持面向对象多态性。
- 只支持 Java 语言。
- 使用 Java 原生的序列号机制。
- 底层通信基于 BIO（同步阻塞 I/O）。

RMI 的缺点如下：

- 支持语言少。
- 性能较差。

由于 RMI 使用 Java 原生的序列号机制与 BIO 通信机制，导致 RMI 的性能较差，不建议在性能要求高的场景使用。

3.2.2　Thrift

Thrift 是一个跨语言的服务部署框架，采用二进制编码协议，传输协议使用 TCP/IP。相对于 HTTP 协议，TCP/IP 协议的性能更高，因为 HTTP 协议的内容除了应用数据本身外，还带有描述本次请求上下文的数据（比如 Header 信息、响应码等）。HTTP 协议使用文本协议对传输内容进行编码，相对于采用二进制编码协议的 TPC/IP 协议码流更大。Thrift 通过一个中间语言（IDL，接口定义语言）来定义 RPC 的接口和数据类型，然后通过一个编译器生成不同语言的代码（目前支持 C++、Java、Python、PHP、Ruby、Erlang、Perl、Haskell、C#、Cocoa、Smalltalk 和 OCaml），并由生成的代码负责 RPC 协议层和传输层的实现。Thrift 内部运行原理如图 3-7 所示。

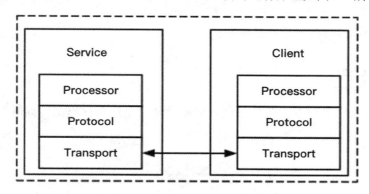

图 3-7　Thrift 内部运行原理

Thrift 根据接口定义文件，通过代码生成器生成服务器端和客户端代码（支持不同语言），从而实现服务端和客户端跨语言的支持。用户在 Thrift 描述文件中声明自己的服务，这些服务经过编译后会生成相应语言的代码文件，然后用户实现服务便可以了。Protocol 是协议层，定义数据传输格式，可以为二进制或者 XML 等。Transport 是传输层，定义数据传输方式，传输方式可以为 TCP/IP 传输、内存共享或者文件共享等。

Thrift 的特性如下：

- 支持丰富的语言绑定。
- Thrift 文件生成目标代码，简单易用。
- 消息定义文件支持注释。
- 支持多种消息格式，数据结构与传输表现分离。
- 包含完整的客户端/服务端堆栈，可快速实现 RPC。
- 支持同步和异步通信。

Thrift 的缺点如下：

- 基本没有官方文档，资料缺乏。

3.2.3　Hessian

Hessian 是由 Caucho 提供的基于 Binary-RPC 协议的轻量级 RPC 框架。相比 WebService，Hessian 更简单、快捷。因为采用二进制 RPC 协议，所以很适合发送二进制数据。Hessian 的特性如下：

- Hessian 基于 Binary-RPC 协议实现。
- Hessian 基于 HTTP 协议进行传输。
- Hessian 通过其自定义的串行化机制将请求信息进行序列化，产生二进制流。
- 面向接口编程，请求端通过 Hessian 本身提供的 API 来发起请求，响应端根据 Hessian 提供的 API 来接收请求。
- Hessian 根据其私有的串行化机制将请求信息进行反序列化，传递给使用者时已是相应的请求信息对象了，处理完毕后直接返回，Hessian 将结果对象进行序列化，传输至调用端。
- 支持多种语言，包括 Java、Python、C++、PHT 等。
- 可以与 Spring 集成，配置比较简单。

3.2.4　Avro-RPC

Apache Avro 是一个数据序列化系统。它本身是一个序列化框架，同时实现了 RPC 的功能。

Avro 的特性如下：

- 丰富的数据结构。
- 使用快速的压缩二进制数据格式。
- 提供容器文件用于持久化数据。
- 提供远程过程调用 RPC。
- 简单的动态语言结合功能，Avro 和动态语言结合后，读写数据文件和使用 RPC 协议都不需要生成代码。

3.2.5　gRPC

gRPC 是由 Google 开发的一款语言中立、平台中立、开源的远程过程调用（RPC）系统。在 gRPC 中，客户端应用可以像调用本地对象一样直接调用另一台不同的机器上服务端应用的方法，使得创建分布式应用和服务更为容易。与许多 RPC 系统类似，gRPC 也是基于以下理念：定义一个服务，指定其能够被远程调用的方法（包含参数和返回类型）。在服务端实现这个接口，并运行一个 gRPC 服务器来处理客户端调用。在客户端拥有一个存根能够像服务端一样的方法。

gRPC 的特性如下：

- 基于 HTTP/2：HTTP/2 提供了连接多路复用、双向流、服务器推送、请求优先级、首部压缩等机制，可以节省带宽、降低 TCP 链接次数、节省 CPU、帮助移动设备延长电池寿命等。gRPC 的协议设计上使用了 HTTP2 现有的语义，请求和响应的数据使用 HTTP Body 发送，其他的控制信息则用 Header 表示。
- 支持 ProtoBuf：gRPC 使用 ProtoBuf 来定义服务，ProtoBuf 是由 Google 开发的一种数据序列化协议（类似于 XML、JSON、Hessian）。ProtoBuf 能够将数据进行序列化，并广泛应用在数据存储、通信协议等方面，压缩和传输效率高，语法简单，表达力强。
- 多语言支持：gRPC 支持多种语言，并能够基于语言自动生成客户端和服务端功能库。目前已提供了 C 版本 gRPC、Java 版本 gRPC-Java 和 Go 版本 gRPC-Go，其他语言的版本正在积极开发中，其中 gRPC 支持 C、C++、Node.js、Python、Ruby、Objective-C、PHP 和 C#等语言，gRPC-Java 已经支持 Android 开发。

3.2.6   其他 RPC 框架

国内 RPC 框架如下：

- Dubbo：国内较早开源的服务治理的 Java RPC 框架，虽然在阿里巴巴内部竞争中落败于 HSF，沉寂了几年，但是在国内得到了广泛的应用，目前 Dubbo 项目又获得了支持，并且 Dubbo 3.0 也开始开发。
- Motan：微博内部使用的 RPC 框架，底层支持 Java，生态圈往 Service Mesh 发展以支持多语言。
- RPCX：基于 Go 的服务治理的 RPC 框架，客户端支持跨语言。
- 腾讯 Tars：腾讯公司的 RPC 框架。
- 百度 BRPC：百度公司的 RPC 框架。

国外 RPC 框架如下：

- Thrift：跨语言的 RPC 框架，由 Facebook 贡献。
- Hessian： 由 Caucho Technology 开发的轻量级二进制 RPC 框架。
- Avro：来自 Hadoop 子项目。
- gRPC：Google 出品的跨语言 RPC 框架，很弱的（实验性的）负载均衡。
- twirp：twitch.tv 开源的一个 RESTful 风格的 RPC 框架。
- go-micro：Go 语言的一个服务治理 RPC 框架。
- Spring Cloud：新兴产物。

第 **4** 章

序列化与反序列化

本章主要介绍微服务之间调用时，数据如何进行序列化与反序列化，以及目前主流的序列化框架和实战。

4.1　序列化与反序列化

4.1.1　序列化/反序列化概念

何为序列化？把对象转换为字节序列的过程称为对象的**序列化**。

何为反序列化？把字节序列恢复为对象的过程称为对象的**反序列化**。

项目中通常使用"对象"来进行数据的操纵，但是当需要对数据进行存储（固化存储、缓存存储）或者传输（跨进程网络传输）时，"对象"就不怎么好用了，往往需要把数据转化成连续空间的二进制字节流。序列化和反序列化主要的应用场景有：

- 数据的网络传输：Socket 发送的数据不能是对象，必须是连续空间的二进制字节流。进行远程跨进程服务调用时（例如 RPC 调用），需要使用特定的序列化技术对需要进行网络传输的对象进行编码或者解码，以便完成远程调用。
- 缓存的 KV 存储：Redis/Memcache 是 KV 类型的缓存，缓存存储的 value 必须是连续空间的二进制字节流，而不能够是对象。
- 数据库索引的磁盘存储：数据库的索引在内存里是 B+树或者 Hash 的格式，但这个格式是不能够直接存储到磁盘上的，所以需要把 B+树或者 Hash 转化为连续空间的二进制字节流，才能存储到磁盘上。

4.1.2 序列化/反序列化特性

在设计分布式微服务框架时，序列化和反序列化作为框架的一部分，有着举足轻重的地位。比如服务提供者和服务消费者在进行网络通信时，对象需要进行序列化和反序列化，如果序列化框架性能差，就会直接影响整个分布式框架的性能。所以在设计序列化和反序列化框架的时候，我们需要从性能、可扩展性/兼容性、跨语言支持等多个角度进行综合考虑。

1．性能

影响序列化与反序列化性能的主要因素有：

（1）序列化后码流大小。
（2）序列化/反序列化的速度。
（3）序列化/反序列化系统开销（CPU 或者堆内存）。

网络上或者书本上有许多序列化框架性能对比的数据和表格，读者可自行搜索学习，这里不再赘述。通过一些数据对比，我们发现 ProtoBuf 序列化框架在各个方面都有绝对的优势。

2．可扩展性/兼用性

移动互联时代，业务系统需求的更新周期变得更短，新的需求不断涌现，而老的系统还需要继续维护。如果序列化协议具有良好的可扩展性，支持自动增加新的业务字段，而不影响老的服务，那么将大大提高系统的灵活度。一个好的序列化框架应该支持数据结构的向前兼容，比如新增字段、删除字段、调整字段顺序等。

3．跨语言支持

跨语言支持是衡量序列化框架是否通用的一个重要指标，如果序列化框架和某种语言绑定，数据在交换的时候，双方就很难保证一定是采用相同的语言开发的。分布式服务框架在不同的业务、不同的团队可能采用不同的开发语言。不同语言开发的服务要能够互通，序列化和反序列化首先要能够支持互通。

4.2 常用序列化框架

4.2.1 Java 默认序列化

Java 序列化是在 JDK 1.1 中引入的，是 Java 内核的重要特性之一。如果希望一个类对象是可序列化的，所要做的就是实现 Serializable 接口。Serializable 是一个标记接口，不需要实现任何字段和方法。这就像是一种选择性加入的处理，通过它可以使类对象成为可序列化的对象。序列化处理是通过 ObjectInputStream 和 ObjectOutputStream 实现的，因此我们所要做的是基于它们进行一层封装，要么将其保存为文件，要么将其通过网络发送。我们来看一个简单的序列化示例。

步骤01 定义 AyUser 对象，并实现 Serializable 接口，具体代码如下所示：

```java
package com.example.demo.model;
import java.io.Serializable;

/**
 * 描述：用户类
 * @author ay
 * @date 2019-01-27
 */
public class AyUser implements Serializable {

    private static final long serialVersionUID = 7110894678803247099L;

    private Long id;

    private String name;

    . ..省略 set、get
    @Override
    public String toString() {
        return "AyUser{" +
                "id=" + id +
                ", name='" + name + '\'' +
                '}';
    }
}
```

步骤02 自定义序列化接口 ISerializer，具体代码如下所示：

```java
/**
 * 描述：序列化接口
 * @author ay
 * @date 2019-01-27
 */
public interface ISerializer {

    /**
     * 对象序列化
     */
    <T> byte[] serialize(T obj);

    /**
     * 对象反序列化
     */
    <T> T deserialize(byte[] data, Class<T> clazz);

    /**
     * 将对象序列化到文件中
     */
    <T> void serializeToFile(T obj, String fileName);
```

```
    /**
     * 从文件中反序列化成对象
     */
    <T> T deserializeFromFile(String fileName, Class<T> clazz);
}
```

步骤03 实现序列化接口 ISerializer，同时实现 serialize、deserialize、serializeToFile 和 deserializeFromFile 方法，具体代码如下所示：

```
package com.example.demo.service;
import com.example.demo.model.AyUser;
import com.example.demo.service.impl.ISerializer;
import java.io.*;
/**
 * 描述：自定义序列化实现
 * @author ay
 * @date 2019-01-27
 */
public class JavaSerializer implements ISerializer {

    /**
     * 序列化
     */
    @Override
    public <T> byte[] serialize(T obj) {

        ByteArrayOutputStream baos = new ByteArrayOutputStream();
        try {
            ObjectOutputStream oos = new ObjectOutputStream(baos);
            oos.writeObject(obj);
            oos.close();
        } catch (Exception e) {
            throw new RuntimeException();
        }
        return baos.toByteArray();
    }

    /**
     * 反序列化
     */
    @Override
    public <T> T deserialize(byte[] data, Class<T> clazz) {
        ByteArrayInputStream bais = new ByteArrayInputStream(data);
        try {
            ObjectInputStream ois = new ObjectInputStream(bais);
            return (T)ois.readObject();
        } catch (Exception e) {
            throw new RuntimeException();
        }
```

```
    }

    /**
     * 将对象序列化到文件
     */
    @Override
public <T> void serializeToFile(T obj, String fileName) {
    FileOutputStream fos = null;
    ObjectOutputStream oos = null;
    try {
        fos = new FileOutputStream(fileName);
        oos = new ObjectOutputStream(fos);
        oos.writeObject(obj);
        oos.close();
        fos.close();
    } catch (Exception e) {
        throw new RuntimeException();
    }
}


    /**
     * 将对象从文件中反序列化
     */
    @Override
    public <T> T deserializeFromFile(String fileName, Class<T> clazz) {
        FileInputStream fis = null;
        ObjectInputStream ois = null;
        try{
            fis = new FileInputStream(fileName);
            ois = new ObjectInputStream(fis);
            return (T)ois.readObject();
        }catch (Exception e){
            throw new RuntimeException();
        }
    }

}
```

步骤04 开发测试程序，具体代码如下所示：

```
public static void main(String[] args) {
    JavaSerializer javaSerializer = new JavaSerializer();
    AyUser ayUser = new AyUser();
    ayUser.setId(1L);
    ayUser.setName("ay");
    //序列化
    byte[] userBytes = javaSerializer.serialize(ayUser);
    System.out.println("serializer byte data is: " +
Arrays.toString(userBytes));
    //反序列化
    AyUser deserializeUser = javaSerializer.deserialize(userBytes,
```

```
AyUser.class);
    System.out.println("deserialize data is: " + deserializeUser.toString());
    //序列化到文件
    javaSerializer.serializeToFile(ayUser, "tmp.out");
    //从文件中反序列化
    AyUser deserializeFromFileUser =
javaSerializer.deserializeFromFile("tmp.out", AyUser.class);
    System.out.println("deserialize from file user : " +
deserializeFromFileUser);
    }
```

运行 main 方法，将在控制台打印如下信息，同时可以在项目下找到 tmp.out 文件。

```
serializer byte data is: [-84, -19, 0, 5, 115, 114, 0, 29, 99, 111, 109, 46,
101, 120, 97, 109, 112, 108, 101, 46, 100, 101, 109, 111, 46, 109, 111, 100, 101,
108, 46, 65, 121, 85, 115, 101, 114, 98, -82, -7, 9, 5, 72, 111, -5, 2, 0, 2, 76,
0, 2, 105, 100, 116, 0, 16, 76, 106, 97, 118, 97, 47, 108, 97, 110, 103, 47, 76,
111, 110, 103, 59, 76, 0, 4, 110, 97, 109, 101, 116, 0, 18, 76, 106, 97, 118, 97,
47, 108, 97, 110, 103, 47, 83, 116, 114, 105, 110, 103, 59, 120, 112, 115, 114,
0, 14, 106, 97, 118, 97, 46, 108, 97, 110, 103, 46, 76, 111, 110, 103, 59, -117,
-28, -112, -52, -113, 35, -33, 2, 0, 1, 74, 0, 5, 118, 97, 108, 117, 101, 120, 114,
0, 16, 106, 97, 118, 97, 46, 108, 97, 110, 103, 46, 78, 117, 109, 98, 101, 114,
-122, -84, -107, 29, 11, -108, -32, -117, 2, 0, 0, 120, 112, 0, 0, 0, 0, 0, 0, 0,
1, 116, 0, 2, 97, 121]
deserialize data is: AyUser{id=1, name='ay'}
deserialize from file user : AyUser{id=1, name='ay'}
```

打开项目下的 tmp.out 文件，文件内容如图 4-1 所示。

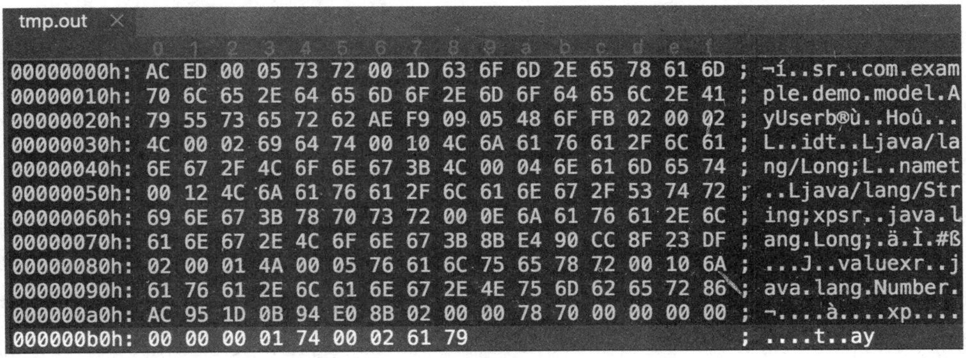

图 4-1　tmp.out 文件内容

这里对 tpm.out 文件进行简单分析，具体如下：

第一部分：序列化文件头

AC ED：STREAM_MAGIC，声明使用了序列化协议。

00 05：STREAM_VERSION，序列化协议版本。

73：TC_OBJECT，声明这是一个新的对象。

第二部分：序列化的类的描述

72：TC_CLASSDESC，声明这里开始一个新 Class。

00 1D：Class 名字的长度为 29。

63 6F 6D 2E … 73 65 72：AyUser，Class 类名。

62 AE F9 09 05 48 6F FB：SerialVersionUID，序列化 ID，如果没有指定，就会由算法随机生成一个 8 字节的 ID。

02：标记号，该值声明该对象支持序列化。

00 02：该类所包含的域个数。

第三部分：对象中各个属性的描述

4C：域类型：Long。

00 02：域名字的长度。

69 64 74 00 10 4C 6A：id，域名字描述。

第四部分：对象的父类信息描述

Serializable 没有父类，如果有，就和第二部分的描述相同。

78：TC_ENDBLOCKDATA，对象块结束的标志。

70：TC_NULL，说明没有其他超类的标志。

第五部分：对象属性的实际值

这里只是简单分析 JDK 默认序列化协议，读者可以在网络上参考更多资料。

Java 默认的序列化机制缺点很明显：

（1）只支持 Java 语言，不支持其他语言。

（2）性能差，序列化后的码流大，对于引用过深的对象序列化容易引起 OOM 异常。

4.2.2 XML 序列化框架

XML 序列化使用标签表示数据，可读性高。但是序列化后码流较大，性能不高，适用于性能不高且 QPS 较低的企业级内部系统之间数据交换的场景。XML 具有语言无关性，可用于异构系统间的数据交换协议。XML 序列化和反序列化实现方式有多种，比如 XStream 和 Java 自带的 XML 序列化和反序列化方式等。我们主要讲解 Java 自带的 XML 序列化和反序列化方式，其他的方式读者可自己查资料学习。

Java 自带的 XML 序列化和反序列化主要使用 XMLEncoder 和 XMLDecoder 类实现相应的功能，具体实例如下所示：

```
public static void main(String[] args) throws Exception{
    //定义文件 ayUser.xml
File file = new File("ayUser.xml");
    //文件不存在，创建文件
if(!file.exists()){
        file.createNewFile();
    }
```

```
    //定义 ayUser 对象
    AyUser ayUser = new AyUser();
    ayUser.setId(1L);
    ayUser.setName("ay");
    BufferedOutputStream bos =
new BufferedOutputStream(new FileOutputStream(file));
    XMLEncoder xe = new XMLEncoder(bos);
    xe.flush();
    //写入 XML 文件
    xe.writeObject(ayUser);
    xe.close();
    bos.close();

    //读取 XML 文件
    XMLDecoder xd =
new XMLDecoder(new BufferedInputStream(new FileInputStream(file)));
    AyUser ayUser2 = (AyUser) xd.readObject();
    xd.close();
    System.out.println("id :" + ayUser2.getId());
    System.out.println("name :" + ayUser2.getName());
}
```

上述代码开发完成之后，运行 main 函数，将可以在控制台看到如下打印信息：

```
id :1
name :ay
```

同时，在项目的目录下会生成 ayUser.xml 文件，文件内容如下所示：

```
<?xml version="1.0" encoding="UTF-8"?>
<java version="11.0.1" class="java.beans.XMLDecoder">
 <object class="com.example.demo.model.AyUser">
  <void property="id">
   <long>1</long>
  </void>
  <void property="name">
   <string>ay</string>
  </void>
 </object>
</java>
```

下面我们简单封装 XML 序列化类 XMLSerializer 供读者参考，具体代码如下所示：

```
package com.example.demo.service;
import com.example.demo.model.AyUser;
import com.example.demo.service.impl.ISerializer;
import java.beans.XMLDecoder;
import java.beans.XMLEncoder;
import java.io.*;
/**
 * XML 序列化
 * @author ay
```

```
 * @dare 2019-01-17
 */
public class XMLSerializer implements ISerializer {

    /**
     * 将对象序列化
     */
    @Override
    public <T> byte[] serialize(T obj) {
        ByteArrayOutputStream baos = new ByteArrayOutputStream();
        XMLEncoder xe = new XMLEncoder(baos, "utf-8", true, 0);
        xe.writeObject(obj);
        xe.close();
        return baos.toByteArray();
    }
    /**
     * 将二进制对象反序列化
     */
    @Override
    public <T> T deserialize(byte[] data, Class<T> clazz) {
        ByteArrayInputStream bais = new ByteArrayInputStream(data);
        XMLDecoder xd = new XMLDecoder(bais);
        xd.close();
        return (T) xd.readObject();
    }

    @Override
    public <T> void serializeToFile(T obj, String fileName) {

    }

    @Override
    public <T> T deserializeFromFile(String fileName, Class<T> clazz) {
        return null;
    }
}
```

4.2.3 JSON 序列化框架

JSON（JavaScript Object Notation，JS 对象简谱）是一种轻量级的数据交换格式。JSON 可以支持任何数据类型，例如字符串、数字、对象、数组等。相对于 XML，JSON 码流更小，而且还保留了 XML 可读性好的优势。

JSON 序列化常用的开源工具有 Fastjson（阿里巴巴开源）、Jackson 和 Google 开发的 GSON。从性能角度来看，Jackson 和 Fastjson 比 GSON 的性能好。从稳定性来看，Jackson、GSON 相对 Fastjson 稳定性更好。

接下来，我们重点介绍 Fastjson 序列化框架，该框架的主要优点有：

- Fastjson 具有极快的性能。
- 功能强大，完全支持 Java Bean、集合、Map、日期、Enum，同时支持泛型、支持自省等。
- 无依赖，能够直接运行在 Java SE 5.0 以上版本。
- 易用的 API 操作。

使用 Fastjson 进行序列化和反序列化非常简单，具体步骤如下所示。

步骤01 添加 Fastjson 依赖包，具体代码如下所示：

```xml
<!-- https://mvnrepository.com/artifact/com.alibaba/fastjson -->
<dependency>
    <groupId>com.alibaba</groupId>
    <artifactId>fastjson</artifactId>
    <version>1.2.55</version>
</dependency>
```

步骤02 开发序列化类 JsonSerializer，简单封装序列化和反序列化接口：

```java
package com.example.demo.service;
import com.alibaba.fastjson.JSON;
import com.example.demo.service.impl.ISerializer;
/**
 * 描述:json 序列化
 * @author ay
 * @date 2019-01-17
 */
public class JsonSerializer implements ISerializer {

    @Override
    public <T> byte[] serialize(T obj) {
        //将对象序列化成二进制数组
        return JSON.toJSONString(obj).getBytes();
    }

    @Override
    public <T> T deserialize(byte[] data, Class<T> clazz) {
        //将二进制数组反序列化成对象
        return (T)JSON.parseObject(new String(data));
    }

    @Override
    public <T> void serializeToFile(T obj, String fileName) {

    }

    @Override
    public <T> T deserializeFromFile(String fileName, Class<T> clazz) {
        return null;
    }
}
```

4.2.4 ProtoBuf 序列化框架

Google Protocol Buffer（简称 ProtoBuf）是一种轻便高效的结构化数据存储格式，与平台无关、与语言无关、可扩展，可用于通信协议和数据存储等领域。

ProtoBuf 高性能解析且码流小，非常适合性能要求高的 RPC 调用。但是使用 ProtoBuf 需要编写.proto IDL 文件，开发工作量稍大，且需要额外学习 Proto IDL 特有的语法。

下面我们开始学习如何使用 ProtoBuf 序列化框架实现对象的序列化和反序列化，具体步骤如下：

步骤01 下载 ProtoBuf 安装包，例如 protobuf-all-3.6.1.tar。

步骤02 在终端执行解压命令：

```
### 解压 protobuf-all-3.6.1.tar
tar zxvf protobuf-all-3.6.1.tar
```

步骤03 在解压后的目录 protobuf-3.6.1 下执行命令：

```
### 配置
➔  ./configure
### 编译
➔  make
### 检查
➔  make check
### 安装
➔  make install
```

步骤04 执行 protoc --version 命令检查是否安装成功，如果输出如下信息，就代表 ProtoBuf 安装成功。

```
### 安装成功输出结果
libprotoc 3.6.1
```

ProtoBuf 安装成功之后，紧接着学习如何使用 ProtoBuf，具体步骤如下所示。

步骤01 创建用户类 AyUser，具体代码如下所示：

```java
package com.example.demo.model;
import java.io.Serializable;
/**
 * 描述：用户类
 * @author ay
 * @date 2019-01-27
 */
public class AyUser implements Serializable {

    private static final long serialVersionUID = 7110894678803247099L;

    private Long id;
```

```
    private String name;

    . . . 省略 set、get 方法

    @Override
    public String toString() {
        return "AyUser{" +
                "id=" + id +
                ", name='" + name + '\'' +
                '}';
    }
}
```

步骤02 编写 AyUser.proto 文件，具体代码如下所示：

```
syntax="proto3";

option java_package = "com.example.demo.model";
option java_outer_classname = "AyUserProto";

message AyUser {
    uint64 id = 1;
    string name = 2;
}
```

- syntax= "proto3"：指定正在使用 Proto 3 语法，如果没有指定编译器，就默认使用 Proto 2。
- option java_package：表示自动生成代码时，将 Java 代码放入指定的 package 中。
- java_outer_classname：表示生成的 Java 类的名称。
- message：表示声明一个 "类"，类似 Java 中的 class。message 中可以内嵌 message，就像 Java 的内部类一样。一个 message 可以包含多个字段。ProtoBuf 字段支持的数据类型如表 4-1 所示。

表 4-1　ProtoBuf 字段支持的类型汇总

ProtoBuf 数据类型	描述	打包	对应 Java 类型
bool	布尔类型	1 字节	boolean
double	64 位浮点数	N	double
float	32 位浮点数	N	float
int32	32 位整数	N	int
uin32	无符号 32 位整数	N	long
int64	64 位整数	N	long
uint64	64 位无符号整数	N	long
sint32	32 位整数，处理负数效率高	N	int
sint64	62 位整数，处理负数效率高	N	long
fixed32	32 位无符号整数	4	int
fixed64	64 位无符号整数	8	long

（续表）

ProtoBuf 数据类型	描述	打包	对应 Java 类型
sfixed32	32 位整数，能以更高的效率处理负数	4	int
sfixed64	64 位整数，能以更高的效率处理负数	8	long
string	只能处理 ASCII 字符	N	String
bytes	用于处理多字节的语言符号，如中文	N	ByteString
enum	可以包含一个用户自定义的枚举类型	N（uint32）	enum
message	可以包含一个用户自定义的消息类型	N	N

步骤03 执行如下命令，生成相关的序列化工具类：

```
protoc --java_out=. ./com/example/demo/model/AyUser.proto
```

- java_out 指定生成 Java 代码保存的目录，后面紧跟 .proto 文件的路径。

注　意

该命令需要在项目的 java 目录下执行。

我们还可以在终端输入 protoc --help 命令查看 protoc 命令更多信息，具体代码如下所示：

```
protoc --help
Usage: protoc [OPTION] PROTO_FILES
Parse PROTO_FILES and generate output based on the options given:
  -IPATH, --proto_path=PATH  Specify the directory in which to search for
                             imports.  May be specified multiple times;
                             directories will be searched in order.  If not
                             given, the current working directory is used.
  --version                  Show version info and exit.
  -h, --help                 Show this text and exit.
  --encode=MESSAGE_TYPE      Read a text-format message of the given type
                             from standard input and write it in binary
                             to standard output.  The message type must
                             be defined in PROTO_FILES or their imports.
  --decode=MESSAGE_TYPE      Read a binary message of the given type from
                             standard input and write it in text format
                             to standard output.  The message type must
                             be defined in PROTO_FILES or their imports.
. . .省略代码
```

步骤04 开发代码，将 AyUser 对象进行序列化和反序列化：

```
public static void main(String[] args) throws Exception{
    AyUserProto.AyUser ayUser =
AyUserProto.AyUser.newBuilder().setId(1L).setName("ay").build();
    //将 ayUser 对象序列化为 ByteString 类型的对象
    System.out.println(ayUser.toByteString());
    //将 ayUser 对象序列化为 byte[]
    System.out.println(ayUser.toByteArray());
```

```
    //将 ByteString 类型的对象反序列化为 AyUserProto.AyUser 对象
    AyUserProto.AyUser newAyUser =
AyUserProto.AyUser.parseFrom(ayUser.toByteString());
    System.out.println(newAyUser);
    //将 toByteArray 类型的对象反序列化为 AyUserProto.AyUser 对象
    AyUserProto.AyUser newAyUser2 =
AyUserProto.AyUser.parseFrom(ayUser.toByteArray());
    System.out.println(newAyUser2);
}
```

代码开发完成之后，运行 main 方法，便可以在控制台打印相关的信息。至此，使用 ProtoBuf
进行对象序列化和反序列化已完成，更多 ProtoBuf 相关的内容，读者可自主学习。

第 5 章

微服务底层通信与协议

本章主要回顾 Java 网络通信，包括传统 BIO 编程、伪异步 I/O 编程、NIO 编程，介绍目前非常流行的通信框架 Netty，以及如何通过 Netty 开发具体实例。最后，介绍分布式服务框架使用的私有协议和公有协议，设计自定义私有协议需要注意的问题。

5.1　Java 网络通信

5.1.1　传统 BIO 编程

通信的本质其实就是 I/O，Java 的网络编程主要涉及的内容是 Socket 编程，其他还有多线程编程、协议栈等相关知识。在 JDK 1.4 推出 Java NIO 之前，基于 Java 的所有 Socket 通信都采用同步阻塞模式（BIO），类似于一问一答模式。客户端发起一次请求，同步等待调用结果的返回。同步阻塞模式易于调试且容易理解，但是存在严重的性能问题。

传统的同步阻塞模型开发中，ServerSocket 负责绑定 IP 地址，启动监听端口；Socket 负责发起连接操作。连接成功后，双方通过输入和输出流进行同步阻塞式通信。服务端提供 IP 和监听端口，客户端通过连接操作向服务端监听的地址发起连接请求，通过三次握手连接，如果连接成功建立，双方就可以通过套接字进行通信。

这里简单地描述一下 BIO 的服务端通信模型。采用 BIO 通信模型的服务端，通常由一个独立的 Acceptor（消费者）线程负责监听客户端的连接，它接收到客户端连接请求之后，为每个客户端创建一个新的线程进行链路处理。处理完成后，通过输出流返回应答给客户端，线程销毁，即典型的一请求一应答通信模型，具体原理如图 5-1 所示。

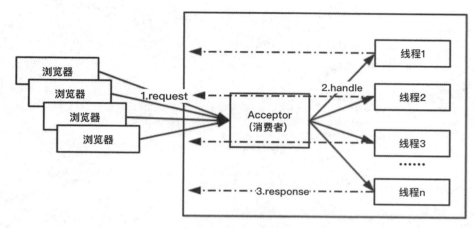

图 5-1　传统 BIO 通信模型

该模型最大的问题就是缺乏弹性伸缩能力，当客户端并发访问量增加后，服务端的线程个数和客户端并发访问数呈 1:1 的正比关系，Java 中的线程也是比较宝贵的系统资源，线程数量快速膨胀后，系统的性能将急剧下降，随着访问量的继续增大，系统最终就死掉了。下面我们开发一个简单的 Socket 通信实例，具体步骤如下：

步骤01 开发 Socket 客户端，具体代码如下所示：

```java
class Client {
    //默认的端口号
    private static int DEFAULT_SERVER_PORT = 12345;
    //默认服务器 IP
    private static String DEFAULT_SERVER_IP = "127.0.0.1";
    //发送信息
    public static void send(String expression){
        send(DEFAULT_SERVER_PORT,expression);
    }
    public static void send(int port,String expression){
        System.out.println("客户端算术表达式为: " + expression);
        Socket socket = null;
        BufferedReader in = null;
        PrintWriter out = null;
        try{
            //step 1 创建 socket 对象
            socket = new Socket(DEFAULT_SERVER_IP,port);
            //step 2 获取此套接字的输入流，并包装为 BufferedReader 对象
            in = new BufferedReader(new
InputStreamReader(socket.getInputStream()));
            //step 3 获取此套接字的输出流，并包装为 PrintWriter 对象
    out = new PrintWriter(socket.getOutputStream(),true);
            //step 4 往服务端写数据
    out.println(expression);
//step 5 获取服务端返回的数据
            System.out.println("___结果为: " + in.readLine());
        }catch(Exception e){
```

```
                        e.printStackTrace();
                }finally{
                    //step 6 结束后关闭相关的流
                    if(in != null){
                        try {
                            in.close();
                        } catch (IOException e) {
                            e.printStackTrace();
                        }
                        in = null;
                    }
                    if(out != null){
                        out.close();
                        out = null;
                    }
                    if(socket != null){
                        try {
                            socket.close();
                        } catch (IOException e) {
                            e.printStackTrace();
                        }
                        socket = null;
                    }
                }
}
```

01 创建一个 Socket 流套接字并将其连接到指定主机上的指定端口号。

02 socket.getInputStream()用于获取此套接字的输入流，并包装为 BufferedReader 对象。

03 socket.getOutputStream()用于获取此套接字的输出流，并包装为 PrintWriter 对象。

04 out.println(expression)用于往服务端写数据。

05 in.readLine()用于获取服务端返回的数据。

06 结束后关闭相关的流。

步骤02 开发 Socket 服务端，具体代码如下所示：

```
class ServerBetter{
    //默认的端口号
    private static int DEFAULT_PORT = 12345;
    /** 单例的 ServerSocket **/
    private static ServerSocket server;
    /** 根据传入参数设置监听端口，如果没有参数，就调用以下方法并使用默认值 **/
    public static void start() throws IOException {
        //使用默认值端口
        start(DEFAULT_PORT);
    }
    //这个方法不会被大量并发访问，不太需要考虑效率，直接进行方法同步就行了
    public synchronized static void start(int port) throws IOException{
        if(server != null){
            return;
```

```
        }
        try{
            //step 1：通过构造函数创建 ServerSocket，如果端口合法且空闲，服务端就监听成功
            server = new ServerSocket(port);
            System.out.println("服务器已启动，端口号：" + port);
            //step 2：通过无限循环监听客户端连接，如果没有客户端接入，将阻塞在 accept 操作上
            while(true){
                Socket socket = server.accept();
                //step 3:当有新的客户端接入时，创建一个新的线程处理这条 Socket 链路
                new Thread(new ServerHandler(socket)).start();
            }
        }finally{
            //step 4：服务器关闭时，清理相关的资源
            if(server != null){
                System.out.println("服务器已关闭。");
                server.close();
                server = null;
            }
        }
    }
}
```

01 new ServerSocket(port) 通过构造函数创建 ServerSocket，如果端口合法且空闲，服务端就监听成功。

02 while(true) 通过无限循环监听客户端连接，服务器调用 ServerSocket 类的 accept()方法，该方法将一直等待，直到客户端连接到服务器上给定的端口。

03 当有新的客户端接入时，创建一个新的线程处理这条 Socket 链路。

04 服务器关闭时，关闭套接字。

ServerHandler 类用于在服务端接收到客户端的请求后，创建新的线程执行任务，具体代码如下所示。

```
class ServerHandler implements Runnable{
    private Socket socket;
    public ServerHandler(Socket socket) {
        this.socket = socket;
    }
    @Override
    public void run() {
        BufferedReader in = null;
        PrintWriter out = null;
        try{
            //step 1：获取此套接字的输入流，并包装为 BufferedReader 对象
            in = new BufferedReader(new
InputStreamReader(socket.getInputStream()));
            //step 2：获取此套接字的输出流，并包装为 PrintWriter 对象
    out = new PrintWriter(socket.getOutputStream(),true);
            String expression;
```

```
        String result;
        while(true){
            //step 3：通过 BufferedReader 读取一行
            //如果已经读到输入流尾部，就返回 null，退出循环
            //如果得到非空值，就尝试计算结果并返回
            if((expression = in.readLine())==null){
                break;
            }
            System.out.println("服务器收到消息：" + expression);
            try{
                //step 4：计算客户端传递字符串，这里简单处理，全部返回 123
                //Calculator.cal(expression).toString();
result = "123";
            }catch(Exception e){
                result = "计算错误：" + e.getMessage();
            }
            //step 5：将结果写入输出流，返回给客户端
            out.println(result);
        }
    }catch(Exception e){
        e.printStackTrace();
    }finally{
        //step 6：清理相关的资源
        if(in != null){
            try {
                in.close();
            } catch (IOException e) {
                e.printStackTrace();
            }
            in = null;
        }
        if(out != null){
            out.close();
            out = null;
        }
        if(socket != null){
            try {
                socket.close();
            } catch (IOException e) {
                e.printStackTrace();
            }
            socket = null;
        }
    }
    }
}
```

01 获取此套接字的输入流，并包装为 BufferedReader 对象。

02 获取此套接字的输出流，并包装为 PrintWriter 对象。

03 通过 BufferedReader 读取一行，如果已经读到输入流尾部，就返回 null，退出循环。如果

得到非空值，就尝试计算结果并返回。

04 计算客户端传递字符串，这里简单处理，全部返回 123。

05 将结果写入输出流，返回给客户端。

06 清理相关的资源。

步骤03 开发测试类 BioTest，具体代码如下所示：

```java
package com.example.demo.test;
import java.io.BufferedReader;
import java.io.IOException;
import java.io.InputStreamReader;
import java.io.PrintWriter;
import java.net.ServerSocket;
import java.net.Socket;
import java.util.Random;
public class BioTest {
    public static void main(String[] args) throws InterruptedException {
        //step 1: 启动线程，运行服务器
        new Thread(new Runnable() {
            @Override
            public void run() {
                try {
                    ServerBetter.start();
                } catch (IOException e) {
                    e.printStackTrace();
                }
            }
        }).start();

        //step 2: 主线程 sleep 100 毫秒，避免客户端在服务器启动前执行代码
        Thread.sleep(100);

        //step 3: 启动线程，运行客户端
        char operators[] = {'+', '-', '*', '/'};
        Random random = new Random(System.currentTimeMillis());
        new Thread(new Runnable() {
            @SuppressWarnings("static-access")
            @Override
            public void run() {
                //step 4: 无限循环
                while (true) {
                    //随机产生算术表达式
                    String expression = random.nextInt(10) + ""
 + operators[random.nextInt(4)] + (random.nextInt(10) + 1);
                    //客户端发送算术表达式字符串到服务端
Client.send(expression);
                    try {
                        //线程 sleep 1000 毫秒，即 1 秒
                        Thread.currentThread().sleep(random.nextInt(1000));
                    } catch (InterruptedException e) {
```

```
                    e.printStackTrace();
                }
            }
        }
    }).start();
    }
}
```

[01] 启动线程，运行服务器。

[02] 主线程 sleep 100 毫秒，避免客户端在服务器启动前执行代码。

[03] 启动线程，运行客户端。

[04] 在无限循环中，随机产生算术表达式，发送算术表达式字符串到服务端。

[05] 线程 sleep 1 秒。

假设存在这么一个场景，由于网络延迟，导致数据发送缓慢，由于使用的是阻塞 IO，read 方法一直处于阻塞状态，要等到数据传送完成才结束（返回-1）。在这种情况且高并发的场景下，直接导致线程暴增，服务器宕机。

5.1.2　伪异步 I/O 编程

我们可以使用线程池来管理这些线程，实现一个或多个线程处理 N 个客户端的模型，但是底层还是使用同步阻塞 I/O，通常被称为"伪异步 I/O 模型"，具体如图 5-2 所示。

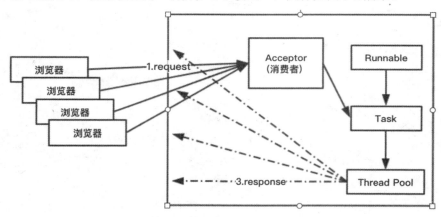

图 5-2　伪异步 IO 通信模型

我们知道，如果使用 CachedThreadPool 线程池，除了能自动帮我们管理线程（复用）外，看起来就像是 1:1 的客户端线程数模型，而使用 FixedThreadPool 可以有效地控制线程的最大数量，保证系统有限资源的控制，实现 N:M 的伪异步 I/O 模型。但是，正因为限制了线程数量，如果发生大量并发请求，超过最大数量的线程就只能等待，直到线程池中有空闲的线程可以被复用。

当对 Socket 的输入流进行读取操作的时候，它会一直阻塞，直到发生如下 3 种事件：

（1）有数据可读。

（2）可用数据已经读取完毕。

（3）发生空指针或 I/O 异常。

所以在读取数据较慢时（比如数据量大、网络传输慢等），大量并发的情况下，其他接入的消息只能一直等待，这就是最大的弊端。而后面即将介绍的 NIO 就能解决这个难题。下面我们来改造代码。

```
/**
 * 描述：伪异步 I/O 编程模型
 * @author ay
 * @date 2019-02-10
 */
class ServerBetter {
    /** 默认的端口号 **/
    private static int DEFAULT_PORT = 12345;
    /** 单例的 ServerSocket **/
    private static ServerSocket server;
    /** step 1: 线程池 懒汉式的单例 **/
    private static ExecutorService executorService =
Executors.newFixedThreadPool(60);
    /** 根据传入参数设置监听端口，如果没有参数，就调用以下方法并使用默认值 **/
    public static void start() throws IOException{
        //使用默认值
        start(DEFAULT_PORT);
    }
    //这个方法不会被大量并发访问，不太需要考虑效率，直接进行方法同步就行了
    public synchronized static void start(int port) throws IOException{
        if(server != null){
            return;
        }
        try{
            //step 2:通过构造函数创建 ServerSocket
            //如果端口合法且空闲，服务端就监听成功
            server = new ServerSocket(port);
            System.out.println("服务器已启动，端口号：" + port);
            //step 3:通过无限循环监听客户端连接
            //如果没有客户端接入，就阻塞在 accept 操作上
            while(true){
                Socket socket = server.accept();
                //step 4:当有新的客户端接入时，会执行下面的代码
                //从线程池中获取一个新的线程处理这条 Socket 链路
                executorService.execute(new ServerHandler(socket));
            }
        }finally{
            //step 5:一些必要的清理工作
            if(server != null){
                System.out.println("服务器已关闭。");
                server.close();
                server = null;
            }
        }
```

```
        }
    }
```

01 Executors.newFixedThreadPool(60)用于创建线程池，线程数量固定为 60 个。

02 通过构造函数创建 ServerSocket，如果端口合法且空闲，服务端就监听成功。

03 while(true) 通过无限循环监听客户端连接，服务器调用 ServerSocket 类的 accept()方法，该方法将一直等待，直到客户端连接到服务器上给定的端口。

04 当有新的客户端接入时，从线程池中获取一个新的线程处理这条 Socket 链路。

05 服务器关闭时，关闭套接字。

5.1.3　NIO 编程

少量的线程如何同时为大量连接服务呢？答案就是就绪选择。这就好比到餐厅吃饭，每来一桌客人，就有一个服务员专门服务，从你进餐厅到最后结账走人。这种方式的好处是服务质量好，一对一的 VIP 服务，可是缺点也很明显，成本高。如果餐厅生意好，同时来 100 桌客人，就需要 100 个服务员，老板发工资的时候得心痛死了。这就是传统的一个连接一个线程的方式。

老板是什么人，精着呢。老板得捉摸怎么能用 10 个服务员同时为 100 桌客人服务。老板发现，服务员在为客人服务的过程中并不是一直都忙着。客人点完菜，上完菜，吃着的这段时间，服务员就闲下来了。可是这个服务员还是被这桌客人占用着，不能为别的客人服务。怎么把这段闲着的时间利用起来呢？餐厅老板就想了一个办法，让一个服务员（前台）专门负责收集客人的需求，登记下来。比如有客人进来、点菜、结账，都先记录下来按顺序排好。每个服务员到这里领一个需求。比如点菜，服务员拿着菜单帮客人点菜去了。客人点好菜以后，服务员马上回来，领取下一个需求，继续为别的客人服务。这种服务方式质量不如一对一的服务，当客人需求很多的时候就需要等待。但好处也很明显，由于客人吃饭时服务员不用闲着，因此服务员这段时间内可以为其他客人服务。原来 10 个服务员最多同时为 10 桌客人服务，现在可以同时为 50 桌客人服务。

这种服务方式跟传统服务的区别有两个：

（1）增加了一个角色：专门负责收集客人需求的人。NIO 里对应的就是 Selector。

（2）由阻塞服务变为非阻塞服务，客人吃着的时候服务员不用一直候在客人旁边。传统的 IO 操作，比如 read()，当没有数据可读的时候，线程一直阻塞被占用，直到有数据到来。NIO 中没有数据可读时，read()会立即返回 0，线程不会阻塞。

NIO 工作原理如图 5-3 所示。

NIO 中客户端创建一个连接后，先要将连接注册到 Selector。相当于客人进入餐厅后，告诉前台你要用餐。前台会告诉你，你的桌号是几号。然后你就可以到那张桌子坐下了，SelectionKey 就是桌号。当某一桌需要服务时，前台就记录那一桌需要什么服务。比如 1 号桌要点菜、2 号桌要结账，服务员从前台取一条记录，根据记录提供服务，服务完了再来取下一条需求。这样服务的时间就被有效地利用起来了。

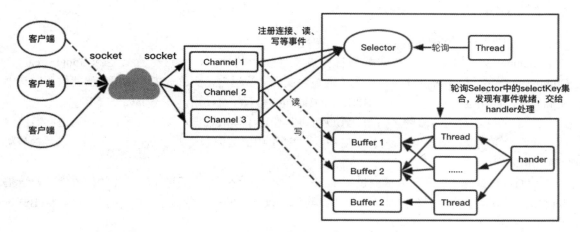

图 5-3　NIO 通信模型

Java NIO 和 IO 的主要区别如下：

1．面向流与面向缓冲

Java NIO 和 IO 之间最大的区别是，IO 是面向流的，NIO 是面向缓冲区的。Java IO 面向流意味着每次从流中读一个或多个字节，直至读取所有字节，它们没有被缓存在任何地方。此外，Java IO 不能前后移动流中的数据。如果需要前后移动从流中读取的数据，就需要先将它缓存到一个缓冲区。 Java NIO 的缓冲导向方法略有不同。数据读取到一个它稍后处理的缓冲区，需要时可在缓冲区中前后移动。这就增加了处理过程中的灵活性。但是，还需要检查该缓冲区中是否包含所有你需要处理的数据。而且，需确保当更多的数据读入缓冲区时，不要覆盖缓冲区里尚未处理的数据。

2．阻塞与非阻塞 IO

Java IO 的各种流是阻塞的。这意味着，当一个线程调用 read() 或 write()时，该线程被阻塞，直到有一些数据被读取，或数据完全写入。该线程在此期间不能再干任何事情了。Java NIO 的非阻塞模式使一个线程从某通道发送请求读取数据，但是它仅能得到目前可用的数据，如果目前没有数据可用，就什么都不会获取，而不是保持线程阻塞。所以直至数据变的可以读取之前，该线程可以继续做其他的事情。非阻塞写数据也是如此。一个线程请求写入一些数据到某通道，但不需要等待它完全写入，这个线程同时可以去做别的事情。线程通常将非阻塞 IO 的空闲时间用在其他通道上执行 IO 操作，所以一个单独的线程现在可以管理多个输入和输出通道（Channel）。

无论选择 IO 或 NIO 工具箱，都可能会影响应用程序设计的以下几个方面：

（1）对 NIO 或 IO 类的 API 调用。

（2）数据处理。

（3）用来处理数据的线程数。

Java NIO 是一个可以替代标准 Java IO API 的新 IO，提供了与标准 IO 不同的工作方式。Java NIO 由 3 个核心部分组成：Channel、Buffer 和 Selector。

虽然 Java NIO 还有很多其他类和组件，但 Channel、Buffer 和 Selector 构成了核心的 API。其他组件如 Pipe 和 FileLock，只不过是与 3 个核心组件共同使用的工具类。因此，我们主要将精力集中在这 3 个组件上。

1. Channel（通道）

Channel 是对数据的源头和数据目标点流经途径的抽象，在这个意义上和 InputStream、OutputStream 类似。Channel 可以译为"通道"或者"管道"，而传输中的数据仿佛就像是在其中流淌的水。前面也提到了 Buffer，Buffer 和 Channel 相互配合使用，才是 Java 的 NIO。

Java NIO 的通道与流的区别是：①既可以从通道中读取数据，又可以写数据到通道，但流的读写通常是单向的；②通道可以异步地读写；③通道中的数据总是先读到一个 Buffer，或者总是从一个 Buffer 中写入。

我们对数据的读取和写入要通过 Channel。它就像水管一样，通道不同于流的地方就是通道是双向的，可以用于读、写和同时读写操作。数据可以从 Channel 读到 Buffer 中，也可以从 Buffer 写到 Channel 中，具体如图 5-4 所示。

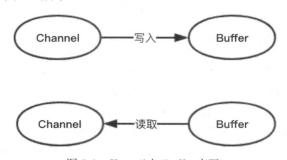

图 5-4　Channel 与 Buffer 交互

从广义上来说，通道可以被分为两类：File I/O 和 Stream I/O，也就是文件通道和套接字通道。若分得更细致一点，则是：

- FileChannel：从文件读写数据。
- SocketChannel：通过 TCP 读写网络数据。
- ServerSocketChannel：可以监听新进来的 TCP 连接，并对每个连接创建对应的 SocketChannel。
- DatagramChannel：通过 UDP 读写网络中的数据 Pipe。

（1）打开 FileChannel/SocketChannel

在使用 FileChannel 之前，必须先打开它。但是，我们无法直接打开一个 FileChannel，需要通过 InputStream、OutputStream 或 RandomAccessFile 来获取一个 FileChannel 实例。下面是通过 RandomAccessFile 打开 FileChannel 的实例：

```
RandomAccessFile aFile = new RandomAccessFile("/Users/ay/Desktop/ay.log",
"rw");
FileChannel inChannel = aFile.getChannel();
```

Java NIO 中的 SocketChannel 是一个连接到 TCP 网络套接字的通道。可以通过以下两种方式创建 SocketChannel：

- 打开一个 SocketChannel 并连接到互联网上的某台服务器。

- 新连接到达 ServerSocketChannel 时，会创建一个 SocketChannel。

下面是 SocketChannel 的打开方式：

```
SocketChannel socketChannel = SocketChannel.open();
socketChannel.connect(new InetSocketAddress("http://ay.com",80));
```

（2）从 FileChannel 读取数据

调用 read()方法，从 FileChannel 中读取数据，例如：

```
ByteBuffer buf = ByteBuffer.allocate(48);
int bytesRead = inChannel.read(buf);
```

首先，分配一个 Buffer，从 FileChannel 中读取数据到 Buffer 中。然后，调用 FileChannel.read()方法将数据从 FileChannel 读取到 Buffer 中。read()方法返回的 int 值表示有多少字节被读到了 Buffer 中。如果返回-1，就表示到了文件末尾。

（3）向 FileChannel/SocketChannel 写数据

使用 FileChannel.write()方法向 FileChannel 写数据，该方法的参数是一个 Buffer，例如：

```
RandomAccessFile aFile = new RandomAccessFile("/Users/ay/Desktop/ay.log",
"rw");
FileChannel inChannel = aFile.getChannel();
String newData = "New String to write to file..." + System.currentTimeMillis();
ByteBuffer buf = ByteBuffer.allocate(48);
buf.clear();
buf.put(newData.getBytes());
buf.flip();
while(buf.hasRemaining()) {
    channel.write(buf);
}
```

> **注　意**
>
> FileChannel.write()是在 while 循环中调用的。因为无法保证 write()方法一次能向 FileChannel 写入多少字节，所以需要重复调用 write()方法，直到 Buffer 中已经没有尚未写入通道的字节。

（4）关闭 FileChannel

用完 FileChannel 后必须将其关闭，例如：

```
channel.close();
```

（5）FileChannel 的 position 方法

有时可能需要在 FileChannel 的某个特定位置进行数据的读/写操作。可以通过调用 position()方法获取 FileChannel 的当前位置，也可以通过调用 position(long pos)方法设置 FileChannel 的当前位置，例如：

```
long pos = channel.position();
channel.position(pos +123);
```

如果将位置设置在文件结束符之后，然后试图从文件通道中读取数据，读方法就会返回-1（文件结束标志）。如果将位置设置在文件结束符之后，然后向通道中写数据，文件就会传递到当前位置并写入数据。这可能导致"文件洞"，即磁盘上物理文件中写入的数据间有空隙。

（6）FileChannel 的 size 方法

FileChannel 实例的 size()方法将返回该实例所关联文件的大小，例如：

```
long fileSize = channel.size();
```

（7）FileChannel 的 truncate 方法

可以使用 FileChannel.truncate()方法截取一个文件。截取文件时，文件将从指定长度后面的部分删除，例如：

```
### 截取文件的前 1024 字节
channel.truncate(1024);
```

（8）FileChannel 的 force 方法

FileChannel.force()方法将通道里尚未写入磁盘的数据强制写到磁盘上。出于性能方面的考虑，操作系统会将数据缓存在内存中，所以无法保证写入 FileChannel 里的数据一定会即时写到磁盘上。要保证这一点，需要调用 force()方法。force()方法有一个 Boolean 类型的参数，指明是否同时将文件元数据（权限信息等）写到磁盘上。下面的例子同时将文件数据和元数据强制写到磁盘上：

```
channel.force(true);
```

（9）FileChannel 的 transferFrom()方法

FileChannel 的 transferFrom()方法可以将数据从源通道传输到 FileChannel 中（注：这个方法在 JDK 文档中的解释为将字节从给定的可读取字节通道传输到此通道的文件中）。下面是一个简单的例子：

```
//在使用 FileChannel 之前，必须先打开它。但是，我们无法直接打开一个 FileChannel，需要通过
//使用 InputStream、OutputStream 或 RandomAccessFile 来获取一个 FileChannel 实例
RandomAccessFile fromFile = new RandomAccessFile("fromFile.txt", "rw");
FileChannel  fromChannel = fromFile.getChannel();
RandomAccessFile toFile = new RandomAccessFile("toFile.txt", "rw");
FileChannel  toChannel = toFile.getChannel();
long position = 0;
long count = fromChannel.size();
//这里是 toChannel.transferFrom()
toChannel.transferFrom(position, count, fromChannel);
```

transferFrom 方法的输入参数 position 表示从 position 处开始向目标文件写入数据，count 表示最多传输的字节数。如果源通道的剩余空间小于 count 字节，所传输的字节数就小于请求的字节数。

此外要注意，在 SoketChannel 的实现中，SocketChannel 只会传输此刻准备好的数据（可能不足 count 字节）。因此，SocketChannel 可能不会将请求的所有数据（count 字节）全部传输到 FileChannel 中。

（10）FileChannel 的 transferTo()方法

transferTo()方法将数据从 FileChannel 传输到其他的 Channel 中。下面是一个简单的例子：

```
RandomAccessFile fromFile = new RandomAccessFile("fromFile.txt", "rw");
FileChannel  fromChannel = fromFile.getChannel();
RandomAccessFile toFile = new RandomAccessFile("toFile.txt", "rw");
FileChannel  toChannel = toFile.getChannel();
long position = 0;
long count = fromChannel.size();
//这里是 fromChannel.transferTo ()
fromChannel.transferTo(position, count, toChannel);
```

有没有发现这个例子和上一个例子特别相似？除了调用方法的 FileChannel 对象不一样外，其他的都一样。

上面介绍的关于 SocketChannel 的问题在 transferTo()方法中同样存在。SocketChannel 会一直传输数据直到目标 Buffer 被填满。

最后，我们再看一个 Channel 的简单实例：

```
RandomAccessFile aFile = new RandomAccessFile("/Users/ay/Desktop/ay.log ", "rw");
FileChannel fileChannel = aFile.getChannel();
//分配缓存区大小
ByteBuffer buf = ByteBuffer.allocate(48);
int bytesRead = fileChannel.read(buf);
while (bytesRead != -1) {
    System.out.println("Read " + bytesRead);
    //buf.flip()的调用，首先读取数据到 Buffer，然后反转 Buffer
//接着从 Buffer 中读取数据（注：flip：空翻，反转）
    buf.flip();
    //判断是否有剩余
    while(buf.hasRemaining()){
        System.out.print((char) buf.get());
    }
    buf.clear();
    bytesRead = fileChannel.read(buf);
}
//关闭
aFile.close();
```

2. Buffer（缓冲区）

缓冲区本质上是一块可以写入数据，然后可以从中读取数据的内存。这块内存被包装成 NIO Buffer 对象，并提供了一组方法，用来方便地访问这块内存。使用 Buffer 读写数据一般遵循以下 4 个步骤：

（1）写入数据到 Buffer。

（2）调用 flip()方法。

（3）从 Buffer 中读取数据。

（4）调用 clear() 方法或者 compact() 方法。

当向 Buffer 写入数据时，Buffer 会记录下写了多少数据。一旦要读取数据，需要通过 flip() 方法将 Buffer 从写模式切换到读模式。在读模式下，可以读取之前写入 Buffer 的所有数据。一旦读完了所有的数据，就需要清空缓冲区，让它可以再次被写入。有两种方式能清空缓冲区：调用 clear() 方法和调用 compact() 方法。clear() 方法会清空整个缓冲区；compact() 方法只会清除已经读过的数据，任何未读的数据都会被移到缓冲区的起始处，新写入的数据将放到缓冲区未读数据的后面。下面看具体实例：

```
RandomAccessFile aFile = new RandomAccessFile("/Users/ay/Desktop ", "rw");
FileChannel fileChannel = aFile.getChannel();
//分配缓存区大小
ByteBuffer buf = ByteBuffer.allocate(48);
int bytesRead = fileChannel.read(buf);
while (bytesRead != -1) {
    System.out.println("Read " + bytesRead);
    //buf.flip()的调用，首先读取数据到 Buffer
//然后反转 Buffer，接着从 Buffer 中读取数据（注：flip：空翻，反转）
    buf.flip();
    //判断是否有剩余（注：Remaining：剩余的）
    while(buf.hasRemaining()){
        System.out.print((char) buf.get());
    }
    buf.clear();
    bytesRead = fileChannel.read(buf);
}
aFile.close();
```

（1）Buffer 的 3 个属性

为了理解 Buffer 的工作原理，需要熟悉它的 3 个属性：

- capacity：作为一个内存块，Buffer 有一个固定大小的值，也叫 "capacity"。只能往里写 capacity 个 byte、long、char 等类型的数据。一旦 Buffer 满了，需要将其清空（通过读数据或者清除数据），才能继续往里写数据。

- position：当写数据到 Buffer 中时，position 表示当前的位置。初始的 position 值为 0。当一个 byte、long 等类型的数据写到 Buffer 后，position 会向前移动到下一个可插入数据的 Buffer 单元。position 最大可为 capacity–1。当读取数据时，是从某个特定位置开始读的。当将 Buffer 从写模式切换到读模式时，position 会被重置为 0。当从 Buffer 的 position 处读取数据时，position 向前移动到下一个可读的位置。

- limit：在写模式下，Buffer 的 limit 表示最多能往 Buffer 里写多少数据。在写模式下，limit 等于 Buffer 的 capacity。当切换 Buffer 到读模式时，limit 表示最多能读取多少数据。因此，当切换 Buffer 到读模式时，limit 会被设置成写模式下的 position 值。换句话说，我们能读到之前写入的所有数据（limit 被设置成已写数据的数量，这个值在写模式下就是 position）。

Buffer 读写模式的简单原理如图 5-5 所示。

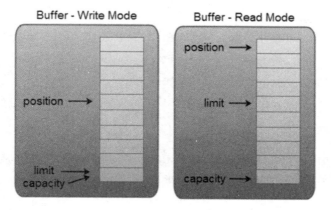

图 5-5　Buffer 读写模式的简单原理

（2）Buffer 的类型

Java NIO 有 8 种 Buffer 类型，分别是 ByteBuffer、MappedByteBuffer、CharBuffer、DoubleBuffer、FloatBuffer、IntBuffer、LongBuffer、ShortBuffer。

（3）Buffer 的分配

要想获得一个 Buffer 对象，首先要进行分配。每一个 Buffer 类都有一个 allocate 方法。下面是一个分配 48 字节 capacity 的 ByteBuffer 的例子。

```
ByteBuffer buf = ByteBuffer.allocate(48);
```

这是分配一个可存储 1024 个字符的 CharBuffer：

```
CharBuffer buf = CharBuffer.allocate(1024);
```

（4）Buffer 写数据

写数据到 Buffer 有两种方式：①从 Channel 写到 Buffer；②通过 Buffer 的 put()方法写到 Buffer 中。从 Channel 写到 Buffer，例如：

```
//read into buffer
int bytesRead = inChannel.read(buf);
```

通过 put 方法写 Buffer，例如：

```
buf.put(127);
```

put 方法有很多版本，允许以不同的方式把数据写入 Buffer 中。例如，写到一个指定的位置，或者把一个字节数组写入 Buffer。

（5）Buffer 的 flip()方法

flip()方法将 Buffer 从写模式切换到读模式。调用 flip()方法会将 position 重置为 0，并将 limit 设置成之前 position 的值。换句话说，position 现在用于标记读的位置，limit 之前表示能写进多少个 byte、char，现在表示能读取多少个 byte、char。

（6）Buffer 中读取数据

从 Buffer 中读取数据有两种方式：

- 从 Buffer 读取数据到 Channel。
- 使用 get()方法从 Buffer 中读取数据。从 Buffer 读取数据到 Channel 的例子：

```
//read from buffer into channel.
int bytesWritten = inChannel.write(buf);
```

使用 get()方法从 Buffer 中读取数据的例子：

```
byte aByte = buf.get();
```

get 方法有很多版本，允许以不同的方式从 Buffer 中读取数据。例如，从指定 position 读取，或者从 Buffer 中读取数据到字节数组。

（7）Buffer 的 rewind()方法

Buffer.rewind()将 position 重置为 0，所以可以重读 Buffer 中的所有数据。limit 保持不变，仍然表示能从 Buffer 中读取多少个元素（byte、char 等）。

（8）Buffer 的 clear()与 compact()方法

一旦读完 Buffer 中的数据，需要让 Buffer 准备好再次被写入，可以通过 clear()或 compact()方法来完成。如果调用的是 clear()方法，position 就会被重置为 0，limit 被设置成 capacity 的值。换句话说，Buffer 被清空了。如果 Buffer 中有一些未读的数据，就调用 clear()方法，数据将"被遗忘"，意味着不再有任何标记会告诉你哪些数据被读过，哪些还没有。如果 Buffer 中仍有未读的数据，且后续还需要这些数据，但是此时想要先写些数据，那么调用 compact()方法。compact()方法将所有未读的数据复制到 Buffer 起始处，然后将 position 设到最后一个未读元素后面。limit 属性依然像 clear()方法一样，设置成 capacity。现在 Buffer 准备好写数据了，但是不会覆盖未读的数据。

（9）Buffer 的 mark()与 reset()方法

通过调用 Buffer.mark()方法，可以标记 Buffer 中的一个特定 position。之后可以通过调用 Buffer.reset()方法恢复到这个 position，例如：

```
buffer.mark();
//set position back to mark.
buffer.reset();
```

（10）Buffer 的 equals()与 compareTo()方法

可以使用 equals()和 compareTo()方法对比两个 Buffer。当满足下列条件时，表示两个 Buffer 相等：

- 有相同的类型（byte、char、int 等）。
- Buffer 中剩余的 byte、char 等类型的数据个数相等。
- Buffer 中所有剩余的 byte、char 等类型的数据都相同。

如你所见，equals 只是比较 Buffer 的一部分，不是每一个在 Buffer 里面的元素都比较。实际上，它只比较 Buffer 中的剩余元素。

compareTo()方法比较两个 Buffer 的剩余元素（byte、char 等），如果满足下列条件，就认为一个 Buffer "小于"另一个 Buffer：

- 第一个不相等的元素小于另一个 Buffer 中对应的元素。

- 第一个 Buffer 的元素个数比另一个少。

3. Selector（选择器）

Java NIO 引入了选择器的概念，选择器用于监听多个通道的事件（比如连接打开、数据到达）。Selector 提供选择已经就绪的任务的能力。Selector 会不断轮询注册在其上的 Channel，如果某个 Channel 上面发生读或者写事件，这个 Channel 就处于就绪状态，会被 Selector 轮询出来，然后通过 SelectionKey 获取就绪 Channel 的集合，进行后续的 I/O 操作。一个 Selector 可以同时轮询多个 Channel，因为 JDK 使用了 epoll()代替传统的 select 实现，没有最大连接句柄 1024/2048 的限制，所以只需要一个线程负责 Selector 的轮询，就可以接入成千上万的客户端。

要使用 Selector，得向 Selector 注册 Channel，然后调用它的 select()方法。这个方法会一直阻塞直到某个注册的通道有事件就绪。一旦这个方法返回，线程就可以处理这些事件，事件的例子：新连接进来、数据接收等。

（1）Selector 的创建

通过调用 Selector.open()方法创建一个 Selector，例如：

```
Selector selector = Selector.open();
```

（2）Selector 注册通道

为了将 Channel 和 Selector 配合使用，必须将 Channel 注册到 Selector 上。通过 SelectableChannel.register()方法来实现，例如：

```
channel.configureBlocking(false);
SelectionKey key = channel.register(selector, Selectionkey.OP_READ);
```

与 Selector 一起使用时，Channel 必须处于非阻塞模式下。这意味着不能将 FileChannel 与 Selector 一起使用，因为 FileChannel 不能切换到非阻塞模式，而套接字通道可以。注意 register()方法的第二个参数，这是一个 "interest 集合"，意思是通过 Selector 监听 Channel 时对什么事件感兴趣。可以监听 4 种不同类型的事件：Connect、Accept、Read 和 Write。

通道触发了一个事件，意思是该事件已经就绪。所以，某个 Channel 成功连接到另一个服务器称为 "**连接就绪**"。一个 Server Socket Channel 准备好接收新进入的连接称为 "**接收就绪**"。一个有数据可读的通道可以说是 "**读就绪**"。等待写数据的通道可以说是 "**写就绪**"。这 4 种事件用 SelectionKey 的 4 个常量来表示：SelectionKey.OP_CONNECT、SelectionKey.OP_ACCEPT、SelectionKey.OP_READ 和 SelectionKey.OP_WRITE。

如果对不止一种事件感兴趣，那么可以用 "位或" 操作符将常量连接起来，例如：

```
int interestSet = SelectionKey.OP_READ | SelectionKey.OP_WRITE;
```

（3）SelectionKey

当向 Selector 注册 Channel 时，register()方法会返回一个 SelectionKey 对象。这个对象包含一些有用的属性：interest 集合、ready 集合、Channel、Selector 和附加的对象（可选）。下面我们来简单学习这些属性。

- interest 集合

就像 Selector 注册通道中所描述的，interest 集合是你所选择的感兴趣的事件集合。可以通过

SelectionKey 读写 interest 集合，例如：

```
int interestSet = selectionKey.interestOps();
boolean isInterestedInAccept =
(interestSet & SelectionKey.OP_ACCEPT) == SelectionKey.OP_ACCEPT;
boolean isInterestedInConnect = interestSet & SelectionKey.OP_CONNECT;
boolean isInterestedInRead   = interestSet & SelectionKey.OP_READ;
boolean isInterestedInWrite  = interestSet & SelectionKey.OP_WRITE;
```

可以看到，用"位与"操作 interest 集合和给定的 SelectionKey 常量，可以确定某个确定的事件是否在 interest 集合中。

● ready 集合

ready 集合是通道已经准备就绪的操作的集合。在一次选择（Selection）之后，首先访问 readySet，可以这样访问 ready 集合：

```
int readySet = selectionKey.readyOps();
```

可以用像检测 interest 集合那样的方法来检测 Channel 中什么事件或操作已经就绪，也可以使用以下 4 种方法，它们都会返回一个布尔类型：

```
selectionKey.isAcceptable();
selectionKey.isConnectable();
selectionKey.isReadable();
selectionKey.isWritable();
```

● Channel + Selector

从 SelectionKey 访问 Channel 和 Selector 很简单，例如：

```
Channel  channel  = selectionKey.channel();
Selector selector = selectionKey.selector();
```

● 附加的对象

可以将一个对象或者更多信息附着到 SelectionKey 上，这样就能方便地识别某个给定的通道。例如，可以附加与通道一起使用的 Buffer，或者包含聚集数据的某个对象。使用方法如下：

```
selectionKey.attach(theObject);
Object attachedObj = selectionKey.attachment();
```

还可以用 register()方法向 Selector 注册 Channel 的时候附加对象，例如：

```
selectionKey.attach(theObject);
Object attachedObj = selectionKey.attachment();
```

还可以用 register()方法向 Selector 注册 Channel 的时候附加对象，例如：

```
SelectionKey key = channel.register(selector, SelectionKey.OP_READ,
theObject);
```

（4）通过 Selector 选择通道

一旦向 Selector 注册了一个或多个通道，就可以调用几个重载的 select()方法。这些方法返回你所感兴趣的事件（如连接、接受、读或写）已经准备就绪的那些通道。换句话说，如果你对"读就绪"的通道感兴趣，select()方法会返回读事件已经就绪的那些通道。

下面介绍 select()方法：

- int select()
- int select(long timeout)
- int selectNow()

select()阻塞到至少有一个通道在注册的事件上就绪为止。select(long timeout)和 select()一样，除了最长会阻塞 timeout 毫秒（参数）外。selectNow() 不会阻塞，无论什么通道就绪都立刻返回。

select()方法返回的 int 值表示有多少通道已经就绪，即自上次调用 select()方法后有多少通道变成就绪状态。如果调用 select()方法，因为有一个通道变成就绪状态，所以返回了 1，再次调用 select()方法，如果另一个通道就绪了，它会再次返回 1。如果对第一个就绪的通道没有做任何操作，现在就有两个就绪的通道，但在每次 select()方法调用之前，只有一个通道就绪了。

（5）selectedKeys()方法

一旦调用了 select()方法，并且返回值表明有一个或更多个通道就绪了，可以通过调用 Selector 的 selectedKeys()方法访问"已选择键集（Selected Key Set）"中的就绪通道，如下所示：

```
Set selectedKeys = selector.selectedKeys();
```

当向 Selector 注册通道（Channel）时，Channel.register()方法会返回一个 SelectionKey 对象。这个对象代表注册到该 Selector 的通道。可以通过 SelectionKey 的 selectedKeySet()方法访问这些对象。可以遍历这个已选择的键集合来访问就绪的通道，代码如下：

```
Set selectedKeys = selector.selectedKeys();
Iterator keyIterator = selectedKeys.iterator();
while(keyIterator.hasNext()) {
    SelectionKey key = keyIterator.next();
    if(key.isAcceptable()) {
        // a connection was accepted by a ServerSocketChannel
    } else if (key.isConnectable()) {
        // a connection was established with a remote server
    } else if (key.isReadable()) {
        // a channel is ready for reading
    } else if (key.isWritable()) {
        // a channel is ready for writing
    }
    keyIterator.remove();
}
```

这个循环遍历已选择键集中的每个键，并检测各个键所对应的通道就绪事件。注意每次迭代末尾的 keyIterator.remove() 调用。Selector 不会自己从已选择键集中移除 SelectionKey 实例，必须在处理完通道时自己移除。下次该通道变成就绪时，Selector 会再次将其放入已选择键集中。

SelectionKey.channel()方法返回的通道需要转型成要处理的类型，如 ServerSocketChannel 或 SocketChannel 等。

（6）Selector.wakeup()方法

某个线程调用 select()方法后阻塞了，即使没有通道已经就绪，也有办法让其从 select()方法返回。只要让其他线程在第一个线程调用 select()方法的那个对象上调用 Selector.wakeup()方法即可，阻塞在 select()方法上的线程会立即返回。如果有其他线程调用了 wakeup()方法，但当前没有线程阻塞在 select()方法上，下一个调用 select()方法的线程会立即"醒来（wake up）"。

（7）Selector.close()方法

用完 Selector 后调用其 close() 方法会关闭该 Selector，且使注册到该 Selector 上的所有 SelectionKey 实例无效。通道本身并不会关闭。

下面看一个完整的实例。打开一个 Selector，注册一个通道到这个 Selector 上（通道的初始化过程略去），然后持续监控这个 Selector 的 4 种事件（接受、连接、读、写）是否就绪。

```java
Selector selector = Selector.open();
channel.configureBlocking(false);
SelectionKey key = channel.register(selector, SelectionKey.OP_READ);
while(true) {
  int readyChannels = selector.select();
  if(readyChannels == 0) continue;
  Set selectedKeys = selector.selectedKeys();
  Iterator keyIterator = selectedKeys.iterator();
  while(keyIterator.hasNext()) {
  SelectionKey key = keyIterator.next();
  if(key.isAcceptable()) {
    // a connection was accepted by a ServerSocketChannel
  } else if (key.isConnectable()) {
    // a connection was established with a remote server
  } else if (key.isReadable()) {
    // a channel is ready for reading
  } else if (key.isWritable()) {
    // a channel is ready for writing
  }
    keyIterator.remove();
  }
}
```

下面我们再来看一个完整的例子，巩固刚刚所学的知识。

```java
package com.example.demo.test;
import java.io.IOException;
import java.net.InetSocketAddress;
import java.nio.ByteBuffer;
import java.nio.channels.SelectionKey;
import java.nio.channels.Selector;
import java.nio.channels.ServerSocketChannel;
import java.nio.channels.SocketChannel;
import java.util.Iterator;
```

```
class NioServer {

    /** 通道管理器 **/
    private Selector selector;

    public NioServer init(int port) throws IOException {
        //step1: 获取 ServerSocket 通道，设置为非阻塞方式，绑定端口
        ServerSocketChannel serverChannel = ServerSocketChannel.open();
        serverChannel.configureBlocking(false);
        serverChannel.socket().bind(new InetSocketAddress(port));
        //step2: 获取通道管理器
        selector = Selector.open();
        //step3: 将通道管理器与通道绑定，并为该通道注册 SelectionKey.OP_ACCEPT 事件
        //只有当该事件到达时，Selector.select()才会返回，否则一直阻塞
        serverChannel.register(selector, SelectionKey.OP_ACCEPT);
        return this;
    }

    public void listen() throws Exception {
        System.out.println("服务器端启动成功...");
        //使用轮询访问 selector
        while (true) {
            //step4: 当有注册的事件到达时，方法返回，否则阻塞
            selector.select();
            //获取所有注册事件
            Iterator<SelectionKey> ite = selector.selectedKeys().iterator();
            //循环判断所有注册的时间是否就绪
            while (ite.hasNext()) {
                SelectionKey key = ite.next();
                //删除已选 key，防止重复处理
                ite.remove();
                //客户端请求连接事件
                if (key.isAcceptable()) {
                    ServerSocketChannel server = (ServerSocketChannel)
key.channel();
                    //获得客户端连接通道
                    SocketChannel channel = server.accept();
                    channel.configureBlocking(false);
                    // step4: 在与客户端连接成功后，为客户端通道注册
SelectionKey.OP_READ 事件
                    channel.register(selector, SelectionKey.OP_READ);
                    //step5:向客户端发消息
                    channel.write(ByteBuffer.wrap(new String("send message to
client").getBytes()));
                //有可读数据事件
                } else if (key.isReadable()) {
                    //step6:获取客户端传输数据可读取消息通道
                    SocketChannel channel = (SocketChannel) key.channel();
                    //创建读取数据缓冲器
                    ByteBuffer buffer = ByteBuffer.allocate(10);
```

```
                    int read = channel.read(buffer);
                    byte[] data = buffer.array();
                    String message = new String(data);
                    System.out.println("receive message from client, size:"
+ buffer.position() + " msg: " + message);
                    ByteBuffer outbuffer = ByteBuffer.wrap(
("server --->>>".concat(message)).getBytes());
                    channel.write(outbuffer);

                    Thread.sleep(10000);
                }
            }
        }
    }

    public static void main(String[] args) throws Exception {
        new NioServer().init(9981).listen();
    }
}
```

01 获取 ServerSocket 通道，设置为非阻塞方式，绑定端口。

02 获取通道管理器。

03 将通道管理器与通道绑定，并为该通道注册 SelectionKey.OP_ACCEPT 事件，只有当该事件到达时，Selector.select()才会返回，否则一直阻塞。

04 在与客户端连接成功后，为客户端通道注册 SelectionKey.OP_READ 事件。

05 向客户端发消息。

06 当有可读事件时，获取客户端传输数据可读取消息通道，创建读取数据缓冲器，读取数据。

```
package com.example.demo.test;
import java.io.IOException;
import java.net.InetSocketAddress;
import java.nio.ByteBuffer;
import java.nio.channels.SelectionKey;
import java.nio.channels.Selector;
import java.nio.channels.SocketChannel;
import java.util.Iterator;
public class NioClient {
    //管道管理器
    private Selector selector;

    public NioClient init(String serverIp, int port) throws IOException {
        //step1：获取 Socket 通道，并设置为非阻塞方式
        SocketChannel channel = SocketChannel.open();
        channel.configureBlocking(false);
        //step2：获得通道管理器
        selector = Selector.open();

        channel.connect(new InetSocketAddress(serverIp, port));
        //step3：为该通道注册 SelectionKey.OP_CONNECT 事件
```

```java
        channel.register(selector, SelectionKey.OP_CONNECT);
        return this;
    }

    public void listen() throws Exception {
        System.out.println("客户端启动");
        //轮询访问selector
        while (true) {
            //选择注册过的IO操作的事件(第一次为SelectionKey.OP_CONNECT)
            selector.select();
            Iterator<SelectionKey> ite = selector.selectedKeys().iterator();
            while (ite.hasNext()) {
                SelectionKey key = ite.next();
                //删除已选的key，防止重复处理
                ite.remove();
                if (key.isConnectable()) {
                    SocketChannel channel = (SocketChannel) key.channel();
                    //如果正在连接，就完成连接
                    if (channel.isConnectionPending()) {
                        channel.finishConnect();
                    }
                    channel.configureBlocking(false);

                    //连接成功后，注册接收服务器消息的事件
                    channel.register(selector, SelectionKey.OP_READ);
                    //向服务器发送消息
                    channel.write(ByteBuffer.wrap(new String("send message to
server").getBytes()));
                //有可读数据事件
                } else if (key.isReadable()) {
                    //获取客户端传输数据可读取消息通道
                    SocketChannel channel = (SocketChannel) key.channel();
                    //创建读取数据的缓存区，大小为10字节
                    ByteBuffer buffer = ByteBuffer.allocate(10);
                    channel.read(buffer);
                    String message = new String(buffer.array());
                    System.out.println("receive message from server,
 size:" + buffer.position() + " msg: " + message);
                    ByteBuffer outbuffer = ByteBuffer.wrap
(("client--->>>".concat(message)).getBytes());
                    channel.write(outbuffer);
                    Thread.sleep(10000);
                }
            }
        }
    }
    public static void main(String[] args) throws Exception {
        new NioClient().init("127.0.0.1", 9981).listen();
    }
}
```

01 获取 Socket 通道，并设置为非阻塞方式。

02 获得通道管理器。

03 为该通道注册 SelectionKey.OP_CONNECT 事件。

04 连接成功后，注册接收服务器消息的事件。

05 向服务器发送消息。

06 当有可读数据事件时，获取客户端传输数据可读取消息通道，创建读取数据的缓存区，大小为 10 字节，读取数据。

5.2　Netty 框架

5.2.1　Netty 概述

Netty 是一款异步的事件驱动的网络应用程序框架，支持快速开发可维护、高性能且面向协议的服务器和客户端。Netty 主要是对 Java 的 NIO 包进行的封装。Netty 特性具体如表 5-1 所示。

表 5-1 Netty 特性总结

分类	特性
设计	统一的 API，支持多种传输类型，阻塞的和非阻塞的 简单而强大的线程模型 真正的无连接数据报套接字支持 链接逻辑组件以支持复用
易于使用	详实的 Javadoc 和大量的示例集 不需要超过 JDK 1.6+的依赖（一些可选的特性可能需要 Java 1.7+和/或额外的依赖）
性能	拥有比 Java 的核心 API 更高的吞吐量以及更低的延迟 得益于池化和复用，拥有更低的资源消耗 最少的内存复制
健壮性	不会因为慢速、快速或者超载的连接而导致 OutOfMemoryError 消除在高速网络中 NIO 应用程序常见的不公平读/写比率
安全性	完整的 SSL/TLS 以及 StartTLS 支持 可用于受限环境下，如 Applet 和 OSGI
社区驱动	发布快速而且频繁

5.2.2　第一个 Netty 应用程序

网络上有一个形象的比喻来形容 Netty 客户端和服务器端的交互模式。把一个人比作一个 Client，把山比作一个 Server，人走到山旁，就和山建立了连接，人向山大喊了一声，就代表向山发送了数据，人的喊声经过山的反射形成了回声，这个回声就是服务器的响应数据。如果人离开，就代表断开了连接，当然人也可以再回来。好多人可以同时向山大喊，他们的喊声一定会得到山的回应，具体如图 5-6 所示。

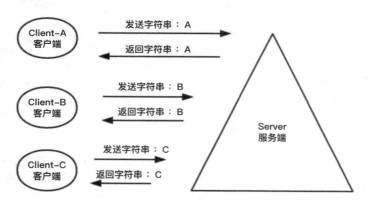

图 5-6　Netty 客户端和服务器端的交互模式

本节我们写一个简单的 Demo，具体步骤如下：

步骤01　完整的 NettyServer 包含两部分：BootsTrapping 用于配置服务器端基本信息；ServerHandler 用于真正的业务逻辑处理。

首先我们开发服务类 NettyServer，具体代码如下所示：

```java
import io.netty.bootstrap.ServerBootstrap;
import io.netty.channel.ChannelFuture;
import io.netty.channel.ChannelInitializer;
import io.netty.channel.EventLoopGroup;
import io.netty.channel.nio.NioEventLoopGroup;
import io.netty.channel.socket.SocketChannel;
import io.netty.channel.socket.nio.NioServerSocketChannel;
import java.net.InetSocketAddress;

/**
 * 描述：服务端
 * @author ay
 * @date 2019-05-11
 */
public class NettyServer {

    private static final int port = 8080;

    public static void main(String[] args) {
        try {
            //启动服务端
            new NettyServer().start();
        } catch (InterruptedException e) {
            e.printStackTrace();
        }
```

```
    }

    public void start() throws InterruptedException {
        //Bootstrap 主要作用是配置整个 Netty 程序，串联各个组件
        ServerBootstrap serverBootstrap = new ServerBootstrap();
        //通过 NIO 方式来接收连接和处理连接
        EventLoopGroup group = new NioEventLoopGroup();
        try {
            serverBootstrap.group(group);
            // 设置 NIO 类型的 channel
            serverBootstrap.channel(NioServerSocketChannel.class);
            // 设置监听端口
            serverBootstrap.localAddress(new InetSocketAddress(port));
            //连接到达时会创建一个通道
            serverBootstrap.childHandler(new
ChannelInitializer<SocketChannel>() {
                @Override
                protected void initChannel(SocketChannel socketChannel){
                    // 流水线管理通道中的处理程序（Handler），在通道队列中添加一个处理程
序来处理业务
                    socketChannel.pipeline().addLast("myHandler", new
NettyServerHandler());
                }
            });
            // 配置完成，开始绑定 server，通过调用 sync 同步方法阻塞直到绑定成功
            ChannelFuture channelFuture = serverBootstrap.bind().sync();
            System.out.println("Server started and listen on " +
channelFuture.channel().localAddress());
            // 应用程序会一直等待，直到通道关闭
            channelFuture.channel().closeFuture().sync();
        } catch (Exception e) {
            e.printStackTrace();
        } finally {
            //关闭 EventLoopGroup，释放掉所有资源，包括创建的线程
            group.shutdownGracefully().sync();
        }
    }
}
```

01 创建一个 ServerBootstrap 实例。
02 创建 EventLoopGroup 处理各种事件，如处理连接请求，发送、接收数据等。
03 定义本地 InetSocketAddress(port)，让 Server 进行绑定。
04 创建 childHandler 来处理每一个连接请求。
05 所有准备就绪后，调用 ServerBootstrap.bind()方法绑定 Server。

接下来开发 NettyServerHandler 类来处理真正的业务，具体代码如下所示：

```
import io.netty.buffer.ByteBuf;
import io.netty.buffer.Unpooled;
import io.netty.channel.ChannelFutureListener;
```

```java
import io.netty.channel.ChannelHandlerContext;
import io.netty.channel.ChannelInboundHandlerAdapter;

/**
 * 描述：NettyServerHandler 类是具体的业务类
 * @author ay
 * @date 2019-05-11
 */

public class NettyServerHandler extends ChannelInboundHandlerAdapter {

    /**
     * 描述：读取客户端发送的消息
     * @param ctx
     * @param msg
     */
    @Override
    public void channelRead(ChannelHandlerContext ctx, Object msg) {
        ByteBuf result = (ByteBuf) msg;
        byte[] content = new byte[result.readableBytes()];
        //msg 中存储的是 ByteBuf 类型的数据，把数据读取到 byte[]
        result.readBytes(content);
        //接收并打印客户端的信息
        System.out.println("Client said:" + new String(content));
        //释放资源，这行很关键
        result.release();
        //向客户端发送消息
        String response = "hello client!";
        //在当前场景下，发送的数据必须转换成 ByteBuf 数组
        ByteBuf encoded = ctx.alloc().buffer(4 * response.length());
        encoded.writeBytes(response.getBytes());
        ctx.write(encoded);
        ctx.flush();
    }

    /**
     * 描述：信息获取完毕后操作
     * @param ctx
     */
    @Override
    public void channelReadComplete(ChannelHandlerContext ctx) {
        //flush 掉所有写回的数据
        ctx.writeAndFlush(Unpooled.EMPTY_BUFFER)
                //当 flush 完成后关闭 channel
                .addListener(ChannelFutureListener.CLOSE);
    }

    /**
     * 描述：用于处理异常
     * @param ctx
```

```
     * @param cause
     */
    @Override
    public void exceptionCaught(ChannelHandlerContext ctx, Throwable cause) {
        //捕捉异常信息
        cause.printStackTrace();
        //出现异常时关闭 channel
        ctx.close();
    }
}
```

步骤02 开发 NettyClient，连接到 Server，向 Server 写数据，等待 Server 返回数据，最后关闭连接。和 Server 端类似，只不过 Client 端要同时指定连接主机的 **IP** 和 **Port**。具体代码如下所示：

```java
import io.netty.bootstrap.Bootstrap;
import io.netty.channel.ChannelFuture;
import io.netty.channel.ChannelFutureListener;
import io.netty.channel.ChannelInitializer;
import io.netty.channel.EventLoopGroup;
import io.netty.channel.nio.NioEventLoopGroup;
import io.netty.channel.socket.SocketChannel;
import io.netty.channel.socket.nio.NioSocketChannel;
import java.net.InetSocketAddress;

/**
 * 描述：
 * @author ay
 * @date 2019-05-11
 */
public class NettyClient {

    private final String host;
    private final int port;

    public NettyClient(String host, int port) {
        this.host = host;
        this.port = port;
    }

    public void start() throws Exception {
        EventLoopGroup group = new NioEventLoopGroup();
        try {
            Bootstrap bootstrap = new Bootstrap();
            bootstrap.group(group);
            bootstrap.channel(NioSocketChannel.class);
            bootstrap.remoteAddress(new InetSocketAddress(host, port));
            bootstrap.handler(new ChannelInitializer<SocketChannel>() {

                @Override
                public void initChannel(SocketChannel ch) {
```

```
                ch.pipeline().addLast(new NettyClientHandler());
            }
        });
        ChannelFuture channelFuture = bootstrap.connect().sync();
        channelFuture.addListener((ChannelFutureListener) future -> {
            if(future.isSuccess()){
                System.out.println("client connected......");
            }else{
                System.out.println("server connected failed......");
                future.cause().printStackTrace();
            }
        });
        channelFuture.channel().closeFuture().sync();
    } finally {
        group.shutdownGracefully().sync();
    }
}

public static void main(String[] args) throws Exception {
    new NettyClient("127.0.0.1", 8080).start();
}
}
```

01 创建一个 ServerBootstrap 实例。

02 创建一个 EventLoopGroup 来处理各种事件，如处理连接请求，发送、接收数据等。

03 定义一个远程 InetSocketAddress。

04 当连接完成之后，Handler 会被执行一次。

05 所有准备就绪后，调用 ServerBootstrap.connect()方法连接 Server。

同样继承一个 SimpleChannelInboundHandler 来实现业务逻辑代码 NettyClientHandler，需要重写其中的 3 个方法，具体代码如下所示：

```
import io.netty.buffer.ByteBuf;
import io.netty.channel.ChannelHandlerContext;
import io.netty.channel.ChannelInboundHandlerAdapter;

/**
 * 描述：客户端业务处理类
 * @author ay
 * @date 2019-05-11
 */
public class NettyClientHandler  extends ChannelInboundHandlerAdapter {

    /**
     *m 描述：此方法会在连接到服务器后被调用
     */
    @Override
    public void channelActive(ChannelHandlerContext ctx) {
        String msg = "hello Server!";
        ByteBuf encoded = ctx.alloc().buffer(4 * msg.length());
```

```
        encoded.writeBytes(msg.getBytes());
        ctx.write(encoded);
        ctx.flush();
    }
    /**
     *描述:此方法会在接收到服务器数据后调用
     */
    @Override
    public void channelRead(ChannelHandlerContext ctx, Object msg) {
        ByteBuf result = (ByteBuf) msg;
        byte[] content = new byte[result.readableBytes()];
        result.readBytes(content);
        System.out.println("Server said:" + new String(content));
        result.release();
    }

    /**
     *描述：捕捉到异常
     */
    @Override
    public void exceptionCaught(ChannelHandlerContext ctx, Throwable cause) {
        cause.printStackTrace();
        ctx.close();
    }
}
```

步骤03 运行 NettyServer 类启动服务端，可在控制台中查看打印的信息：

```
//省略信息
//服务启动并监听 8080 端口
Server started and listen on /0:0:0:0:0:0:0:0:8080
```

运行 NettyClient 类启动客户端，可在控制台中查看打印的信息：

```
//客户端打印的信息
client connected......
Server said:hello client!
```

同时，也可以在服务端控制台再次查看打印的信息：

```
//服务端打印的信息
Client said:hello Server!
```

步骤04 至此，第一个 Netty Demo 开发完成。

5.2.3 Netty 架构设计

为了更好地理解和进一步深入 Netty，先总体认识一下 Netty 用到的组件及它们在整个 Netty 架构中是如何协调工作的。Netty 应用中必不可少的组件有：

- Bootstrap 或 ServerBootstrap

- EventLoop
- EventLoopGroup
- ChannelPipeline
- Channel
- Future 或 ChannelFuture
- ChannelInitializer
- Handler

Bootstrap 或 ServerBootstrap：一个 Netty 应用，通常由一个 Bootstrap 开始，它的主要作用是配置整个 Netty 程序，串联起各个组件。

Handler：为了支持各种协议和处理数据的方式，便诞生了 Handler 组件。Handler 主要用来处理各种事件，这里的事件很广泛，可以是连接、数据接收、异常、数据转换等。ChannelInboundHandler 是一个最常用的 Handler，作用是处理接收到数据时的事件，也就是说，我们的业务逻辑一般就写在 Handler 里面，ChannelInboundHandler 用来处理我们的核心业务逻辑。

ChannelInitializer：当一个连接建立时，我们需要知道如何接收或者发送数据。当然，我们有各种各样的 Handler 实现来处理它，ChannelInitializer 便是用来配置这些 Handler 的，它会提供一个 ChannelPipeline，并把 Handler 加入 ChannelPipeline。

ChannelPipeline：一个 Netty 应用，基于 ChannelPipeline 机制，这种机制需要依赖于 EventLoop 和 EventLoopGroup，这三个组件（ChannelPipeline、EventLoop 以及 EventLoopGroup）都和事件或者事件处理相关。

EventLoop：目的是为 Channel 处理 IO 操作，一个 EventLoop 可以为多个 Channel 服务。

EventLoopGroup：包含多个 EventLoop。

Channel：代表一个 Socket 连接，或者其他和 IO 操作相关的组件，它和 EventLoop 一起用来参与 IO 处理。

Future：在 Netty 中所有的 IO 操作都是异步的。因此，你不能立刻得知消息是否被正确处理，但是可以过一会等它执行完成，或者直接注册一个监听，具体的实现是通过 Future 和 ChannelFuture 完成的。它们可以注册一个监听，当操作执行成功或失败时监听会自动触发。总之，所有的操作都会返回一个 ChannelFuture。

一个 Channel 会对应一个 EventLoop，而一个 EventLoop 会对应一个线程，也就是说，仅有一个线程在负责一个 Channel 的 IO 操作。当一个连接到达，Netty 会注册一个 Channel，然后 EventLoopGroup 会分配一个 EventLoop 绑定到 Channel 上，在这个 Channel 的整个生命周期中，都会由绑定的这个 EventLoop 来为它服务，而 EventLoop 就是一个线程。

EventLoop 和 EventLoopGroup 的关系如何呢？我们前面说过一个 EventLoopGroup 包含多个 Eventloop，从图 5-7 中可以看出，EventLoop 其实继承自 EventloopGroup，也就是说，在某些情况下，我们可以把一个 EventLoopGroup 当作一个 EventLoop 来用。

我们利用 Bootstrapping 来配置 Netty 应用，它有两种类型：Bootstrap 和 ServerBootstrap。Bootstrap 用于 Client 端，ServerBootstrap 用于 Server 端。

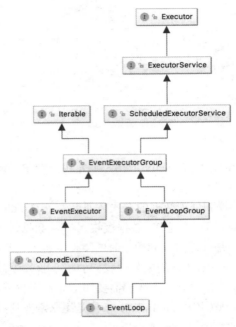

图 5-7　EventLoop 类继承图

ServerBootstrap 用于 Server 端，通过调用 bind()方法来绑定到一个端口监听连接；Bootstrap 用于 Client 端，需要调用 connect()方法来连接服务器端，但我们也可以通过调用 bind()方法返回的 ChannelFuture 获取 Channel 去连接服务器端。

客户端的 Bootstrap 一般用一个 EventLoopGroup，而服务器端的 ServerBootstrap 会用到两个（这两个也可以是同一个实例）。为何服务器端要用到两个 EventLoopGroup 呢？这么设计有明显的好处，如果一个 ServerBootstrap 有两个 EventLoopGroup，就可以把第一个 EventLoopGroup 专门用来负责绑定到端口监听连接事件，而把第二个 EventLoopGroup 用来处理每个接收到的连接，具体如图 5-8 所示。

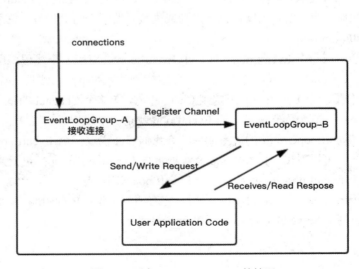

图 5-8　两个 EventLoopGroup 的情况

如果仅由一个 EventLoopGroup 处理所有请求和连接的话，在并发量很大的情况下，这个 EventLoopGroup 就可能会忙于处理已经接收到的连接而不能及时处理新的连接请求，用两个的话，会有专门的线程来处理连接请求，不会导致请求超时的情况，大大提高了并发处理能力。

我们知道一个 Channel 需要由一个 EventLoop 来绑定，而且两者一旦绑定就不会再改变。一般情况下，一个 EventLoopGroup 中的 EventLoop 数量会少于 Channel 数量，因此很有可能出现多个 Channel 共用一个 EventLoop 的情况，这意味着如果一个 Channel 中的 EventLoop 很忙的话，就会影响这个 Eventloop 对其他 Channel 的处理，这也是我们不能阻塞 EventLoop 的原因。

当然，我们的 Server 也可以只用一个 EventLoopGroup，由一个实例来处理连接请求和 IO 事件，具体如图 5-9 所示。

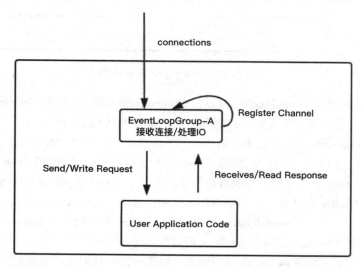

图 5-9　一个 EventLoopGroup 的情况

我们的应用程序中用到的最多的应该是 ChannelHandler，可以这么想象，数据在一个 ChannelPipeline 中流动，而 ChannelHandler 便是其中一个个小阀门，这些数据会经过每一个 ChannelHandler 并且被它处理。

ChannelHandler 有两个子类：ChannelInboundHandler 和 ChannelOutboundHandler，具体如图 5-10 所示。这两个子类对应两个数据流向，如果数据是从外部流入我们的应用程序的，就看作是 Inbound，相反便是 Outbound。其实 ChannelHandler 和 Servlet 有些类似，一个 ChannelHandler 处理完接收到的数据会传给下一个 Handler，或者什么都不处理，直接传递给下一个。ChannelPipeline 具体原理如图 5-11 所示。

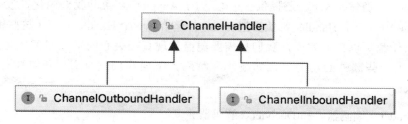

图 5-10　ChannelHandler 的两个子类

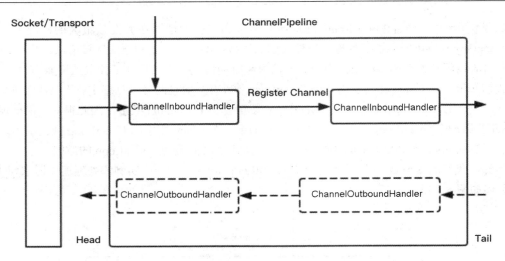

图 5-11　ChannelPipeline 简单原理图

从图 5-11 可知，一个 ChannelPipeline 可以将 ChannelInboundHandler 和 ChannelOutboundHandler 混合在一起，当一个数据流进入 ChannelPipeline 时，它会从 ChannelPipeline 头部开始传给第一个 ChannelInboundHandler，当第一个处理完后再传给下一个，一直传递到管道的尾部。与之相对应的是，当数据被写出时，它会从管道的尾部开始，先经过管道尾部 "最后" 一个 ChannelOutboundHandler，当它处理完成后会传递给前一个 ChannelOutboundHandler。

数据在各个 Handler 之间传递，需要调用方法中传递的 ChanneHandlerContext 来操作，Netty 的 API 中提供了两个基类：ChannelOutboundHandlerAdapter 和 ChannelOutboundHandlerAdapter，它们仅仅实现了调用 ChanneHandlerContext 来把消息传递给下一个 Handler，因为我们只关心处理数据，因此程序中可以继承这两个基类来帮助我们做这些，而我们仅需实现处理数据的部分即可。

InboundHandler 和 OutboundHandler 在 ChannelPipeline 中是混合在一起的，因为它们各自实现的是不同的接口。对于 Inbound Event，Netty 会自动跳过 OutboundHandler，相反若是 Outbound Event，ChannelInboundHandler 会被忽略掉。

当一个 ChannelHandler 被加入 ChannelPipeline 中时，它便会获得一个 ChannelHandlerContext 的引用，而 ChannelHandlerContext 可以用来读写 Netty 中的数据流。因此，现在有两种方式来发送数据，一种是把数据直接写入 Channel，另一种是把数据写入 ChannelHandlerContext，它们的区别是写入 Channel 的话，数据流会从 Channel 的头开始传递，而如果写入 ChannelHandlerContext，数据流就会流入管道中的下一个 Handler。

Netty 中有很多 Handler，具体是哪种 Handler，还要看它们继承的是 InboundAdapter 还是 OutboundAdapter。当然，Netty 还提供了一系列的 Adapter 来帮助我们简化开发。我们知道在 ChannelPipeline 中每一个 Handler 都负责把 Event 传递给下一个 Handler，有了这些辅助 Adapter，这些额外的工作都可以自动完成，我们只需要覆盖实现真正关心的部分即可。此外，还有一些 Adapter 会提供一些额外的功能，比如编码和解码。下面我们就来看一下其中的 3 种常用的 ChannelHandler。

（1）Encoder（编码器）和 Decoder（解码器）

在网络传输时只能传输字节流，需要把 message 转换为 bytes，与之对应，我们在接收数据后，必须把接收到的 bytes 再转换成 message。我们把 bytes 转换成 message 这个过程称作 Decode（解码），把 message 转换成 bytes 这个过程称为 Encode（编码）。

Netty 中提供了很多现成的编码/解码器，从它们的名字中便可以知道其用途，如 ByteToMessageDecoder、MessageToByteEncoder 以及专门用来处理 Google ProtoBuf 协议的 ProtobufEncoder、ProtobufDecoder。

对于 Decoders，很容易便可以知道它是继承自 ChannelInboundHandlerAdapter 或 ChannelInboundHandler 的，因为解码是把 ChannelPipeline 传入的 bytes 解码成我们可以理解的 message。Decoder 会覆盖其中的 ChannelRead()方法，在方法中调用具体的 decode 方法解码传递过来的字节流，然后通过调用 ChannelHandlerContext.fireChannelRead(decodedMessage)方法把编码好的 message 传递给下一个 Handler。

（2）SimpleChannelInboundHandler

其实我们最关心的事情是如何处理接收到的解码后的数据，真正的业务逻辑便是处理接收到的数据。Netty 提供了一个常用的基类 SimpleChannelInboundHandler<T>，其中 T 就是这个 Handler 处理的数据的类型，消息到达这个 Handler 时，Netty 会自动调用这个 Handler 中的 channelRead0(ChannelHandlerContext,T)方法，T 是传递过来的数据对象，在这个方法中可以任意编写我们所需的业务逻辑。

5.3　分布式服务框架协议

在分布式服务框架中，服务之间通过 RPC 技术进行通信，而 RPC 通常采用二进制私有协议。因为公有协议（HTTP、WebService）在性能方面没有私有协议好，所以目前大部分互联网公司都采用自研的私有协议或者主流的私有协议作为服务之间的通信协议。

5.3.1　主流公有协议

目前主流的公有协议有 HTTP、SOAP 等。

（1）HTTP

HTTP 是一个属于应用层的面向对象协议，HTTP 协议有五大特点：

- 支持客户/服务器模式。
- 简单快速：客户向服务器请求服务时，只需传送请求方法和路径。请求方法常用的有 GET、HEAD、POST。每种方法规定了客户与服务器联系的类型。由于 HTTP 协议简单，使得 HTTP 服务器的程序规模小，因此通信速度很快。
- 灵活：HTTP 协议允许传输任意类型的数据对象。传输的类型由 Content-Type 加以标记。
- 无连接：无连接的含义是限制每次连接只处理一个请求。服务器处理完客户的请求，并收到客户的应答后，就断开连接。采用这种方式可以节省传输时间。
- 无状态：HTTP 协议是无状态协议。无状态是指协议对于事务处理没有记忆能力。无状态意味着如果后续处理需要前面的信息，它就必须重传，这样可能导致每次连接传送的数据量增大。另一方面，在服务器不需要先前的信息时，它的应答就较快。

HTTP 协议是大家最为熟悉的一种协议，HTTP 协议相对更规范、更标准、更通用。无论哪种语言都支持 HTTP 协议。如果对外开放 API，例如开放平台，外部的编程语言多种多样，我们无法拒绝对每种语言的支持。相应的，如果采用 HTTP 协议，无疑在实现 SDK 之前支持所有语言。所以现在开源中间件基本最先支持的几个协议都包含 HTTP。

（2）SOAP

SOAP（Simple Object Access Protocol，简单对象访问协议）是一种简单的基于 XML 的协议，可以使应用程序在分散或分布式的环境中通过 HTTP 来交换信息。

SOAP 协议有以下优点：

- 采用 XML 支持跨平台远程调用。
- 基于 HTTP 的 SOAP 协议，可跨越防火墙，因为 SOAP 一般使用 HTTP 协议，而服务器的这个协议一般都是开放的，而且是可以穿过防火墙的。
- 支持面向对象开发。
- 有利于软件和数据重用，实现松耦合。

SOAP 协议的缺点也非常明显：

- 由于 SOAP 是基于 XML 传输的，使用 XML 传输会携带一些无关的信息，从而效率不高。
- 随着 SOAP 协议的完善，SOAP 协议增加了许多内容，这样就导致了使用 SOAP 协议去完成简单的数据传输效率不高。
- SOAP 协议通常由 HTTP 协议承载，HTTP 1.0/1.1 不支持双向全双工通信，而且一般使用短连接通信，性能比较差。

在分布式微服务框架中，默认使用性能更高、扩展性更好的二进制私有协议进行通信。对于部分特殊需要与外部对接的服务，可以考虑引入 HTTP/Restful 等公有协议。

5.3.2 私有协议设计

互联网公司内部，如果需要自研一套用于 RPC 通信的私有协议，那么需要定义私有协议的通信模型和消息定义，需要支持服务之间采用点对点长连接通信，需要提供可扩展的编解码框架，支持多种序列化格式，需要保证链路可靠性，提供握手和安全认证机制。

1. 私有协议通信模型

私有协议通信模型如图 5-12 所示，该图参考《Netty 权威指南》。

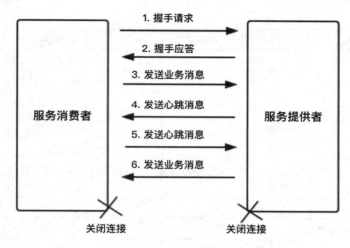

图 5-12　私有协议通信模型

私有协议通信过程如下：

（1）客户端发送握手请求消息，并携带节点 ID 等有效身份认证信息。

（2）服务端对握手请求信息进行合法性校验，校验通过后，发送握手成功响应消息。

（3）链路建立成功后，客户端发送业务消息。

（4）链路建立成功后，服务端发送心跳消息。

（5）链路建立成功后，客户端发送心跳消息。

（6）链路建立成功后，服务端发送业务消息。

（7）服务端退出，关闭连接，客户端一段时间连接不上，也自动断开连接。

　　服务消费者和服务提供者建立连接后可以进行全双工通信，双方之间的心跳采用 Ping-Pong 机制，当链路处于空闲时，客户端主动发送 Ping 消息给服务端，服务端接收到 Ping 消息后发送应答消息 Pong 给客户端，如果发送 N 条 Ping 消息都没有接收到服务端返回的 Pong 消息，就说明链路已经挂死或者对方处于异常状态，客户端主动关闭连接，间隔周期 T 后发起重连操作，直到重连成功。

2．协议消息定义

　　标准的协议通常由消息头和消息体组成。消息头用于存放协议公共字段和用户扩展字段。消息体则用于携带消息内容。私有协议的消息模型与标准协议类似，也包含消息头和消息体两部分。表 5-2 简单列举消息头和消息体格式。

表 5-2　私有协议消息头和消息体定义

名称	字段	类型	长度	描述
Header	crcCode	Int	32	协议校验码，由三部分组成： oxAFBA：固定值，2 字节，表示该消息是私有协议消息 主版本号：1～255，1 字节 次版本号：1～255，1 字节 crcCode=oxAFBA+主版本号+次版本号

名称	字段	类型	长度	描述
Header	Length	Int	32	整个消息长度
	Type	Byte	8	0：业务请求消息 1：业务响应消息 2：业务单向（One Way）消息 3：握手请求消息 4：握手应答消息 5：心跳请求消息 6：心跳应答消息
	Priority	Byte	8	消息优先级：0~255
	InterfaceName	String	变长	接口名
	MethodName	String	变长	方法名
	Attachment	Map<String,Object>	变长	可选字段，用于扩展消息头
Body		byte[]	变长	字节数组：对于请求消息，它是方法的参数；对于响应消息，它是返回值

除了定义协议消息格式化外，还需要协议层面支持的数据结构类型，防止用户使用不支持的数据结构类型导致编码或者解码失败。数据类型有 boolean、byte、int、char、short、long 等。

3．协议序列化和反序列化

私有协议消息序列化分为消息头的序列化和消息体的序列化，私有协议可以由不同的序列化框架承载，标识序列化格式的字段在消息头中定义。首先，需要对消息头做通用解码，获取序列化格式，然后根据类型调用对应的解码器对消息体解码。如果消息头的序列化不是通用的，我们就无法对其做反序列化。

4．链路创建与关闭

服务消费者和服务提供者要通信，服务消费者会主动发起物理链路创建，链路创建需要通过基于 IP 地址或者号段的黑白名单安全认证机制。服务消费者和服务提供者物理链路创建成功后，服务消费者发送握手请求消息，服务提供者接收到服务消费者的握手请求消息后，如果 IP 校验通过，就返回握手成功应答消息给服务消费者，应用层链路建立成功。应用层链路建立成功后，客户端和服务端就可以互相发送业务消息了。

服务消费者和服务提供者相互通信时，任何一方宕机或者重启、消息读写出现 I/O 异常、心跳消息读写出现 I/O 异常、编码异常以及心跳超时等都会主动关闭连接。

5．协议可靠性

分布式服务框架中，私有协议需要支持高可用，可以从以下几个方面进行：

- 客户端连接超时：需要支持可以设置连接超时的参数，传统的同步阻塞 I/O 模型，连接操作是同步阻塞的，如果不设置超时时间，I/O 线程就可以被长时间阻塞，导致系统的可用 I/O 线程数减少。Netty 框架在创建 NIO 客户端时，支持设置连接超时参数，使用起来非常方便。
- 客户端重连机制：连接链路断开后，需要支持失败重连，失败重连并不是失败了马上重新连接，而是等待周期 T 时间后再发起重连。

- 客户端重复握手保护：客户端握手成功后，在链路处于正常状态下，不允许客户端重复握手，以防止客户端在异常状态下反复重连导致句柄资源被耗尽。
- 消息缓存重发：当链路发生中断后，在链路恢复之前，缓存在消息队列中待发送的消息不能丢失，等链路恢复后重新发送这些消息，保证链路中断期间消息不丢失。同时，也要限制缓存队列大小，当达到上限后，需要拒绝向该缓存队列中添加新的消息。
- 心跳机制：心跳机制可以用来检测链路的互通性，一旦发现网络故障，立即关闭链路，主动重连。

6. 协议安全性

在分布式服务架构下，集群内部的服务之间基于长连接通信，长连接使用 IP 地址的安全认证机制，服务端对握手请求消息的 IP 地址进行合法性校验，如果在白名单之内，就检验通过；否则，拒绝对方连接。

如果服务开放给第三方非信任域的消费者，就需要采用更加严格的安全认证机制，例如基于密钥和 AES 加密的用户名 + 密码认证机制，也可以采用 SSL/TSL 安全传输，具体如图 5-13 所示。

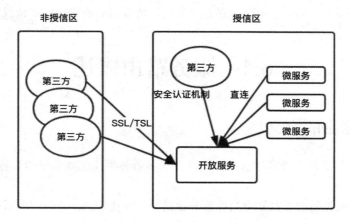

图 5-13　服务安全机制

第6章

服务路由与负载均衡

本章主要介绍微服务路由、服务信息存放方式、负载均衡的实现以及负载均衡算法。

6.1　服务路由概述

6.1.1　服务路由的定义

服务的路由：服务消费者通过服务名称，在众多服务中找到要调用的服务的地址列表，称为服务的路由。

透明化路由：服务消费者只知道当前服务者提供了哪些方法，并不知道服务具体在什么位置，这就是透明化路由。

6.1.2　服务信息存放方式

服务都是多实例部署的，每个部署实例都有对应的地址信息，服务的地址信息有以下存放方式：

- 硬编码：将服务的地址信息存放在服务消费者一端，服务消费者发起调用时，读取服务地址配置进行调用。缺点是服务地址发生变化时，需要维护服务提供者地址，灵活性差。
- 数据库存储：将服务地址信息存放到数据库中，服务调用方通过查询数据库获取服务地址信息，避免使用硬编码地址方式。这种方式虽然比硬编码方式好，但是服务消费者还是需要感知服务提供者的地址信息。
- 服务注册中心：服务注册中心可以用来保存服务提供者的地址信息，以及服务发布相关的属性信息。服务消费者无须知道服务提供者的地址信息，只需要知道当前系统发布了哪些服务。

目前服务注册中心的产品很多，常用的服务注册中心有 ZooKeeper。服务提供者将需要发布的服务地址信息和属性写入注册中心，服务消费者根据本地引用的接口名等信息，从服务注册中心获取服务提供者列表缓存到本地。当服务注册中心检测到服务提供者列表发生变化后，会主动将变更后的服务列表推送给消费者，消费者根据新的列表刷新本地缓存的服务提供者地址。服务消费者调用服务提供者时，不需要每次调用时都去服务注册中心查询服务提供者地址列表，消费者直接从本地缓存的服务提供者路由表中查询地址信息，根据路由策略进行服务选择。采用客户端缓存服务提供者地址的方案不仅能够提升消费者调用性能，还能提高系统的可靠性。当注册中心全部宕机后，消费者可以通过缓存的地址信息和服务提供者之间进行通信，只是影响新服务的上线和老服务的下线，不影响已发布的和运行的服务。

6.2　负载均衡概述

6.2.1　Nginx 的定义

Nginx（Engine x）是一个高性能的 HTTP 和反向代理服务，可以将 Nginx 作为负载均衡服务。图 6-1 所示是一个简单的负载均衡原理示意图。

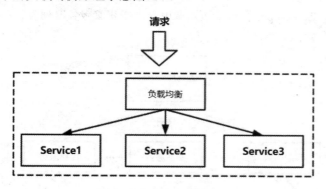

图 6-1　负载均衡简单原理

6.2.2　负载均衡的实现

1. 基于软件负载均衡实现

Nginx 负载均衡原理如图 6-2 所示。

我们可以把 Web 服务配置到 Nginx 中，用户访问 Nginx 时，就会自动被分配到某个 Web 服务。当网站业务规模变大时，通常将业务拆分为多个服务，每个服务独立部署，通过远程调用方式（RPC）协同工作。为了保证稳定性，每个服务不会只使用一台服务器，会作为一个集群存在，子集群也可以使用 Nginx 负载均衡。

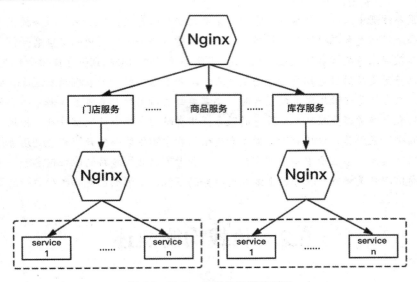

图 6-2　Nginx 负载均衡简单原理

ZooKeeper 是目前流行的注册中心，每个 Web 服务在其中注册登记，服务调用者到注册中心查找能提供所需服务的服务器列表，然后根据负载均衡算法从中选取一台服务器进行连接。调用者获取到服务器列表后进行缓存，提高系统性能。当服务器列表发生变化时，例如某台服务器宕机下线或者新添加服务器，ZooKeeper 会自动通知调用者重新获取服务器列表。ZooKeeper 服务注册原理如图 6-3 所示。

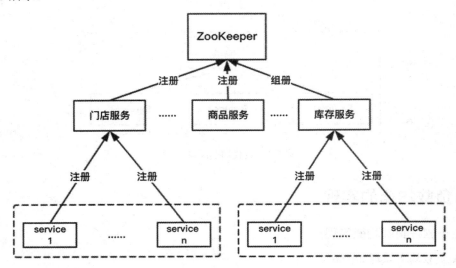

图 6-3　ZooKeeper 服务注册原理

2．DNS 域名解析负载均衡

我们可以在 DNS 服务器上配置域名对应多个 IP。例如域名 www.baidu.com 对应一组 Web 服务器 IP 地址，域名解析时通过 DNS 服务器的算法将一个域名请求分配到合适的真实服务器上。DNS 域名解析负载均衡原理如图 6-4 所示。

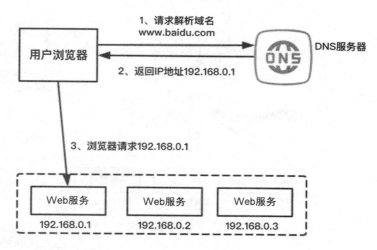

图 6-4　DNS 域名解析负载均衡简单原理

DNS 域名解析负载均衡的优点：

- 将负载均衡工作交予 DNS 负责，省去了网站管理维护负载均衡服务器的麻烦。
- DNS 支持基于地理位置的域名解析，将域名解析成距离用户地理最近的一个服务器地址，加快访问速度。
- DNS 服务器稳定性高。

DNS 域名解析负载均衡的缺点：

- DNS 负载均衡的控制权在域名服务商手里，网站可能无法做出过多的改善和管理。
- DNS 解析是多级解析，每一级 DNS 都可能会缓存记录，当某一服务器下线后，该服务器对应的 DNS 记录可能仍然存在，导致分配到该服务器的用户访问失败。
- DNS 负载均衡采用的是简单的轮询算法，不能区分服务器之间的差异，不能反映服务器当前的运行状态，不能够按服务器的处理能力来分配负载。

3．基于硬件负载均衡

硬件的负载均衡有 F5 Network Big-IP（简称 F5），F5 是一个网络设备，类似于网络交换机，完全通过硬件来抗压力。F5 多用于大型互联网公司的流量入口最前端，以及政府、国企等不缺钱的企业，一般的中小公司不舍得使用。F5 负载均衡原理如图 6-5 所示。

F5 负载均衡的优点：

- 性能好，每秒能处理的请求数达到百万级，即几百万/秒的负载。
- 负载均衡算法支持很多灵活的策略。
- 具有一些防火墙等安全功能。

F5 负载均衡的缺点：

- 价格贵，需十几万至上百万人民币。

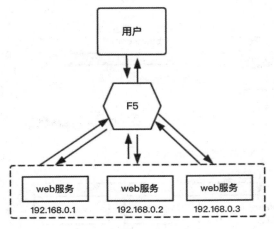

图 6-5　F5 负载均衡简单原理

6.2.3　负载均衡算法

服务消费者从服务配置中心获取到服务的地址列表后，需要选取其中一台发起 RPC 调用，这时需要用到具体的负载均衡算法。常用的负载均衡算法有轮询法、加权轮询法、随机法、加权随机法、源地址哈希法、最小连接法等。

1．轮询法

轮询法是指将请求按顺序轮流地分配到后端服务器上，均衡地对待后端的每一台服务器，不关心服务器实际的连接数和当前系统负载。轮询法具体实例如图 6-6 所示。

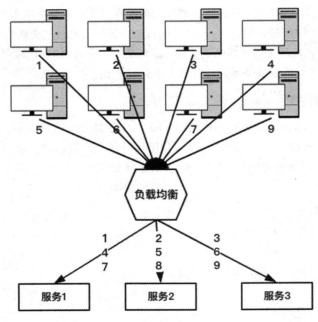

图 6-6　轮询法具体实例

由图 6-6 可知，假设现在有 9 个客户端请求，3 台后端服务器。当第一个请求到达负载均衡服务器时，负载均衡服务器会将这个请求分派到后端服务器 1；当第二个请求到来时，负载均衡服务器会将这个请求分派到后端服务器 2；当第三个请求到来时，负载均衡服务器会将这个请求分派到后端服务器 3；当第四个请求到来时，负载均衡服务器会将这个请求分派到后端服务器 1，以此类推。

2．加权轮询法

加权轮询法是指根据真实服务器的不同处理能力来调度访问请求，这样可以保证处理能力强的服务器处理更多的访问流量。简单的轮询法并不考虑后端机器的性能和负载差异。加权轮询法可以很好地处理这一问题，它将按照顺序且按照权重分派给后端服务器：给性能高、负载低的机器配置较高的权重，让其处理较多的请求；给性能低、负载高的机器配置较低的权重，让其处理较少的请求。

如图 6-7 所示，假设有 9 个客户端请求，3 台后端服务器。后端服务器 1 被赋予权值 1，后端服务器 2 被赋予权值 2，后端服务器 3 被赋予权值 3。这样一来：

（1）客户端请求 1、2、3 都被分派到服务器 3 处理。
（2）客户端请求 4、5 被分派到服务器 2 处理。
（3）客户端请求 6 被分派到服务器 1 处理。
（4）客户端请求 7、8、9 被分派到服务器 3 处理。
　以此类推。

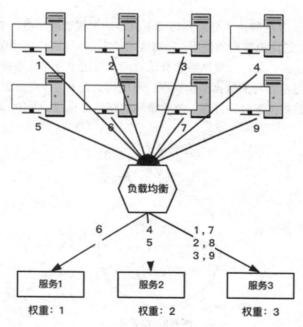

图 6-7　轮询法具体实例

3．随机法

随机法也很简单，就是随机选择一台后端服务器进行请求的处理。由于每次服务器被挑中的概率都一样，因此客户端的请求可以被均匀地分派到所有的后端服务器上。由概率统计理论可以得知，随着调用量的增大，其实际效果越来越接近于平均分配流量到每一台后端服务器，也就是轮询的效果。

4．加权随机法

加权随机法跟加权轮询法类似，根据后台服务器不同的配置和负载情况配置不同的权重。不同的是，它是按照权重来随机选取服务器的，而非顺序。加权随机算法一般应用的场景：有一个集合S：{A，B，C，D}，我们想随机从中抽取一项，但是抽取的概率不同。比如我们希望抽到A的概率是50%，抽到B和C的概率是20%，抽到D的概率是10%。一般来说，我们可以给各项附一个权重，抽取的概率正比于这个权重。上述集合就成了：{A:5，B:2，C:2，D:1}。扩展这个集合，使每一项出现的次数与其权重正相关。上述例子这个集合扩展成：{A，A，A，A，A，B，B，C，C，D}，然后就可以用均匀随机算法来从中选取了。

5．源地址哈希法

源地址哈希（Hash）是根据获取客户端的IP地址，通过哈希函数计算得到一个数值，用该数值对服务器列表的大小进行取模运算，得到的结果便是客服端要访问服务器的序号。采用源地址哈希法进行负载均衡，同一个IP地址的客户端，当后端服务器列表不变时，它每次都会映射到同一台后端服务器进行访问。源地址哈希法的缺点是，当后端服务器增加或者减少时，采用简单的哈希取模的方法会使得命中率大大降低，这个问题可以采用一致性哈希法来解决。

6．一致性哈希法

一致性哈希（Hash）算法解决了分布式环境下机器增加或者减少时，简单的取模运算无法获取较高命中率的问题。通过虚拟节点的使用，一致性哈希算法可以均匀分担机器的负载，使得这一算法更具现实的意义。正因如此，一致性哈希算法被广泛应用于分布式系统中。

一致性哈希算法通过哈希环的数据结构实现。环的起点是0，终点是2^32 - 1，并且起点与终点连接，哈希环中间的整数按逆时针分布，故哈希环的整数分布范围是[0, 2^32-1]，具体如图 6-8 所示。

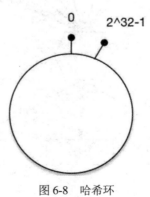

图 6-8　哈希环

在负载均衡中，首先为每一台机器计算一个哈希值，然后把这些哈希值放置在哈希环上。假设我们有 3 台 Web 服务器：s1、s2、s3，它们计算得到的哈希值分别为 h1、h2、h3，那么它们在哈希环上的位置如图 6-9 所示。

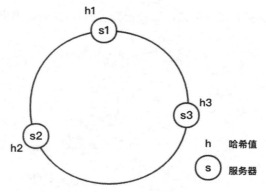

图 6-9　服务器分布哈希环

然后计算每一个请求 IP 的哈希值：hash("192.168.0.1")，并把这些哈希值放置到哈希环上。假设有 5 个请求，对应的哈希值为：q1、q2、q3、q4、q5，放置到哈希环上的位置如图 6-10 所示。

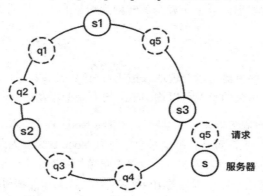

图 6-10　请求分布哈希环

接下来为每一个请求找到对应的机器，在哈希环上顺时针查找距离这个请求的哈希值最近的机器，结果如图 6-11 所示。

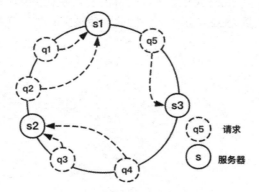

图 6-11　请求寻找最近的服务器

对于线上的业务，增加或者减少一台机器的部署是常有的事情。增加服务器 s4 的部署并将机器 s4 加入哈希环的机器 s3 与 s2 之间。这时，只有机器 s3 与 s4 之间的请求需要重新分配新的机器。如图 6-12 所示，只有请求 q4 被重新分配到了 s4，其他请求仍在原有机器上。

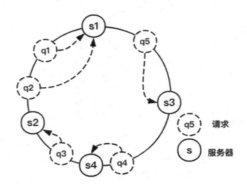

图 6-12　请求寻找最近的服务器（加入服务器 s4）

从图 6-12 的分析可以知道，增减机器只会影响相邻的机器，这就导致了添加机器时只会分担其中一台机器的负载，删除机器时会把负载全部转移到相邻的一台机器上，这都不是我们希望看到的。

我们希望看到的情况是：

（1）增加机器时，新的机器可以合理地分担所有机器的负载。

（2）删除机器时，多出来的负载可以均匀地分给剩余的机器。

例如，系统中只有两台服务器，由于某种原因下线 Node B（节点 B），此时必然造成大量数据集中到 Node A（节点 A）上，而只有极少量会定位到 Node B 上。为此，我们引入虚拟节点来解决负载不均衡的问题，即对每一个服务节点计算多个哈希，每个计算结果位置都放置一个此服务节点，称为虚拟节点。具体做法可以在服务器 IP 或主机名的后面增加编号来实现。例如上面的情况，可以为每台服务器计算 3 个虚拟节点，于是可以分别计算"Node A#1""Node A#2""Node A#3""Node B#1""Node B#2""Node B#3"的哈希值，形成 6 个虚拟节点。同时数据定位算法不变，只是多了一步虚拟节点到实际节点的映射，例如定位到"Node A#1""Node A#2""Node A#3"三个虚拟节点的数据均定位到 Node A 上。这样就解决了服务节点少时数据倾斜的问题。在实际应用中，通常将虚拟节点数设置为 32 甚至更大，因此即使很少的服务节点也能做到相对均匀的数据分布。

第7章

微服务注册中心

本章主要介绍微服务注册中心的概念、ZooKeeper 的概念、ZooKeeper 的原理、ZooKeeper 的安装、ZooKeeper 搭建集群环境、命令行客户端 ZkClient 以及 ZooKeeper 实现服务注册与发现。

7.1　了解微服务注册中心

7.1.1　注册中心几个概念

服务注册中心主要用来管理服务订阅和发布。对于服务提供者来说，它需要发布服务，对于服务消费者来说，它需要知道如何获取所需的服务，避免硬编码地址方式。服务注册中心是微服务架构中非常重要的一个组件，在微服务架构中起到了协调者的作用。服务注册中心有以下几个概念需要再重新复习一下：

- 注册中心（Registry）：服务注册中心。
- 注册中心客户端（Registry Client）：无论是服务提供者还是服务调用者，都算是注册中心的客户端，简称客户端。
- 注册中心管理端（Registry Console）：注册中心数据的管理端，简称管理端。
- 服务（Service）：包含一个或者多个接口。例如，商品服务包含查询商品接口、新增商品接口等方法。
- 服务提供者（Provider）：暴露一个监听端口，提供一到多个服务。
- 服务调用者（Consumer）：连接服务提供者的端口，发起远程调用。
- 服务注册（Service Registry）：服务启动后，将服务的相关配置信息（IP、端口）注册到服务注册表中。
- 服务发现（Service Discovery）：从服务注册表中获取服务配置的过程。

7.1.2　注册中心

　　分布式微服务都是部署在不同的集群环境的，服务与服务之间需要相互调用。集群 A 中的服务调用者如何发现集群 B 中的服务提供者？集群 A 中的服务如何选择集群 B 的某一台服务发起调用？集群 B 中的某台服务提供者下线后，集群 A 中的服务调用者如果感知下线，是否就不再对下线的机器进行调用？集群 B 提供的某一个服务如何获取集群 A 中哪些机器正在消费服务？这一系列问题都是服务注册中心要解决的。服务注册中心的简单工作原理如图 7-1 所示。

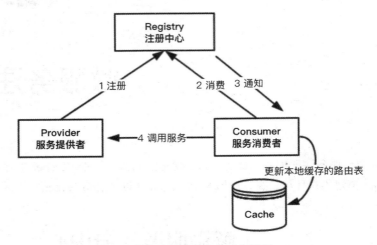

图 7-1　服务注册中心简单工作原理

　　（1）服务提供者启动时，根据服务发布文件中配置的服务发布信息主动向服务注册中心注册自己的服务。

　　（2）服务消费者在启动时，将服务提供者信息从注册中心下拉到本地缓存。

　　（3）服务注册中心能够感知服务提供者集群中某一台机器下线，将该机器的服务提供者信息从注册服务中心删除，并主动通知服务消费者集群中的每一台机器，使得服务消费者不再调用该机器。

　　（4）服务消费者从本地缓存的服务提供者地址列表中，基于负载均衡算法选择一台服务提供者进行调用。

7.2　ZooKeeper 实现服务注册中心

7.2.1　ZooKeeper 概述

　　ZooKeeper 是一个开源的、分布式的应用程序协调服务。它提供的功能包括：命名服务、配置管理、集群管理、分布式锁、负载均衡、分布式队列等。

　　（1）命名服务。可以简单理解为电话簿。电话号码不好记，但是人名好记，要打谁的电话，直接查人名就好了。分布式环境下，经常需要对应用/服务进行统一命名，便于识别不同的服务。类似于域名与 IP 之间的对应关系，域名容易记住。ZooKeeper 通过名称来获取资源或服务的地址、提供者等信息。

（2）配置管理。 分布式系统都有大量的服务器，比如在搭建 Hadoop 的 HDFS 的时候，需要在一台 Master 主机器上配置好 HDFS 需要的各种配置文件，然后通过 scp 命令把这些配置文件复制到其他节点上，这样各个机器拿到的配置信息是一致的，才能成功运行 HDFS 服务。ZooKeeper 提供了这样的一种服务：一种集中管理配置的方法，我们在这个集中的地方修改了配置，所有对这个配置感兴趣的服务都可以获得变更。这样就省去手动复制配置，还保证了可靠性和一致性。

（3）集群管理。 集群管理包含两点：是否有机器退出和加入、选举 Master。在分布式集群中，经常会由于各种原因，比如硬件故障、软件故障、网络问题等，有些新的节点会加入进来，也有老的节点会退出集群。这个时候，集群中有些机器（比如 Master 节点）需要感知到这种变化，然后根据这种变化做出对应的决策。ZooKeeper 集群管理就是感知变化，做出对应的策略。

（4）分布式锁。 ZooKeeper 的一致性文件系统使得锁的问题变得容易。锁服务可以分为两类，一类是保持独占；另一类是控制时序。单机程序的各个进程需要对互斥资源进行访问时需要加锁，分布式程序分布在各个主机上的进程对互斥资源进行访问时也需要加锁。很多分布式系统有多个可服务的窗口，但是在某个时刻只让一个服务干活，当这台服务出问题的时候锁释放，立即失败路由到另外的服务。在很多分布式系统中都是这么做的，这种设计有一个更好听的名字叫 Leader Election（Leader 选举）。举个通俗点的例子，比如银行取钱，有多个窗口，但是对你来说，只能有一个窗口对你服务。如果正在对你服务的窗口的柜员突然有急事走了，怎么办呢？找大堂经理（ZooKeeper），大堂经理会指定另外的窗口继续为你服务。

提　示

ZooKeeper 官网地址：https://zookeeper.apache.org/。

7.2.2　ZooKeeper 的原理

ZooKeeper 一个常用的使用场景是担任服务生产者和服务消费者的注册中心，这也是接下来的章节中会使用到的。服务生产者将自己提供的服务注册到 ZooKeeper 中心，服务消费者在进行服务调用的时候先到 ZooKeeper 中查找服务，获取服务生产者的详细信息之后，再去调用服务生产者的内容与数据，具体如图 7-2 所示。

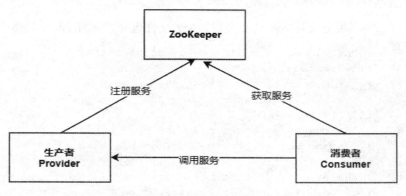

图 7-2　ZooKeeper 服务注册简单原理

7.2.3 ZooKeeper 的安装

安装 ZooKeeper 之前，需要先安装 JDK，官方建议 JDK 版本需要在 1.6 或以上，详情可参考本书的 2.1.1 节，这里不再赘述。ZooKeeper 可安装在 Windows、Linux、Mac OSX 等操作系统上，这里我们选择在 Mac OSX 操作系统上安装，方便读者学习。正式投入生产使用时，建议大家使用 Linux 操作系统作为生产环境。

首先需要从官方地址（https://zookeeper.apache.org/releases.html）下载 ZooKeeper 安装包并解压。这里笔者使用的 ZooKeeper 版本是 zookeeper-3.4.12。打开解压后的安装包，可以看到如图 7-3 所示的目录结构。

名称	^	修改日期	大小	种类
▶ ▦ bin		2018年3月27日 下午12:32	--	文件夹
build.xml		2018年3月27日 下午12:32	88 KB	XML
▶ ▦ conf		2018年3月27日 下午12:32	--	文件夹
▶ ▦ contrib		2018年3月27日 下午12:32	--	文件夹
▶ ▦ dist-maven		2018年3月27日 下午12:37	--	文件夹
▶ ▦ docs		2018年3月27日 下午12:32	--	文件夹
ivy.xml		2018年3月27日 下午12:32	8 KB	XML
ivysettings.xml		2018年3月27日 下午12:32	2 KB	XML
▶ ▦ lib		2018年3月27日 下午12:32	--	文件夹
LICENSE.txt		2018年3月27日 下午12:32	12 KB	纯文本文稿
NOTICE.txt		2018年3月27日 下午12:32	3 KB	纯文本文稿
README_packaging.txt		2018年3月27日 下午12:32	2 KB	纯文本文稿
README.md		2018年3月27日 下午12:32	2 KB	文稿
▶ ▦ recipes		2018年3月27日 下午12:32	--	文件夹
▶ ▦ src		2018年3月27日 下午12:32	--	文件夹
zookeeper-3.4.12.jar		2018年3月27日 下午12:32	1.5 MB	Java ZIP Archive
zookeeper-3.4.12.jar.asc		2018年3月27日 下午12:36	819 字节	文稿
zookeeper-3.4.12.jar.md5		2018年3月27日 下午12:32	33 字节	文稿
zookeeper-3.4.12.jar.sha1		2018年3月27日 下午12:32	41 字节	文稿

图 7-3　ZooKeeper 安装包目录结构

ZooKeeper 在/conf 目录下提供了默认的配置文件 zoo_sample.cfg，需要稍微调整才能够运行 ZooKeeper。复制 zoo_sample.cfg 配置文件并重新命名为 zoo.cfg，具体 Shell 命令如下所示：

```
cp zoo_sample.cfg zoo.cfg
```

打开配置文件 zoo.cfg，发现该配置文件包含大量的注释，具体代码如下所示：

```
# The number of milliseconds of each tick
tickTime=2000
# The number of ticks that the initial
# synchronization phase can take
initLimit=10
# The number of ticks that can pass between
# sending a request and getting an acknowledgement
syncLimit=5
# the directory where the snapshot is stored.
# do not use /tmp for storage, /tmp here is just
# example sakes.
dataDir=/tmp/zookeeper
```

```
# the port at which the clients will connect
clientPort=2181
# the maximum number of client connections.
# increase this if you need to handle more clients
#maxClientCnxns=60
#
# Be sure to read the maintenance section of the
# administrator guide before turning on autopurge.
#
#
http://zookeeper.apache.org/doc/current/zookeeperAdmin.html#sc_maintenance
#
# The number of snapshots to retain in dataDir
#autopurge.snapRetainCount=3
# Purge task interval in hours
# Set to "0" to disable auto purge feature
#autopurge.purgeInterval=1
```

忽略配置文件中的注释，将得到 5 个重要的配置项，具体代码如下所示：

```
tickTime=2000
initLimit=10
syncLimit=5
dataDir=/tmp/zookeeper
clientPort=2181
```

tickTime=2000：俗称“滴答时间”，tick 翻译成中文是“滴答”的意思，连起来就是滴答滴答的时间，寓意心跳间隔，单位是毫秒，系统默认是 2000 毫秒，也就是间隔两秒心跳一次。tickTime用于客户端与服务器或者服务器与服务器之间维持心跳，也就是每个 tickTime 就会发送一次心跳。通过心跳不仅能够用来监听机器的工作状态，还可以通过心跳来控制 Flower 跟 Leader 的通信时间，默认情况下 FL 的会话时长是心跳间隔的两倍，即 2*tickTime。

initLimit=10：Follower 在启动过程中，会从 Leader 同步所有最新数据，然后确定自己能够对外服务的起始状态，Leader 允许 Follower 在 initLimit 时间内完成这个工作。该配置项的默认值是10，即 10*tickTime。默认情况下不需要修改该配置项，随着 ZooKeeper 集群管理的数量不断增大，Follower 节点在启动的时候，从 Leader 节点进行数据同步的时间也会相应变长，于是无法在较短的时间内完成数据同步，在这种情况下，必须适当调大这个参数。

syncLimit=5：Leader 节点和 Follower 节点进行心跳检测的最大延迟时间。在 ZooKeeper 集群中，Leader 节点会与所有的 Follower 节点进行心跳检测来确定该节点是否存活。该配置的默认值是 5，即 5* tickTime。

dataDir=/tmp/zookeeper：ZooKeeper 服务器存储快照文件的默认目录，由于/tmp 目录下的文件可能被自动删除，因此不建议将其指定到/tmp 目录下。

clientPort=2181：客户端连接 ZooKeeper 服务器的端口，ZooKeeper 会监听这个端口，接收客户端的访问请求。每台 ZooKeeper 服务器都可以配置任意可用的端口。

接下来启动 ZooKeeper 服务器，具体命令如下所示：

```
→ sh zkServer.sh start
ZooKeeper JMX enabled by default
```

```
Using config: /Users/ay/Downloads/soft/zookeeper-3.4.12/bin/../conf/zoo.cfg
-n Starting zookeeper ...
### STARTED 代表 zk 服务器已启动
STARTED
```

还可以直接执行 zkServer.sh 命令获取相关的使用帮助，具体代码如下所示：

```
➜ zkServer.sh
ZooKeeper JMX enabled by default
Using config: /Users/ay/Downloads/soft/zookeeper-3.4.12/bin/../conf/zoo.cfg
Usage: zkServer.sh
{start|start-foreground|stop|restart|status|upgrade|print-cmd}
```

start：用于后台启动 ZooKeeper 服务器。

start-foreground：用于前台启动 ZooKeeper 服务器。

stop：用于停止 ZooKeeper 服务器。

restart：用于重启 ZooKeeper 服务器。

status：用于获取 ZooKeeper 服务器状态。

upgrade：用于升级 ZooKeeper 服务器。

print-cmd：用于打印出 ZooKeeper 程序命令行及其相关参数。

下面来看几个具体实例。

```
### 查看 zk 服务器运行状态
➜ zkServer.sh status
ZooKeeper JMX enabled by default
Using config: /Users/ay/Downloads/soft/zookeeper-3.4.12/bin/../conf/zoo.cfg
### 表示 zk 服务器运行在单机模式
Mode: standalone
### 重启 zk 服务器
➜ zkServer.sh restart
ZooKeeper JMX enabled by default
Using config: /Users/ay/Downloads/soft/zookeeper-3.4.12/bin/../conf/zoo.cfg
ZooKeeper JMX enabled by default
Using config: /Users/ay/Downloads/soft/zookeeper-3.4.12/bin/../conf/zoo.cfg
Stopping zookeeper ... STOPPED
ZooKeeper JMX enabled by default
Using config: /Users/ay/Downloads/soft/zookeeper-3.4.12/bin/../conf/zoo.cfg
Starting zookeeper ... STARTED
### 停止 zk 服务器
➜ zkServer.sh stop
ZooKeeper JMX enabled by default
Using config: /Users/ay/Downloads/soft/zookeeper-3.4.12/bin/../conf/zoo.cfg
Stopping zookeeper ... STOPPED
```

此外，在工作中经常使用 telnet 命令来连接 ZooKeeper 服务器，具体例子如下所示：

```
### 启动 zk 服务器
➜ zkServer.sh start
ZooKeeper JMX enabled by default
Using config: /Users/ay/Downloads/soft/zookeeper-3.4.12/bin/../conf/zoo.cfg
```

```
Starting zookeeper ... STARTED
### 使用 telnet 命令连接 zk 服务器
➜ telnet 127.0.0.1 2181
Trying 127.0.0.1...
Connected to localhost.
Escape character is '^]'.
### 输入 stat 命令查看 zk 服务器的状态
stat
Zookeeper version: 3.4.12-e5259e437540f349646870ea94dc2658c4e44b3b,
built on 03/27/2018 03:55 GMT
Clients:
 /127.0.0.1:59104[0](queued=0,recved=1,sent=0)
Latency min/avg/max: 0/0/0
Received: 1
Sent: 0
Connections: 1
Outstanding: 0
Zxid: 0x0
Mode: standalone
Node count: 4
Connection closed by foreign host.
```

7.2.4　ZooKeeper 搭建集群环境

本节开始我们将在自己的计算机上搭建 ZooKeeper 集群环境。我们以 3 个节点为例，具体步骤如下所示：

步骤01　将 ZooKeeper 安装包复制 3 份，存放在同一个目录下，分别是 zookeeper-3.4.12、zookeeper-3.4.12-2、zookeeper-3.4.12-3。

步骤02　我们以第一个节点为例，修改 zookeeper-3.4.12/conf 目录下的 zoo.cfg 配置文件，其他两个节点也修改成相同的配置，具体代码如下所示：

```
### 第一个节点配置
tickTime=2000
initLimit=10
syncLimit=5
### 表示 zk 数据目录存放的位置，生产环境不要使用/tmp 目录
dataDir=/tmp/zookeeper1
clientPort=2181
### 服务配置，表示集群包含三个节点
server.1=127.0.0.1:2187:3187
server.2=127.0.0.1:2188:3188
server.3=127.0.0.1:2189:3189

### 第二个节点配置
tickTime=2000
initLimit=10
syncLimit=5
```

```
dataDir=/tmp/zookeeper2
clientPort=2182
server.1=127.0.0.1:2187:3187
server.2=127.0.0.1:2188:3188
server.3=127.0.0.1:2189:3189

### 第三个节点配置
tickTime=2000
initLimit=10
syncLimit=5
dataDir=/tmp/zookeeper3
clientPort=2183
server.1=127.0.0.1:2187:3187
server.2=127.0.0.1:2188:3188
server.3=127.0.0.1:2189:3189
```

在 zoo.cfg 配置文件中，我们添加了一组 server 配置，表示集群中包含的 3 个节点，server 配置需要满足如下格式：

```
server.<id>=<ip>:<port1>:<port2>
```

id：表示节点编号，该编号取值范围是 1～255 之间的整数，且在集群中必须唯一。同时，我们需要在 dataDir 目录下创建一个名为 myid 的文件，其内容为该节点的编号。例如，对于第一个节点，我们需要创建 /tmp/zookeeper1/myid 文件，myid 文件的内容为 1。

ip：表示节点所在的 IP 地址，本地环境为 127.0.0.1 或 localhost。

port1：表示 Leader 节点与 Follower 节点进行心跳检测与数据同步时所使用的端口。

port2：表示进行领导选举的过程中，用于投票通信的端口。

注　意

删除 conf 目录下的文件 zoo_sample.cfg（原本安装包解压后只有 zoo_sample.cfg，但是需要将其改名为 zoo.cfg），zoo.cfg 和 zoo_sample.cfg 配置文件不能同时存在，这一点非常重要。

步骤03 在/tmp 目录下创建文件夹 zookeeper1、zookeeper2 和 zookeeper3，并分别在各自的目录下创建 myid 文件，文件内容分别为 1、2、3。这样一个"伪集群"环境就搭建完成了。

步骤04 所有配置完成之后，启动 ZooKeeper 集群。与单机模式的启动方法相同，我们只要逐台启动 ZooKeeper 即可。

7.2.5　ZooKeeper 集群总体架构

ZooKeeper 集群中有 4 种角色，如表 7-1 所示。

表 7-1　ZooKeeper 集群中的角色

角色	描述
领导者（Leader）	领导者负责投票的发起和决议，更新系统状态
跟随者（Follower）	接受客户端请求并返回结果，在选举阶段参与投票
观察者（Observer）	接受客户端连接，将写请求转发给 Leader，不参与选举阶段投票
客户端（Client）	请求的发起方

ZooKeeper 集群由一组 Server 节点组成，这一组 Server 节点中存在一个角色为 Leader 的节点，其他节点为 Follower 或 Observer。ZooKeeper 集群总体架构如图 7-4 所示。

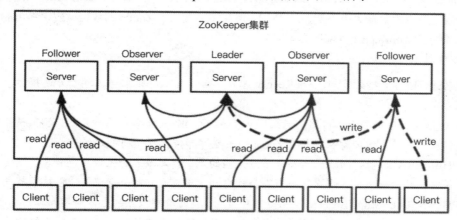

图 7-4　ZooKeeper 集群总体架构

ZooKeeper 拥有一个层次的命名空间，这和标准的文件系统非常相似。ZooKeeper 中的每个节点被称为 Znode，每个节点可以拥有子节点。ZooKeeper 数据模型架构如图 7-5 所示。

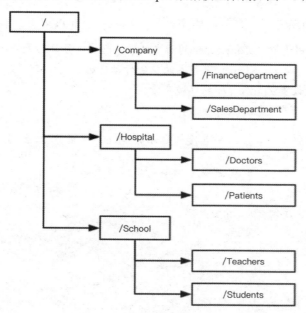

图 7-5　ZooKeeper 数据模型架构

ZooKeeper 命名空间中的 Znode 兼具文件和目录两种特点，既可以像文件一样维护数据、元信息、ACL、时间戳等数据结构，又可以像目录一样作为路径标识的一部分。每个 Znode 由以下 3 部分组成。

- stat：存储状态信息，用于描述该 Znode 的版本、权限等信息。
- data：存储与该 Znode 关联的数据。
- children：存储该 Znode 下的子节点。

ZooKeeper 虽然可以关联一些数据，但并没有被设计为常规的关系型数据库或者大数据存储，相反的是，Znode 用来管理调度数据，比如分布式应用中的配置文件信息、状态信息、汇集位置等。ZooKeeper 规定节点的数据大小不能超过 1MB，但在实际使用中 Znode 的数据量应该尽可能小，因为数据量过大会导致 ZooKeeper 性能明显下降。

Znode 有以下 4 种类型：

- PERSISTENT：持久节点。ZooKeeper 客户端与 ZooKeeper 服务器端断开连接后，该节点依旧存在。
- PERSISTENT_SEQUENTIAL：持久顺序节点。ZooKeeper 客户端与 ZooKeeper 服务器端断开连接后，该节点依旧存在，并且 ZooKeeper 给该节点名称进行顺序编号。
- EPHEMERAL：临时节点。和持久节点不同的是，临时节点的生命周期和客户端会话绑定。如果客户端会话失效，那么这个节点会被自动清除。在临时节点下不能创建子节点。
- EPHEMERAL_SEQUENTIAL：临时顺序节点。临时顺序节点的生命周期和客户端会话绑定。如果客户端会话失效，那么这个节点会被自动清除。创建的节点会自动加上编号。

7.2.6 命令行客户端 zkCli.sh

ZooKeeper 为我们提供了一系列的脚本程序，放置在 bin 目录下，具体如下：

- zkCleanup.sh：用于清理 ZooKeeper 的历史数据，包括事务日志文件与快照数据文件。
- zkCli.sh：用于连接 ZooKeeper 服务器的命令行客户端。
- zkEnv.sh：用于设置 ZooKeeper 的环境变量。
- zkServer.sh：用于启动 ZooKeeper 服务器。

可以使用 zkCli.sh 命令行客户端来连接与操作 ZooKeeper 服务器，这是本节的重点。下面我们来看一些具体实例。

（1）连接 ZooKeeper 服务器

```
### 在 bin 目录下执行 zkCli.sh 脚本
➜  sh zkCli.sh
Connecting to localhost:2181
……省略

WATCHER::
WatchedEvent state:SyncConnected type:None path:null
```

成功连接 ZooKeeper 服务器之后，使用 help 命令可以查看相关帮助，具体代码如下所示：

```
[zk: localhost:2181(CONNECTED) 1] helper
ZooKeeper -server host:port cmd args
    stat path [watch]
    set path data [version]
    ls path [watch]
    delquota [-n|-b] path
    ls2 path [watch]
    setAcl path acl
    setquota -n|-b val path
    history
    redo cmdno
    printwatches on|off
    delete path [version]
    sync path
    listquota path
    rmr path
    get path [watch]
    create [-s] [-e] path data acl
    addauth scheme auth
    quit
    getAcl path
    close
    connect host:port
```

（2）连接远程 ZooKeeper 服务器

命令格式： sh zkCli.sh -service <ip>:<port>。

（3）列出子节点

命令格式： ls path [watch]。

ls 命令可以列出子节点名称，命令中可以设置 watch 参数，用于指定客户端监视器，该监视器在 ZooKeeper 中称为 Watcher，用于监视节点的状态变化。

```
### 列出根节点下所有子节点
[zk: localhost:2181(CONNECTED) 2] ls /
[zookeeper]
```

根目录下默认有一个 ZooKeeper 子节点，它是 ZooKeeper 的保留节点，一般情况下不直接使用它。我们还可以使用 ls2 命令更详细地列出节点名称和相关的属性，具体代码如下所示：

```
[zk: localhost:2181(CONNECTED) 3] ls2 /
[zookeeper]
### 表示创建节点时的事务 ID
cZxid = 0x0
### 表示创建节点时间
ctime = Thu Jan 01 08:00:00 CST 1970
### 表示最后一次修改节点时的事务 ID
mZxid = 0x0
### 表示最后一次修改节点时间
mtime = Thu Jan 01 08:00:00 CST 1970
```

```
### 表示最后一次修改父节点时的事务 ID
pZxid = 0x0
### 表示子节点的版本号
cversion = -1
### 表示节点所包含数据的版本号
dataVersion = 0
### 表示节点的 ACL 权限版本号
aclVersion = 0
### 表示临时节点的会话 ID（持久节点为 0）
ephemeralOwner = 0x0
### 表示节点所包含数据内容的长度
dataLength = 0
### 表示当前节点的子节点数
numChildren = 1
```

上述信息在 ZooKeeper 中称为 stat，我们可以通过 stat 命令获取任何节点的 stat，具体代码如下所示：

```
### stat 命令格式：stat path [watch]
[zk: localhost:2181(CONNECTED) 5] stat /
cZxid = 0x0
ctime = Thu Jan 01 08:00:00 CST 1970
mZxid = 0x0
mtime = Thu Jan 01 08:00:00 CST 1970
pZxid = 0x0
cversion = -1
dataVersion = 0
aclVersion = 0
ephemeralOwner = 0x0
dataLength = 0
numChildren = 1
```

（4）判断节点是否存在

```
### 使用 stat 命令判断 /ay 节点是否存在，很明显，/ay 节点不存在
[zk: localhost:2181(CONNECTED) 6] stat /ay
Node does not exist: /ay
```

（5）创建节点

命令格式： create [-s] [-e] path data acl。

[-s] 选项：用于指定该节点是否为顺序节点。

[-e] 选择：用于指定该节点是否为临时节点。

acl：用于权限控制，ZooKeeper 内部提供强大的访问控制列表（ACL），默认情况不做任何权限控制。我们来看下面的具体实例。

```
### 创建 /ay 节点，该节点包含 hello 数据
[zk: localhost:2181(CONNECTED) 8] create /ay hello
Created /ay
### 查询 /ay 节点是否存在
[zk: localhost:2181(CONNECTED) 9] stat /ay
cZxid = 0x4
```

```
ctime = Sat Jan 12 14:59:04 CST 2019
mZxid = 0x4
mtime = Sat Jan 12 14:59:04 CST 2019
pZxid = 0x4
cversion = 0
dataVersion = 0
aclVersion = 0
ephemeralOwner = 0x0
dataLength = 5
numChildren = 0
```

（6）获取节点数据

命令格式： get path [watch]。

```
### 获取 /ay 节点数据
[zk: localhost:2181(CONNECTED) 10] get /ay
### 节点数据内容 hello
hello
cZxid = 0x4
ctime = Sat Jan 12 14:59:04 CST 2019
mZxid = 0x4
mtime = Sat Jan 12 14:59:04 CST 2019
pZxid = 0x4
cversion = 0
dataVersion = 0
aclVersion = 0
ephemeralOwner = 0x0
dataLength = 5
numChildren = 0
```

（7）更新节点数据

命令格式： set path data [version]。

```
### 更新节点内容为 helloWorld
[zk: localhost:2181(CONNECTED) 12] set /ay helloWorld
cZxid = 0x4
ctime = Sat Jan 12 14:59:04 CST 2019
mZxid = 0x7
mtime = Sat Jan 12 15:07:37 CST 2019
pZxid = 0x4
cversion = 0
### dataVersion 由 0 变为 1
dataVersion = 1
aclVersion = 0
ephemeralOwner = 0x0
### dataLength 由 5 变为 10
dataLength = 10
numChildren = 0
```

更新节点数据时，可指定 version 参数，表示节点所包含数据的版本号。通过设置 version 参数可以用来更新对应版本的节点数据。如果没有指定版本号，就表示更新节点数据的最新版本。

（8）删除节点

命令格式： delete path [version]

```
### 删除 /ay 节点，无任何返回信息
[zk: localhost:2181(CONNECTED) 13] delete /ay
```

当 /ay 节点下无任何子节点时，才可以删除成功，否则会报"Node not empty"的提示信息。还可以通过 rmr path 命令以递归的方式删除当前路径下的节点和所有的子节点。

7.2.7　ZkClient 连接 ZooKeeper

ZkClient 是基于 ZooKeeper 原生的 Java API 开发的一个易用性更好的客户端，实现了 Session 超时自动重连、Watcher 反复注册等功能，规避了 ZooKeeper 原生的 Java API 使用不方便的问题。接下来我们先简单了解 ZkClient 提供的 API。

（1）创建会话连接 API，代码如下所示：

```
public ZkClient(String serverstring)

public ZkClient(String zkServers, int connectionTimeout)

public ZkClient(String zkServers, int sessionTimeout, int connectionTimeout)

public ZkClient(String zkServers, int sessionTimeout, int connectionTimeout,
                                        ZkSerializer zkSerializer)

public ZkClient(String zkServers, int sessionTimeout, int connectionTimeout,
ZkSerializer zkSerializer, long operationRetryTimeout)

public ZkClient(IZkConnection connection)

public ZkClient(IZkConnection connection, int connectionTimeout)

public ZkClient(IZkConnection zkConnection, int connectionTimeout,
ZkSerializer zkSerializer)

public ZkClient(IZkConnection zkConnection, int connectionTimeout,
ZkSerializer zkSerializer, long operationRetryTimeout)
```

serverstring：格式为 host1:port1,host2:port2 组成的字符串。

connectionTimeout：创建连接的超时时间，单位为 ms。

sessionTimeout：会话超时时间，单位为 ms。

zkSerializer：自定义 zk 节点存储数据的序列化方式。对于 zkSerializer，ZkClient 默认使用 Java 自带的序列化方式。

IZkConnection：接口自定义实现。对于 IZkConnection 接口，ZkClient 默认提供了两种实现，分别是 zkConnection 和 InMemoryConnection。一般使用 ZkConnection 即可满足绝大多数使用场景的需要。

（2）创建节点 API，代码如下所示：

```
/**
 * 创建持久节点
 */
public void createPersistent(String path)
/**
 * 创建持久节点，若父节点不存在，则可自动创建父节点
 */
public void createPersistent(String path, boolean createParents)
/**
 * 创建有序持久节点，同时写入 data 数据
 */
public String createPersistentSequential(String path, Object data)
/**
 * 创建临时节点
 */
public void createEphemeral(String path)
/**
 * 创建临时节点，同时写入 data 数据
 */
public void createEphemeral(String path, Object data)
/**
 * 创建临时有序节点，同时写入 data 数据
 */
public String createEphemeralSequential(String path, Object data)
省略...
```

（3）删除节点主要 API，代码如下所示：

```
/**
 * 删除指定节点
 */
public boolean delete(String path)
/**
 * 删除指定版本的节点
 */
public boolean delete(final String path, final int version)
/**
 * 递归删除 path 路径下所有的节点
 */
public boolean deleteRecursive(String path)
```

（4）读取节点主要 API，代码如下所示：

```
/**
 * 读取指定节点数据
 */
public <T> T readData(String path)
/**
 * 指定节点状态信息，若节点不存在，则返回 null
 */
```

```
public <T> T readData(String path, boolean returnNullIfPathNotExists)
/**
* 指定节点状态信息，读取节点数据
*/
public <T> T readData(String path, Stat stat)

protected <T> T readData(final String path, final Stat stat, final boolean watch)
/**
* 读取指定节点的子节点列表
*/
public List<String> getChildren(String path)

protected List<String> getChildren(final String path, final boolean watch)

public int countChildren(String path)

protected boolean exists(final String path, final boolean watch)

省略.. ..
```

（5）更新节点主要 API，代码如下所示：

```
/**
* 写入或者更新数据
*/
public void writeData(String path, Object object)

public void writeData(String path, Object datat, int expectedVersion)

public Stat writeDataReturnStat(final String path, Object datat,
final int expectedVersion)
```

了解 ZkClient 提供的 CRUD 接口后，接下来我们学习如何使用 ZkClient 连接 ZooKeeper 服务器，具体步骤如下所示：

步骤01 根据第 2 章的 2.2 节快速创建 Spring Boot 项目，项目名为 springboot-zookeeper-book。前面我们已经详细介绍了如何快速搭建 Spring Boot 项目，本章不再赘述。

步骤02 在 pom.xml 文件中引入 ZkClient 的 Maven 依赖，具体代码如下所示：

```
<!-- https://mvnrepository.com/artifact/org.apache.zookeeper/zookeeper -->
<dependency>
    <groupId>org.apache.zookeeper</groupId>
    <artifactId>zookeeper</artifactId>
    <version>3.4.13</version>
    <type>pom</type>
</dependency>

<!-- https://mvnrepository.com/artifact/com.101tec/zkclient -->
<dependency>
    <groupId>com.101tec</groupId>
    <artifactId>zkclient</artifactId>
```

```
      <version>0.11</version>
   </dependency>
```

步骤03　创建文件**/src/main/java/com/example/demo/zookeeper/utils/AyZkClient.java**，具体代码
如下所示：

```java
package com.example.demo.zookeeper.utils;
import org.I0Itec.zkclient.IZkDataListener;
import org.I0Itec.zkclient.ZkClient;

public class AyZkClient {

    public static void main(String[] args) throws Exception{

        //服务地址和端口
        String zkServers = "127.0.0.1:2181";
        //连接超时时间
        int connectionTimeout = 3000;
        //创建 ZkClient 对象
        ZkClient zkClient = new ZkClient(zkServers, connectionTimeout);
        //定义节点名称
        String path = "/ay";
        //若节点已经存在，则删除
        if (zkClient.exists(path)) {
            zkClient.delete(path);
        }
        //创建持久节点
        zkClient.createPersistent(path);
        //节点写入数据
        zkClient.writeData(path, "hello world");
        //节点读取数据
        String data = zkClient.readData(path, true);
        System.out.println(data);
        //注册监听器，监听数据变化
        zkClient.subscribeDataChanges(path, new IZkDataListener() {
            //节点数据发生变化时，触发该方法
            public void handleDataChange(String dataPath, Object data)
throws Exception {
                System.out.println("handleDataChange,dataPath:" +
                    dataPath + " data:" + data);
            }
            //节点数据被删除的时候，触发该方法
            public void handleDataDeleted(String dataPath) throws Exception {
                System.out.println("handleDataDeleted,dataPath:" + dataPath);
            }
        });
        //修改数据
        zkClient.writeData(path, "hello ay");
        //删除节点
        zkClient.delete(path);
```

```
        Thread.sleep(Integer.MAX_VALUE);
    }
}
```

上述代码中，我们使用 ZkClient 对节点进行增、删、改、查等操作。AyZkClient 代码开发完成后，运行 main 方法，将在控制台打印如下信息：

```
hello world
...
handleDataChange,dataPath:/ay data:null
handleDataDeleted,dataPath:/ay
```

7.2.8 ZooKeeper 实现服务注册与发现

ZooKeeper 充当一个服务注册表（Service Registry），让多个服务提供者形成一个集群，让服务消费者通过服务注册表获取具体的服务访问地址（IP+端口）去访问具体的服务提供者，如图 7-6 所示。

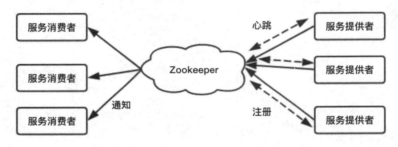

图 7-6　ZooKeeper 服务注册与消费

ZooKeeper 类似于分布式文件系统，当服务提供者部署后，将自己的服务注册到 ZooKeeper 的某一路径上:/{service}/{version}/{ip:port}，比如我们的 ProductService 部署到两台机器上，ZooKeeper 上就会创建两条目录：/ProductService/1.0.0/100.19.20.01:16888 和/ProductService/1.0.0/100.19.20.02:16888。

再来看一张更容易理解的图，具体如图 7-7 所示。

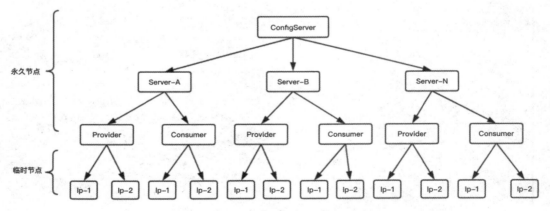

图 7-7　ZooKeeper 服务注册与消费节点设计

（1）ZooKeeper 客户端通过创建 ZooKeeper 的一个实例对象连接 ZooKeeper 服务器，调用该类的接口与服务器交互。

（2）根据服务提供者发布的服务列表循环调用 create 接口，创建目录节点，同时将服务属性（服务名称和 IP）写入目录节点的内容中。

（3）服务消费者同样通过 ZooKeeper 客户端创建 ZooKeeper 的一个实例对象，连接 ZooKeeper 服务器，调用该类的接口与服务器交互。

（4）服务消费者在第一次调用服务时，会通过注册中心找到相应的服务的 IP 地址列表，并缓存到本地，以供后续使用。当消费者调用服务时，不会再去请求注册中心，而是直接通过负载均衡算法从 IP 列表中获取一个服务提供者的服务器调用服务。

（5）当服务提供者的某台服务器宕机或下线时，相应的 IP 会被移除。同时，注册中心会将新的服务 IP 地址列表发送给服务消费者机器，缓存在消费者本机。

（6）当某个服务的所有服务器都下线了，这个服务也就下线了。

（7）同样，当服务提供者的某台服务器上线时，注册中心会将新的服务 IP 地址列表发送给服务消费者机器，缓存在消费者本机。

（8）服务提供方可以根据服务消费者的数量来作为服务下线的依据。

ZooKeeper 提供了"心跳检测"功能，它会定时向各个服务提供者发送请求，实际上建立的是一个 Socket 长连接，如果长期没有响应，服务中心就认为该服务提供者已经"挂了"，并将其剔除，比如 10.10.10.02 这台机器如果宕机了，ZooKeeper 上的路径就只剩 /ProductService/1.0.0/10.10.10.01:16888。

服务消费者会去监听相应路径（/ProductService/1.0.0），一旦路径上的数据有任何变化（增加或减少），ZooKeeper 都会通知服务消费方，服务提供者地址列表已经发生改变，从而进行更新。更为重要的是 ZooKeeper 与生俱来的容错容灾能力（比如 Leader 选举），可以确保服务注册表的高可用性。

第 **8** 章

微服务框架服务调用与容错

本章主要介绍服务调用的方式：同步调用、异步调用、并行调用、泛化调用等。

8.1　服务调用概述

在 3.1 节中，我们已经简单介绍了 RPC 框架的调用方式，其中就涉及服务调用的方式：同步调用和异步调用。服务调用方式按照不同的维度区分，有不同的命名方法，抛开技术不谈，我们还可以把服务调用分为 3 种：OneWay 模式（单向操作）、请求应答模式、回调模式（Call Back）。

1. OneWay 模式（单向操作）

简单来说，单向操作没有返回值，客户端只管调用，不管结果，例如消息通知，如图 8-1 所示。

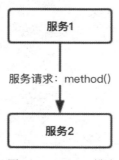

图 8-1　OneWay 模式

2. 请求应答模式

请求应答模式是默认的操作模式。这与经典的 C/S 编程类似，客户端发送请求，阻塞客户端进程，服务端返回操作结果，如图 8-2 所示。

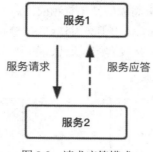

图 8-2　请求应答模式

3．回调模式

服务 1 调用服务 2，并立即收到响应。服务 2 处理服务 1 的业务请求，处理完成后调用服务 1 提供的回调接口，具体如图 8-3 所示。

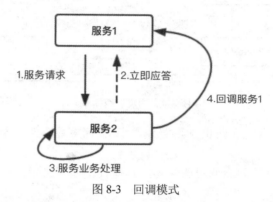

图 8-3　回调模式

8.2　服务调用方式

8.2.1　同步服务调用

同步调用是分布式微服务架构中最为常用的一种调用方式。客户端调用服务端方法，等待直到服务端返回结果或者超时，再继续自己的操作。同步调用结合 RPC 框架的工作原理如图 8-4 所示。

（1）服务 A 以本地调用方式调用服务 B（依赖服务 B 接口，以接口的方式调用）。

（2）客户端存根（Client Stub）接收到调用请求后，负责将方法、参数等组装成能够进行网络传输的消息体（将消息体对象序列化为二进制）。

（3）客户端通过 Sockets 将消息发送到服务端。

（4）服务端存根（Server Stub）收到消息后对消息进行解码（将消息对象反序列化）。

（5）服务端存根（Server Stub）根据解码结果调用本地的服务（利用反射原理）。

（6）服务 B 执行并将结果返回给服务端存根（Server Stub）。

（7）服务端存根（Server Stub）将返回结果打包成消息（将结果消息对象序列化）。

（8）服务端（Server）通过 Sockets 将消息发送到客户端。

（9）客户端存根（Client Stub）接收到结果消息，并进行解码（将结果消息反序列化）。

（10）服务 A 得到最终结果。

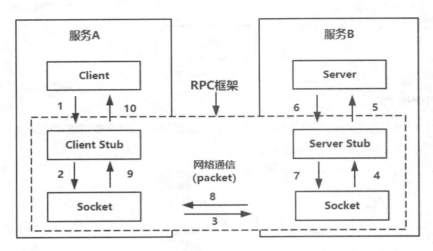

图 8-4　同步调用模式

需要注意的是，服务 A 为了防止服务端长时间不返回应答消息导致线程被挂死，服务 A 需要设置超时时间。

最后，我们来看简单的同步调用伪代码，具体代码如下所示：

```
/**
 * 描述：同步调用伪代码
 * @author ay
 * @date 2019-05-01
 */
public class SynCall {

    public static void main(String[] args) throws Exception{
        RpcService rpcService = new RpcService();
        //耗时 20ms
        Object rpcResult = rpcService.getRpcResult();
        HttpService httpService = new HttpService();
        //耗时 30ms
        Object httpResult = httpService.getHttpResult();
        //总耗时 50ms
    }
}

/**
 * RPC 服务
 */
class RpcService{
```

```
    public Object getRpcResult() throws Exception{
        //调用远程方法，耗时 20ms，使用 sleep 模拟
        Thread.sleep(20);
        return new Object();
    }
}

/**
 * Http 服务
 */
class HttpService{

    public Object getHttpResult() throws Exception{
        //调用远程方法，耗时 30ms，使用 sleep 模拟
        Thread.sleep(30);
        return new Object();
    }
}
```

8.2.2 异步服务调用

异步调用：客户端调用服务端方法，可不再等待服务端返回，直接继续自己的操作。异步服务调用结合 RPC 框架的原理如图 8-5 所示。

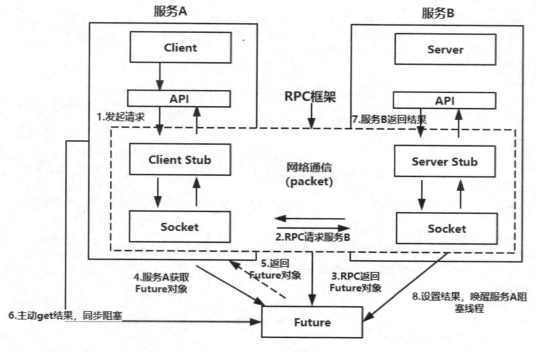

图 8-5 异步调用模式

（1）服务 A 以本地调用方式调用服务 B（依赖服务 B 接口，以接口的方式调用）。

（2）RPC 框架请求服务 B。

（3）RPC 同时会设置 Future 对象，设置到 RPC 上下文中。

（4）服务 A 获取 RPC 上下文中的 Future 对象。

（5）RPC 框架会返回 Future 对象。

（6）服务 A 会主动获取 Get 请求的结果，此时是同步阻塞。

（7）服务 B 返回请求结果给 RPC 框架。

（8）RPC 框架获取到服务 B 返回结果后，将结果设置到 Future 对象中，同时唤醒服务 A 的阻塞线程。

相对于同步调用的阻塞模式，图 8-5 异步调用模式步骤 6 的阻塞时间更短。我们再来看一段基于 Future 的异步调用伪代码：

```
/**
 * 描述：基于 Future 异步调用伪代码
 * @author ay
 * @date 2019-05-01
 */
public class FutureAsynCall {

    final static ExecutorService executor = Executors.newFixedThreadPool(2);

    public static void main(String[] args){

        RpcService rpcService = new RpcService();
        HttpService httpService = new HttpService();
        Future<Object> future1 = null;
        Future<Object> future2 = null;
        try{
            future1 = executor.submit(() ->{

                rpcService.getRpcResult();
            });

            future2 = executor.submit(() ->{

                Object httpResult = httpService.getHttpResult();
            });

            //耗时 20ms
            Object result1 = future1.get(3000);
            //耗时 30ms
            Object result2 = future2.get(3000);

            //总耗时 30ms
        }catch (Exception e){
            if(future1 != null){
                future1.cancel(Boolean.TRUE);
```

```
                }
                if(future2 != null){
                    future2.cancel(Boolean.TRUE);
                }
            }
        }
    }


/**
 * RPC 服务
 */
class RpcService{

    public Object getRpcResult() throws Exception{
        //调用远程方法，耗时 20ms，使用 sleep 模拟
        //Thread.sleep(20);
        return new Object();
    }
}

/**
 * Http 服务
 */
class HttpService{

    public Object getHttpResult() throws Exception{
        //调用远程方法，耗时 30ms，使用 sleep 模拟
        //Thread.sleep(30);
        return new Object();
    }
}
```

通过 Future 可以并发发出 N 个请求，然后等待最慢的一个返回，总响应时间为最慢的一个请求返回的时间。

在实际项目中，往往会扩展 JDK 的 Future，提供 Future-Listener 机制。我们以 Netty 的 Future 接口定义为例进行介绍，结合 RPC 框架，具体工作原理如图 8-6 所示。

（1）服务 A 以本地调用方式调用服务 B（依赖服务 B 接口，以接口的方式调用）。

（2）RPC 框架请求服务 B。

（3）RPC 同时会设置 Future 对象，设置到 RPC 上下文中。

（4）服务 A 获取 RPC 上下文中的 Future 对象。

（5）构造 Listener 对象，将其设置到 Future 对象中。

（6）服务 A 线程返回，不阻塞。

（7）服务 B 返回请求结果给 RPC 框架。

（8）RPC 框架获取到服务 B 返回结果后，将结果设置到 Future 对象中。

（9）Future 对象扫描注册监听器列表，循环调用监听器的 operationComplete 方法，将结果通知给监听器，监听器获取结果后，继续后续的业务逻辑的执行，异步调用结束。

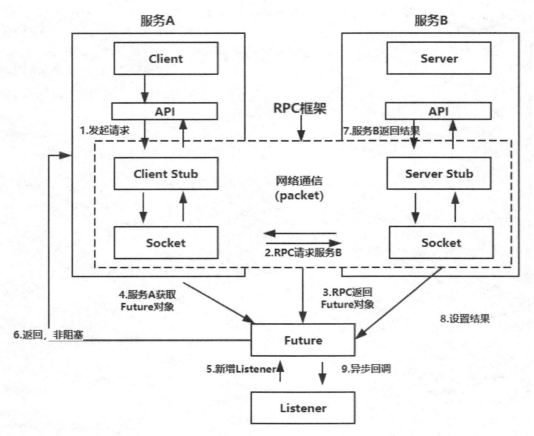

图 8-6　Future-Listener 原理

我们再来看一段基于 Future-Listener 的异步调用伪代码：

```
/**
 * 描述：Future-Listener 模式
 * @author ay
 * @date 2019-05-01
 */
public class FutureListenerAsynCall {

    final static ExecutorService executor = Executors.newFixedThreadPool(2);

    public static void main(String[] args){

        RpcService rpcService = new RpcService();
        Future<Object> future = null;
        try{
            future = executor.submit(() ->{
                rpcService.getRpcResult();
            });
            MyFutureListener myFutureListener = new MyFutureListener();
            future.addListener(myFutureListener);
```

```
        }catch (Exception e){
            if(future != null){
                future.cancel(Boolean.TRUE);
            }
        }
    }
}


/**
 * 自定义 FutureListener 实现类
 */
class MyFutureListener implements FutureListener{

    @Override
    public void operationComplete(Future future) throws Exception {
        Object obj = future.get();
        //继续执行相关的业务逻辑
    }
}


/**
 * RPC 服务
 */
class RpcService{

    public Object getRpcResult() throws Exception{
        //调用远程方法, 耗时 20ms, 使用 sleep 模拟
        //Thread.sleep(20);
        return new Object();
    }
}
```

上述代码中使用到 Netty 相关的依赖包, 如果项目是使用 Spring Boot 构建的（备注: 参考 2.2 节快速构建 Spring Boot 项目）, 就需要在 pom.xml 文件中添加 Netty 相关的依赖包, 具体代码如下所示:

```
<dependency>
    <groupId>org.springframework.boot</groupId>
    <artifactId>spring-boot-configuration-processor</artifactId>
    <optional>true</optional>
</dependency>
<dependency>
    <groupId>io.netty</groupId>
    <artifactId>netty-all</artifactId>
    <version>4.1.25.Final</version>
</dependency>
```

8.2.3 并行服务调用

随着业务的增加，服务越来越多，服务之间的调用也越来越复杂，原本一个服务中一次请求就可以完成的工作，现在可能被分散在多个服务中，一次请求需要多个服务的响应。这样就会放大 RPC 调用延迟带来的副作用，影响系统的高性能需求。

例如，一个 RPC 接口中需要依赖另外 3 个 RPC 服务，各 RPC 服务的响应时间分别是 20ms、10ms、10ms，那么这个接口的对外系统依赖耗时 40ms。如果接口依赖越多，响应时间就会越长。

对此，需要在业务范围内进行性能优化，优化思路有两种：

（1）对于 RPC 接口调用，不需要关心接口的返回值，可以采用异步 RPC 调用。

（2）如果依赖 RPC 接口返回值，并且连续调用的多个 RPC 接口之间没有依赖关系，执行先后顺序没有严格的要求，那么可以采用并行化处理。

并行服务调用原理：一次同时发起多个服务调用，先做流程的 Fork，再利用 Future 等主动等待获取结果，进行结果聚合（Join）。

在 JDK 8 中，CompletableFuture 提供了非常强大的 Future 的扩展功能，可以帮助我们简化异步编程的复杂性，并且提供了函数式编程的能力，可以通过回调的方式处理计算结果，也提供了转换和组合 CompletableFuture 的方法。

```java
/**
 * 描述：CompletableFuture
 *
 * @author ay
 * @date 2019-05-01
 */
public class CompletableFutureAsynCall {

    public static void main(String[] args) throws Exception{
        RpcService1 rpcService = new RpcService1();
        RpcService2 rpcService2 = new RpcService2();
        RpcService3 rpcService3 = new RpcService3();

        CompletableFuture<Object> future1 = rpcService.getRpcResult();
        CompletableFuture<Object> future2 = rpcService2.getRpcResult();
        CompletableFuture<Object> future3 = rpcService3.getRpcResult();
        CompletableFuture<List> list = CompletableFuture.allOf(future1,
future2, future3)
                .thenApplyAsync((Void) ->{
                    List result = new ArrayList();
                    try{
                        result.add(future1.get());
                        result.add(future2.get());
                        result.add(future3.get());
                        return result;
                    }catch (Exception e){
                        return Collections.EMPTY_LIST;
```

```
            }
        }).exceptionally(e ->{
            //处理异常
            return null;
        });
    }
}


/**
 * RPC 服务 1
 */
class RpcService1{

    public CompletableFuture<Object> getRpcResult() throws Exception{
        //调用远程方法，耗时 20ms，使用 sleep 模拟
        //Thread.sleep(20);
        CompletableFuture<Object> completableFuture = null;
        return completableFuture;
    }
}
/**
 * RPC 服务 2
 */
class RpcService2{

    public CompletableFuture<Object> getRpcResult() throws Exception{
        //调用远程方法，耗时 20ms，使用 sleep 模拟
        //Thread.sleep(20);
        CompletableFuture<Object> completableFuture = null;
        return completableFuture;
    }
}


/**
 * RPC 服务 3
 */
class RpcService3{

    public CompletableFuture<Object> getRpcResult() throws Exception{
        //调用远程方法，耗时 20ms，使用 sleep 模拟
        //Thread.sleep(20);
        CompletableFuture<Object> completableFuture = null;
        return completableFuture;
    }
}
```

上述例子中对 3 个 RPC 服务接口异步并发调用，通过 thenApplyAsync 对结果进行合并处理，不阻塞主进程。

8.2.4 泛化调用

分布式服务框架可以通过提供泛化接口供服务提供者实现和服务消费者引用，例如：

```
/**
 * 描述：泛化接口
 *
 * @author ay
 * @date 2019-05-01
 */
public interface GenericService {

    Object invoke(Object instance, String methodName,Object... arguments)
throws Exception;

    public static void main(String[] args) throws Exception{
        GenericService productService = (GenericService)
applicationContext.getBean("productService");
        Object result = productService.invoke(productService, "sayHello", new
String[] { "java.lang.String" });

    }
}

/**
 * 商品实现类
 */
class ProductService implements GenericService{

    @Override
    public Object invoke(Object instance, String methodName,
                    Object... arguments) throws Exception {
        //根据 methodName 调用 ProductService 类中的对应方法
        return null;
    }
}
```

上述实例中，ProductService 实现泛化接口 GenericService，并实现 invoke 方法，在 main 函数中调用泛化接口。泛化调用通常在测试中被用到，比如 Mock 框架等。

第9章

分布式微服务封装与部署

本章主要回顾 Docker 容器化技术，包括 Docker 的基本概念、Docker 架构、Docker 的安装、Docker 的常用命令、Docker 构建镜像以及如何通过 Docker 技术将 Spring Boot 应用容器化。最后，介绍微服务部署的几种方式：蓝绿部署、滚动发布以及灰度发布/金丝雀部署等。

9.1 微服务封装技术

9.1.1 Docker 概述

Docker 是一个开源的应用容器引擎，基于 Go 语言并遵从 Apache 2.0 协议开源。Docker 可以让开发者打包他们的应用以及依赖包到一个轻量级、可移植的容器中，然后发布到任何流行的 Linux 机器上，也可以实现虚拟化。容器完全使用沙箱机制，相互之间不会有任何接口，更重要的是容器性能开销极低。

作为一种新兴的虚拟化方式，Docker 跟传统的虚拟化方式相比具有众多的优势：

1．高效利用系统资源

由于容器不需要进行硬件虚拟以及运行完整操作系统等额外开销，因此 Docker 对系统资源的利用率更高。无论是应用执行速度、内存损耗或者文件存储速度，都要比传统虚拟机技术更高效。因此，相比虚拟机技术，一个相同配置的主机往往可以运行更多数量的应用。

2．快速的启动时间

传统的虚拟机技术启动应用服务往往需要数分钟，而 Docker 容器应用由于直接运行于宿主内核，无须启动完整的操作系统，因此可以做到秒级甚至毫秒级的启动时间，大大节约了开发、测试、部署的时间。

3．一致的运行环境

开发过程中一个常见的问题是环境一致性问题。由于开发环境、测试环境、生产环境不一致，因此导致有些 Bug 并未在开发过程中被发现。而 Docker 的镜像提供了除内核外完整的运行时环境，确保了应用运行环境的一致性，从而不会再出现"这段代码在我的机器上没问题啊"这类问题。

4．持续交付和部署

对开发和运维人员来说，最希望的就是一次创建或配置可以在任意地方正常运行。使用 Docker 可以通过定制应用镜像来实现持续集成、持续交付和部署。开发人员可以通过 Dockerfile 来进行镜像构建，并结合持续集成（Continuous Integration）系统进行集成测试，而运维人员则可以直接在生产环境中快速部署该镜像，甚至结合持续部署（Continuous Delivery/Deployment）系统进行自动部署。而且使用 Dockerfile 使镜像构建透明化，不仅开发团队可以理解应用运行环境，还可以方便运维团队理解应用运行所需条件，帮助用户更好地在生产环境中部署该镜像。

5．迁移简单

由于 Docker 确保了执行环境的一致性，因此使得应用的迁移更加容易。Docker 可以在很多平台上运行，无论是物理机、虚拟机、公有云、私有云，甚至是笔记本，其运行结果是一致的。因此，用户可以很轻易地将在一个平台上运行的应用迁移到另一个平台上，而不用担心运行环境的变化导致应用无法正常运行的情况。

6．容易维护和扩展

Docker 使用的分层存储以及镜像的技术使得应用重复部分的复用更为容易，也使得应用的维护更新更加简单，基于基础镜像进一步扩展镜像也变得非常简单。此外，Docker 团队同各个开源项目团队一起维护了一大批高质量的官方镜像，既可以直接在生产环境使用，又可以作为基础进一步定制，大大地降低了应用服务的镜像制作成本。

当需要在宿主机器上运行一个虚拟操作系统时，往往需要安装虚拟软件，如 Oracle VirtualBox 或者 VMware。然后，在虚拟软件上安装操作系统的时候，虚拟机软件需要模拟 CPU、内存、I/O 设备和网络资源等，为了能运行应用程序，除了需要部署应用程序本身及其依赖外，还需要安装整个操作系统和驱动，会占用大量的系统开销。下面简单对比一下传统虚拟机和 Docker，具体见表 9-1。

表 9-1　Docker 容器与虚拟机对比

特性	Docker 容器	虚拟机
性能	接近原生	弱于原生
启动	秒级	分钟级
占用的硬盘存储空间	一般为 MB	一般为 GB
系统支持量	单机支持上千个容器	一般几十个

从表 9-1 中的数据来看，虚拟机和 Docker 容器虽然可以提供相同的功能，但是优缺点显而易见。

9.1.2　Docker 的基本概念

下面我们来理解 Docker 的 4 个基本概念：镜像（Image）、容器（Container）、仓库（Repository）、镜像注册中心（Docker Registry）。

1．镜像

Docker 镜像可以理解为一个 Linux 文件系统，Docker 镜像是一个特殊的文件系统，除了提供容器运行时所需的程序、库、资源、配置等文件外，还包含一些为运行时准备的一些配置参数（如匿名卷、环境变量、用户等）。

2．容器

镜像和容器的关系就像是面向对象程序设计中的类和实例一样，镜像是静态的定义，容器是镜像运行时的实体。容器可以被创建、启动、停止、删除、暂停等。

容器可以拥有自己的 root 文件系统、自己的网络配置、自己的进程空间，甚至自己的用户 ID 空间。容器内的进程运行在一个隔离的环境里，使用起来就好像是在一个独立于宿主的系统下操作一样。这种特性使得容器封装的应用比直接在宿主中运行更加安全。

3．仓库与镜像注册中心

镜像构建完成后，如果需要在其他服务器上使用这个镜像，就需要一个集中存储、分发镜像的服务，镜像注册中心就是这样的服务。

一个镜像注册中心可以包含多个仓库，每个仓库可以包含多个标签（Tag），每个标签对应一个镜像。通常，一个仓库会包含同一个软件不同版本的镜像，而标签就常用于对应该软件的各个版本。我们可以通过<仓库名>:<标签>的格式来指定具体是这个软件哪个版本的镜像。如果不给出标签，就以 latest 作为默认标签。

Docker 官方提供了一个名为 Docker Hub 的镜像注册中心，用于存放公有和私有的 Docker 镜像仓库。我们可以通过 Docker Hub 下载 Docker 镜像，也可以将自己创建的 Docker 镜像上传到 Docker Hub 上。Docker Hub 的地址为 https://hub.docker.com/。

9.1.3　Docker 架构

我们先来了解 Docker 引擎。Docker 引擎可以理解为一个运行在服务器上的后台进程。Docker 引擎主要包括三大组件，如图 9-1 所示。

- Docker 后台服务（Docker Daemon）：长时间运行在后台的守护进程，是 Docker 的核心服务，可以通过命令 dockerd 与它交互通信。
- REST 接口（REST API）：程序可以通 REST 的接口来访问后台服务，或向它发送操作指令。
- 交互式命令行界面（Docker CLI）：我们使用命令行界面与 Docker 进行交互，例如以 docker 开头的所有命令的操作。而命令行界面是通过调用 REST 的接口来控制和操作 Docker 后台服务的。

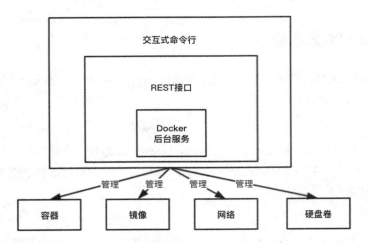

图 9-1　Docker 引擎三大组件架构图

我们来看 Docker 官方文档中的一张架构图，如图 9-2 所示。

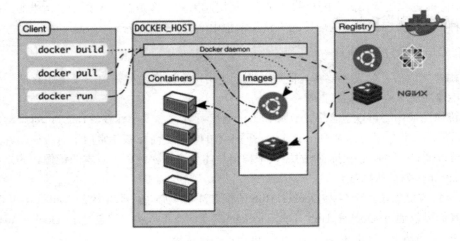

图 9-2　Docker 系统架构

- Docker 客户端（Docker Client）：与 Docker 后台服务交互的主要工具，在使用 docker run 命令时，客户端把命令发送到 Docker 后台服务，再由后台服务执行该命令。我们可以使用 docker build 命令创建 Docker 镜像，可以使用 docker pull 命令拉起 Docker 镜像，可以使用 docker run 命令运行 Docker 镜像，从而启动 Docker 容器。
- Docker Host：表示运行 Docker 引擎的宿主机，包括 Docker Daemon 后台进程，可通过该进程创建 Docker 镜像，并在 Docker 镜像上启动 Docker 容器。
- Registry：表示 Docker 官方镜像注册中心，包含大量的 Docker 镜像仓库，可通过 Docker 引擎拉取所需的 Docker 镜像到宿主机上。

9.1.4　Docker 的安装

Docker 分为两个版本：社区版（Community Edition，CE）和企业版（Enterprise Edition，EE）。Docker 社区版主要提供给开发者学习和练习，而企业版主要提供给企业级开发和运维团队用于对线上产品进行编译、打包和运行，有很高的安全性和扩展性。Docker 的社区版和企业版都支持 Linux、Cloud、Windows 和 Mac OS 平台等。这里我们以 Mac OS 操作系统为例演示 Docker 的安装，具体步骤如下所示。

步骤01 下载 Mac 版本的 Docker 安装器，下载地址为 https://download.docker.com/mac/stable/Docker.dmg，本书使用 17.03 版本。

步骤02 双击 Docker.dmg 文件进行安装，拖曳蓝鲸图标到应用程序目录，具体如图 9-3 所示。

图 9-3　Docker 安装界面

步骤03 在应用程序中双击 Docker 程序启动 Docker，程序会提示获取访问权限，然后输入系统密码即可。此时在状态栏会显示一个小蓝鲸图标，如图 9-4 所示。

步骤04 单击状态栏上的小蓝鲸图标会弹出一个菜单项，如图 9-5 所示。选择 Restart 可以重启 Docker 服务，选择 About Docker 可以查看当前 Docker 的版本信息，选择 Preferences...可以对 Docker 进行一些特定的设置。

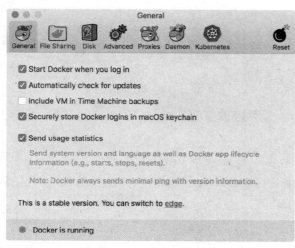

图 9-4　Docker 设置界面

图 9-5　Docker Preferences 设置界面

步骤05 至此，我们已成功安装和运行 Docker。

9.1.5 Docker 的常用命令

Docker 安装成功后，接下来我们学习 Docker 的常用命令。

1. 查看版本信息

```
### 查看 Docker 版本
➜ docker --version
Docker version 18.06.1-ce, build e68fc7a
### 查看 Docker 的更多信息
➜  docker version
Client:
 Version:        18.06.1-ce
 API version:    1.38
 Go version:     go1.10.3
 Git commit:     e68fc7a
 Built:          Tue Aug 21 17:21:31 2018
 OS/Arch:        darwin/amd64
 Experimental:   false


Server:
 Engine:
  Version:       18.06.1-ce
  API version:   1.38 (minimum version 1.12)
  Go version:    go1.10.3
  Git commit:    e68fc7a
  Built:         Tue Aug 21 17:29:02 2018
  OS/Arch:       linux/amd64
  Experimental:  true
```

2. 镜像相关命令

使用 docker images 查看本地镜像：

```
### 查看本地镜像
➜  docker images
REPOSITORY             TAG          IMAGE ID            CREATED             SIZE
centos                 latest       1e1148e4cc2c        8 weeks ago         202MB
jenkinsci/jenkins      latest       b589aefe29ff        2 months ago        703MB
```

REPOSITORY：表示镜像仓库名称。

TAG：表示标签名称，latest 表示最新版本。

IMAGE ID：镜像 ID，唯一的，这里我们可以看到 12 位字符串，实际上它是 64 位完整镜像 ID 的缩略表达式。

CREATE：表示镜像的创建时间。

SIZE：表示镜像的字节大小。

如果想拉取 Docker Hub 中的镜像，那么可以使用 docker pull 命令，具体代码如下所示：

```
### 从 Docker Hub 拉取 tomcat 镜像
➜  docker pull tomcat
Using default tag: latest
latest: Pulling from library/tomcat
ab1fc7e4bf91: Pull complete
35fba333ff52: Pull complete
f0cb1fa13079: Pull complete
3d79c18d1bc0: Pull complete
ff1d0ae4641b: Pull complete
8883e662573f: Pull complete
adab760d76bd: Pull complete
86323b680e93: Pull complete
14a2c1cdce1c: Pull complete
ee59bf8c5470: Pull complete
067f988306af: Pull complete
Digest:
sha256:ca621745cd6f7b2511970b558b4bc6501b0997ea4b6328b3902c0a9d67ee8ddf
Status: Downloaded newer image for tomcat:latest
```

如果想在 Docker Hub 中搜索镜像，那么可以使用 docker search 命令，具体代码如下所示：

```
### 搜索 tomcat 镜像
➜  docker search tomcat
NAME          DESCRIPTION          STARS          OFFICIAL
AUTOMATED
tomcat Apache Tomcat is an open source implementati…  2271          [OK]
tomee   Apache TomEE is an all-Apache Java EE certif…  60          [OK]
dordoka/tomcat   Ubuntu 14.04, Oracle JDK 8 and Tomcat 8 base…  52          [OK]
davidcaste/alpine-tomcat    Apache Tomcat 7/8 using Oracle Java 7/8 with…  34
[OK]
... 省略内容
```

NAME：表示镜像名称。

DESCRIPTION：表示镜像仓库的描述。

STARS：表示镜像仓库的收藏数，用户可以在 Docker Hub 上对镜像仓库进行收藏，一般可以通过收藏数判断该镜像的受欢迎程度。

OFFICIAL：表示是否为官方仓库，官方仓库具有更高的安全性。

AUTOMATED：表示是否自动构建镜像仓库，用户可以将自己的 Docker Hub 绑定到 GitHub 账号上，当代码提交后，可自动构建镜像仓库。

如果我们想导入/导出镜像，那么可以使用 docker save 或者 docker load 命令，具体代码如下所示：

```
### 导出 centos 镜像为一个 tar 文件，若不指定导出的 tar 路径，则默认为当前目录
➜  docker save centos > centos.jar
```

导出的 CentOS 镜像包文件可随时在另一台 Docker 机器导入，命令如下所示：

```
➜  docker load < centos.jar
```

如果想删除镜像，那么可以使用 docker rm 命令，具体代码如下所示：

```
### 删除镜像，镜像 ID 为 3b6d83b7b6e8
➜ docker rmi 3b6d83b7b6e8
Untagged: harbor.meitu-int.com/library/meitu-tomcat-centos7:8.5.5
Untagged: harbor.meitu-int.com/library/meitu-tomcat-centos7@sha256:
11c06a560f90dde859e72a84826faadffbf3eff6a2a097d3fbd21b80ad7c9e5b
Deleted: sha256:
3b6d83b7b6e896041b12bc7c057539c0c5a7ae6606d7da32d9d2491427fb02da
Deleted: sha256:
9c197a80cdc1c6394e486c1e6e9c0659d4818d36d91dbcca48f97290652884fc
Deleted: sha256:
6e90a04b31888bc7be6a8b11fcd65b1dcaa187ccecaa86ee77a82d82084092c0
Deleted: sha256:
563db4d832259cce189af4a8f8d5055b11e7463ea804a4d345c8a3eda48536ad
Deleted: sha256:
29c44132179f678ff7638afa185c1e9ac2da3fd09ae5d13c0053a54055603d03
Deleted: sha256:
8739ec81aa64f7b0928890424b8adbeaed1ccda01685878efb92455657d981ec
Deleted: sha256:
88d9fdb1acd458424c06679e4b3e201f9f44f2c2baa35c0fdc3d7668cce026df
Deleted: sha256:
d1be66a59bc56bb90e92c3d4742ce73dcb5f62acc6e92de55039e21957ed5d23
```

3. 容器相关命令

如果想查看运行的容器，那么可以使用如下命令：

```
### 查看运行的容器，由于我们还没启动任何容器，故没有相关的记录
➜ docker ps
CONTAINER ID    IMAGE    COMMAND    CREATED    STATUS    PORTS    NAMES
### 列出最近创建的容器，包括所有的状态
➜ docker ps -l
CONTAINER ID    IMAGE    COMMAND    CREATED    STATUS    PORTS    NAMES
7735516adfbc    centos    "/bin/bash"  10 minutes ago  Exited (127) 6 seconds ago
cocky_mahavira
### 列出所有的容器，包括所有的状态
➜ docker ps -a
CONTAINER ID  IMAGE      COMMAND    CREATED    STATUS    PORTS    NAMES
7735516adfbc  centos    "/bin/bash"  12 minutes ago Exited (127) 2 minutes ago
cocky_mahavira
1db7702d3fb7  centos    "/bin/bash"  17 minutes ago Exited (0) 16 minutes ago
adoring_knuth
3eb65674f664  hello-world  "/bin/bash"  17 minutes ago  Created    pensive_saha
06f90bf8759f  centos  "/bin/bash"   6 weeks ago Exited (0) 6 weeks ago
epic_snyder
6afa1f4ddbd7  centos    "-i -t /bin/bash"  6 weeks ago  Created
### -q 表示仅列出 CONTAINER ID
➜ docker ps -a -q
```

CONTAINER ID：表示容器 ID。

IMAGE：表示镜像名称。

COMMAND：表示启动容器运行的命令，Docker 容器要求我们在启动容器时运行一个命令。

CREATE：表示容器创建的时间。

STATUS：表示容器运行的状态，例如 UP 表示运行中，Exited 表示已退出。

PORTS：表示容器需要对外暴露的端口。

NAMES：表示容器的名称，由 Docker 引擎自动生成，也可以在 docker run 命令中通过 --name 选项来指定。

如果想创建并启动容器，那么可以使用如下命令：

```
### 启动 centos 容器，并进入到容器里
➜  docker run -i -t centos /bin/bash
[root@d666c2e2d235 /]#
```

-i 选项：表示启动容器后，打开标准输入设备（STDIN），可使用键盘进行输入。

-t 选项：表示启动容器后，分配一个伪终端，将与容器建立会话。

centos 参数：表示要运行的镜像名称，标准格式为 centos:latest，若为 latest 版本，则可省略 latest。

/bin/bash 参数：表示运行容器中的 bash 应用程序。

> **注　意**
>
> 上述命令首先从本地获取 CentOS 镜像，若本地没有此镜像，则从 Docker Hub 拉取 CentOS 镜像并放入本地，随后根据 CentOS 镜像创建并启动 CentOS 容器。

除了使用该命令创建和进入容器外，我们还可以使用如下命令进入运行中的容器：

```
### 进入启动中的容器，但是不能进入已停止的容器
➜  docker attach d666c2e2d235
### root 表示以超级管理员身份进入容器，d666c2e2d235 表示容器的 ID，/表示当前路径
[root@d666c2e2d235 /]#
```

还可以使用如下命令让运行中的容器执行具体命令：

```
### d666c2e2d235 容器 ID，ls -l 表示列出容器中当前的目录结构
➜  docker exec -i -t d666c2e2d235 ls -l
total 56
-rw-r--r--   1 root root 12076 Dec  5 01:37 anaconda-post.log
lrwxrwxrwx   1 root root     7 Dec  5 01:36 bin -> usr/bin
drwxr-xr-x   5 root root   360 Feb  1 04:09 dev
drwxr-xr-x   1 root root  4096 Feb  1 04:09 etc
drwxr-xr-x   2 root root  4096 Apr 11 2018 home
lrwxrwxrwx   1 root root     7 Dec  5 01:36 lib -> usr/lib
lrwxrwxrwx   1 root root     9 Dec  5 01:36 lib64 -> usr/lib64
drwxr-xr-x   2 root root  4096 Apr 11 2018 media
drwxr-xr-x   2 root root  4096 Apr 11 2018 mnt
drwxr-xr-x   2 root root  4096 Apr 11 2018 opt
dr-xr-xr-x 166 root root     0 Feb  1 04:09 proc
dr-xr-x---   2 root root  4096 Dec  5 01:37 root
drwxr-xr-x  11 root root  4096 Dec  5 01:37 run
lrwxrwxrwx   1 root root     8 Dec  5 01:36 sbin -> usr/sbin
drwxr-xr-x   2 root root  4096 Apr 11 2018 srv
dr-xr-xr-x  13 root root     0 Feb  1 04:09 sys
```

```
drwxrwxrwt   7 root root  4096 Dec  5 01:37 tmp
drwxr-xr-x  13 root root  4096 Dec  5 01:36 usr
drwxr-xr-x  18 root root  4096 Dec  5 01:36 var
```

可以使用 docker stop 和 docker kill 命令停止或者终止容器，具体代码如下所示：

```
### 停止运行中的容器，d666c2e2d235 为容器 ID
➜  docker stop d666c2e2d235
d666c2e2d235
### 再次创建和启动容器
➜  docker run -i -t centos /bin/bash
[root@fd35f5e95fe9 /]# %
### 终止运行中的容器，fd35f5e95fe9 为容器 ID
➜  docker kill fd35f5e95fe9
fd35f5e95fe9
```

可以使用 docker start 和 docker restart 命令启动或者重启容器，具体代码如下所示：

```
### 启动已停止的容器，fd35f5e95fe9 为容器 ID
➜  docker start fd35f5e95fe9
fd35f5e95fe9
### 重启运行中的容器，fd35f5e95fe9 为容器 ID
➜  docker restart fd35f5e95fe9
fd35f5e95fe9
```

可以使用 docker rm 命令来删除已经停止的容器，具体代码如下所示：

```
### 停止容器 ID 为 fd35f5e95fe9 的容器
➜  docker stop fd35f5e95fe9
fd35f5e95fe9
### 删除已停止的容器，fd35f5e95fe9 为容器 ID
➜  docker rm  fd35f5e95fe9
fd35f5e95fe9
###强制删除所有运行中的容器，docker ps -a -q 命令将返回所有的容器 ID
➜  docker rm -f $(docker ps -a -q)
```

如果想导入/导出容器，那么可以使用 docker import 或者 docker export 命令，具体代码如下所示：

```
### 导出容器为 TAR 文件，若不指定导出的 tar 路径，则默认为当前目录
➜  docker export 913111e2d596 > centos.tar
```

导出的 CentOS 容器包可随时在另一台 Docker 机器上导入为镜像，具体命令如下所示：

```
➜  docker import centos.jar  centos:latest
```

9.1.6　制作镜像

上一节我们已经学习了如何使用 docker 命令来操作镜像和容器，这一节我们将学习如何制作 Java 运行环境的镜像，并在此镜像上启动 Java 容器，具体步骤如下所示：

步骤01　下载 JDK 安装包，下载地址为 https://www.oracle.com/technetwork/java/javase/

downloads/jdk11-downloads-5066655.html。这里使用的 JDK 版本为 jdk-11.0.2_linux-x64_bin.tar.gz。

步骤02 拉取 CentOS 镜像，并启动 CentOS 容器，具体命令如下所示：

```
### 拉取 centos 镜像
➜ docker pull centos
### 启动 centos 容器
➜ docker run -i -t -v /Users/ay/Downloads:/mnt/ centos /bin/bash
### 查看路径是否挂载成功
[root@8326ca477b44 /]# ll /mnt/
total 950688
-rw-r--r-- 1 root root 179640645 Feb  1 06:00 jdk-11.0.2_linux-x64_bin.tar.gz

... 省略大量代码
```

-v 选项：-v 在 Docker 中称为数据卷（Data Volume），用于将宿主机上的磁盘挂载到容器中，格式为："宿主机路径：容器路径"，需要注意的是宿主机路径可以是相对路径，但是容器的路径必须是绝对路径。可以多次使用 -v 选项，同时挂载多个宿主机路径到容器中。

/Users/ay/Downloads:/mnt/：/Users/ay/Downloads 为宿主机 JDK 安装包的存放路径，/mnt/为 CentOS 容器的目录。

步骤03 在 CentOS 容器的/mnt/目录下解压安装包并安装 JDK，具体命令如下所示：

```
### 将压缩包解压到 /opt 目录下
[root@8326ca477b44 /]# tar -zxf /mnt/jdk-11.0.2_linux-x64_bin.tar.gz  -C /opt
```

设置环境变量：

```
### 设置环境变量，进入 profile 文件
[root@8326ca477b44 bin]# vi /etc/profile
```

在 profile 文件末尾添加如下设置：

```
### JAVA_HOME 是 Java 的安装路径
JAVA_HOME=/opt/jdk-11.0.2
PATH=$JAVA_HOME/bin:$PATH:.
CLASSPATH=$JAVA_HOME/lib/tools.jar:$JAVA_HOME/lib/dt.jar:.
export JAVA_HOME
export PATH
export CLASSPATH
```

执行 source 命令，让设置生效：

```
[root@8326ca477b44 bin]# source /etc/profile
```

最后验证 JDK 是否安装成功：

```
### 查看 JDK 是否安装成功，从输出的信息可知 JDK 安装成功
[root@8326ca477b44 /]# java -version
java version "11.0.2" 2019-01-15 LTS
Java(TM) SE Runtime Environment 18.9 (build 11.0.2+9-LTS)
Java HotSpot(TM) 64-Bit Server VM 18.9 (build 11.0.2+9-LTS, mixed mode)
```

步骤04 再打开一个命令行终端，通过 docker commit 命令提交当前容器为新的镜像，具体代码如下所示：

```
### 查看当前运行的容器
➜ docker ps
CONTAINER ID  IMAGE    COMMAND      CREATED      STATUS      PORTS    NAMES
8326ca477b44  centos   "/bin/bash"  2 hours ago  Up 2 hours           infallible_kare
### 提交当前容器为新的镜像
➜ docker commit 8326ca477b44 hwy/centos
sha256:324e55254ad9baa74477c08333bed2978e72051b7d3f77c957b773d25cfbe7c7
### 查看当前镜像，可知镜像已经成功生成
➜ docker images
REPOSITORY     TAG           IMAGE ID          CREATED            SIZE
hwy/centos     latest        324e55254ad9      5 seconds ago      504MB
```

步骤05 验证生成的镜像是否可用，具体命令如下所示：

```
➜ docker run --rm hwy/centos /opt/jdk-11.0.2/bin/java -version
java version "11.0.2" 2019-01-15 LTS
Java(TM) SE Runtime Environment 18.9 (build 11.0.2+9-LTS)
Java HotSpot(TM) 64-Bit Server VM 18.9 (build 11.0.2+9-LTS, mixed mode)
```

上述命令中，我们在 hwy/centos 镜像上启动一个容器，并在容器目录/opt/jdk-11.0.2/bin/下执行命令 java -version，可以看到命令行终端输出 JDK 版本号相关信息。

需要注意的是，上面的命令添加了一个 --rm 选项，该选项表示容器退出时可自动删除容器。

步骤06 至此，手工制作 Docker 镜像已完成。

9.1.7　使用 Dockerfile 构建镜像

从刚才的 docker 命令学习中，我们可以了解到，镜像的定制实际上就是定制每一层所添加的设置和文件。如果我们可以把每一层修改、安装、构建、操作的命令都写入一个脚本，就用这个脚本来构建、定制镜像，实现整个过程的自动化，提高效率，减少错误。这个脚本就是 Dockerfile。

Dockerfile 是一个文本文件，其内包含一条条指令（Instruction），每一条指令构建一层，因此每一条指令的内容就是用于描述该层应当如何构建的。下面我们创建一个空白文件，文件名为 Dockerfile，并学习 Dockerfile 指令。

1. From 指令

定制镜像一定是以一个镜像为基础的，在其上进行定制。就像我们之前运行了一个 CentOS 镜像的容器，再进行修改一样，基础镜像是必须指定的。而 FROM 命令就是用于指定基础镜像，因此一个 Dockerfile 中的 FROM 是必备的指令，并且必须是第一条指令，例如：

```
FROM centos:latest
```

FROM 命令的值有固定的格式，即"仓库名称：标签名"，若使用基础镜像的最新版本，则 latest 标签名可以省略，否则需指定基础镜像的具体版本。

2. MAINTAINER 指令

MAINTAINER 用于设置该镜像的作者，具体格式：MAINTAINER <author name>，例如：

```
### 建议使用"姓名+邮箱"的形式
MAINTAINER "hwy"<huangwenyi10@163.com>
```

3. ADD 指令

复制文件指令。它有两个参数：<source> 和 <destination>。source 参数为宿主机的来源路径；destination 是容器内的路径，必须为绝对路径。语法：ADD <src> <destination>，例如：

```
### 添加 JDK 安装包到容器的 /opt 目录下
ADD /Users/ay/Downloads/jdk-11.0.2_linux-x64_bin.tar.gz /opt
```

ADD 指令将自动解压来源中的压缩包，将解压后的文件复制到目标目录（/opt）中。

4. RUN 指令

RUN 指令用来执行一系列构建镜像所需要的命令。如果需要执行多条命令，那么可以使用多条 RUN 指令：

```
### 执行 Shell 命令
RUN echo 'hello ay...'
RUN ls -1
...
```

Dockerfile 中每一个指令都会建立一层，RUN 指令也不例外。每一个 RUN 的行为就和刚才我们手工建立镜像的过程一样，新建立一层，在其上执行这些命令，构成新的镜像。上面的这种写法创建了多层镜像，这是完全没有意义的。结果就是产生非常臃肿、非常多层的镜像，不仅增加了构建部署的时间，还很容易出错。这是很多初学 Docker 的人常犯的一个错误。

5. CMD 指令

CMD 指令提供了容器默认的执行命令。Dockerfile 只允许使用一次 CMD 指令。使用多个 CMD 指令会抵消之前所有的指令，只有最后一个指令生效。CMD 指令有以下 3 种形式：

```
CMD ["executable","param1","param2"]
CMD ["param1","param2"]
CMD command param1 param2
```

例如，使用如下指令在容器启动时输出 Java 版本：

```
### 容器启动时执行的命令
CMD /opt/jdk-11.0.2/bin/java -version
```

熟悉 Dockerfile 文件指令后，下面我们使用 Dockerfile 构建一个 Java 镜像，具体步骤如下：

步骤01　创建 Dockerfile 文件，并编辑 Dockerfile 文件。

```
### 创建 Dockerfile 文件
➜  touch Dockerfile
### 编辑 Dockerfile 文件
➜  vi Dockerfile
```

步骤02 在 Dockerfile 文件中添加如下命令，这些命令都是之前学习 Dockerfile 指令用到的。

```
FROM centos:latest
MAINTAINER "hwy"<huangwenyi10@163.com>
ADD jdk-11.0.2_linux-x64_bin.tar.gz /opt
RUN echo 'hello ay...'
CMD /opt/jdk-11.0.2/bin/java -version
```

注　意

将 Dockerfile 文件与需要添加到容器的文件放在同一个目录下。

步骤03 使用 docker build 命令读取 Dockerfile 文件，并构建镜像，具体代码如下所示：

```
→  docker build -t hwy/java .
Sending build context to Docker daemon   3.93GB
Step 1/5 : FROM centos:latest
 ---> 1e1148e4cc2c
Step 2/5 : MAINTAINER "hwy"<huangwenyi10@163.com>
 ---> Using cache
 ---> 73995a7ca61c
Step 3/5 : ADD jdk-11.0.2_linux-x64_bin.tar.gz /opt
 ---> 04af6e71825b
Step 4/5 : RUN echo 'hello ay...'
 ---> Running in c38c408bb558
hello ay...
Removing intermediate container c38c408bb558
 ---> 8e7585ee324d
Step 5/5 : CMD ·/opt/jdk-11.0.2/bin/java -version
 ---> Running in 9d10dbefcf6c
Removing intermediate container 9d10dbefcf6c
 ---> 94ad1fba6c86
Successfully built 94ad1fba6c86
Successfully tagged hwy/java:latest
```

-t 选项：用于指定镜像的名称，并读取当前目录（.目录）中的 Dockerfile 文件。

从输出信息可知，执行 docker build 命令后，首先构建上下文发送到 Docker 引擎中，该上下文所包含的字节大小为 3.93GB。随后通过 5 个步骤来完成镜像的构建工作，在每个步骤中都会输出对应的 Dockerfile 命令，而且每个步骤都会生成一个"中间容器"与"中间镜像"，例如步骤 5：

```
Step 5/5 : CMD ·/opt/jdk-11.0.2/bin/java -version
### 生成中间容器
 ---> Running in 9d10dbefcf6c
### 删除中间容器
Removing intermediate container 9d10dbefcf6c
### 创建一个中间镜像
 ---> 94ad1fba6c86
```

当执行完命令 CMD /opt/jdk-11.0.2/bin/java -version 后，将生成一个中间容器，容器 ID 为

9d10dbefcf6c，接着从该容器中创建一个中间镜像，镜像 ID 为 94ad1fba6c86，最后将中间容器删除。

注　意
并不是每个步骤都会生成中间容器，但是每个步骤一定会产生中间镜像。这些中间镜像将加入缓存中，当某一个构建步骤失败时，将停止整个构建过程，但是中间镜像仍然会存放在缓存中，下次再次构建时，直接从缓存中获取中间镜像，而不会重复执行之前已经构建成功的步骤。

步骤04 查看生成的 Docker 镜像：

```
### 查看生成的 docker 镜像
➜  docker images
REPOSITORY      TAG           IMAGE ID            CREATED         SIZE
hwy/java        latest        94ad1fba6c86        3 hours ago     504MB
hwy/centos      latest        324e55254ad9        5 hours ago     504MB
hwy            centos        ec18d0a170e3        5 hours ago     504MB
```

步骤05 至此，我们完成了通过 Dockerfile 构建镜像。

9.1.8　Spring Boot 集成 Docker

本节我们开始学习如何在 Spring Boot 中集成 Docker，并在构建 Spring Boot 应用程序时生成 Docker 镜像，具体步骤如下所示：

步骤01 创建一个 Spring Boot 项目，项目名为 spring-boot-docker，具体步骤参考 2.2 节。打开 pom.xml 文件，修改 artifactId 和 version，具体代码如下所示：

```xml
<?xml version="1.0" encoding="UTF-8"?>
<project xmlns="http://maven.apache.org/POM/4.0.0"
xmlns:xsi="http://www.w3.org/2001/XMLSchema-instance"
    xsi:schemaLocation="http://maven.apache.org/POM/4.0.0
http://maven.apache.org/xsd/maven-4.0.0.xsd">
    <modelVersion>4.0.0</modelVersion>
    <parent>
        <groupId>org.springframework.boot</groupId>
        <artifactId>spring-boot-starter-parent</artifactId>
        <version>2.1.2.RELEASE</version>
        <relativePath/> <!-- lookup parent from repository -->
    </parent>
<groupId>com.example</groupId>
<!-- 修改 artifactId -->
    <artifactId>spring-boot-docker</artifactId>
<!-- 修改 version -->
    <version>0.0.1</version>
    <name>demo</name>
    <description>Demo project for Spring Boot</description>
    <properties>
```

```xml
        <java.version>1.8</java.version>
    </properties>
    <dependencies>
        <dependency>
            <groupId>org.springframework.boot</groupId>
            <artifactId>spring-boot-starter-web</artifactId>
        </dependency>

        <dependency>
            <groupId>org.springframework.boot</groupId>
            <artifactId>spring-boot-starter-test</artifactId>
            <scope>test</scope>
        </dependency>
    </dependencies>
<!-- spring boot maven 插件 -->
    <build>
        <plugins>
            <plugin>
                <groupId>org.springframework.boot</groupId>
                <artifactId>spring-boot-maven-plugin</artifactId>
            </plugin>
        </plugins>
    </build>
</project>
```

我们知道，Spring Boot 使用 spring-boot-maven-plugin 插件构建项目，通过使用 mvn package 命令打包后将生成一个可直接运行的 JAR 包，JAR 包默认文件名格式为${product.build.finalName}，这是一个 Maven 属性，相当于${product.artifacId}-${product.version}.jar，生成的 JAR 包在/target 目录下。根据上面 pom 文件的配置，执行 mvn package 命令后，生成的 JAR 包名为 spring-boot-docker-0.01.jar

步骤02 在 pom.xml 文件中加入 docker-maven-plugin 插件依赖，具体代码如下所示：

```xml
<properties>
        <java.version>1.8</java.version>
        <docker.image.prefix>springboot</docker.image.prefix>
    </properties>
<build>
        <plugins>
            <plugin>
                <groupId>org.springframework.boot</groupId>
                <artifactId>spring-boot-maven-plugin</artifactId>
            </plugin>
            <!-- Docker maven plugin -->
            <plugin>
                <groupId>com.spotify</groupId>
                <artifactId>docker-maven-plugin</artifactId>
                <version>1.0.0</version>
                <configuration>
                    <!-- 指定 Docker 镜像完整名称 -->
```

```
                          <imageName>
${docker.image.prefix}/${project.artifactId}
</imageName>

                     <!-- 指定 dockerfile 文件所在目录 -->
                     <dockerDirectory>src/main/docker</dockerDirectory>
                     <resources>
                          <resource>
                               <targetPath>/</targetPath>

<directory>${project.build.directory}</directory>

<include>${project.build.finalName}.jar</include>
                          </resource>
                     </resources>
                </configuration>
          </plugin>
          <!-- Docker maven plugin -->
     </plugins>
  </build>
```

<imageName>：用于指定 Docker 镜像的完整名称。其中${docker.image.prefix}为仓库名称，
${project.artifactId}为镜像名。

<dockerDirectory>：用于指定 Dockerfile 文件所在目录。

<directory>：用于指定需要复制的根目录，其中${project.build.directory}表示 target 目录。

<include>：用于指定需要复制的文件，即 Maven 打包后生成的 JAR 文件。

步骤03 在 src/main/docker/目录下创建 Dockerfile 文件，Dockerfile 文件内容如下所示：

```
### 使用 Docker 提供的 Java 镜像
FROM java
### 作者信息：用户名 + 邮箱
MAINTAINER "hwy"huangwenyi10@163.com
### 拷贝文件并且重命名为 app.jar
ADD spring-boot-docker-0.0.1.jar app.jar
### 将 8080 端口设置为可暴露的接口
EXPOSE 8080
### 使用 java -jar 启动项目
CMD java -jar app.jar
```

步骤04 使用 mvn docker:build 命令构建项目：

```
### 在项目 spring-boot-docker 目录下执行命令
→  spring-boot-docker >> mvn docker:build
```

命令执行后，可在控制台看到相关的输出信息。执行 docker images 命令查看镜像是否成功生
成：

```
REPOSITORY              TAG              IMAGE ID       CREATED        SIZE
springboot/spring-boot-docker   latest   d09e1ff032bc   2 hours ago    660MB
hwy/java        latest           94ad1fba6c86   21 hours ago   504MB
```

步骤05 执行 docker run 命令启动容器：

```
### 启动容器
docker run -p 8080:8080 -t springboot/spring-boot-docker
```

容器在启动的时候，就会执行 Dockerfile 文件里的 CMD 命令：java -jar app.jar，该命令用来启动 Spring Boot 项目，之后我们就可以在控制台看到 Spring Boot 的启动信息，具体内容如下所示：

```
  .   ____          _            __ _ _
 /\\ / ___'_ __ _ _(_)_ __  __ _ \ \ \ \
( ( )\___ | '_ | '_| | '_ \/ _` | \ \ \ \
 \\/  ___)| |_)| | | | | || (_| |  ) ) ) )
  '  |____| .__|_| |_|_| |_\__, | / / / /
 =========|_|==============|___/=/_/_/_/
 :: Spring Boot ::        (v2.1.2.RELEASE)

 2019-02-02 04:30:50.328  INFO 6 --- [   main]
com.example.demo.DemoApplication         : Starting DemoApplication v0.0.1 on
87dcea4e4769 with PID 6 (/app.jar started by root in /)
 2019-02-02 04:30:50.332  INFO 6 --- [   main]
com.example.demo.DemoApplication         : No active profile set, falling back to
default profiles: default
 2019-02-02 04:30:51.782  INFO 6 --- [main]
o.s.b.w.embedded.tomcat.TomcatWebServer   : Tomcat initialized with port(s):
8080 (http)
 2019-02-02 04:31:17.353  INFO 6 --- [nio-8080-exec-1]
o.s.web.servlet.DispatcherSe
 rvlet : Initializing Servlet 'dispatcherServlet'
 2019-02-02 04:31:17.368  INFO 6 --- [nio-8080-exec-1]
o.s.web.servlet.DispatcherSe
 rvlet : Completed initialization in 15 ms
```

Spring Boot 项目启动成功后，在浏览器输入请求地址：http://localhost:8080/hello，便可以在控制台看到"hello ay..."打印信息。

步骤06 至此，Spring Boot 成功集成 Docker 容器，并把 Spring Boot 项目打包成 Docker 镜像。

9.2 微服务部署概述

在项目开发迭代过程中，开发人员经常要上线部署服务。目前用于部署的技术很多，有的简单，有的复杂，有的得停机，有的不需要停机即可完成部署。本章的目的就是对目前常用的部署方案做一个总结。目前微服务部署方式常用的有 3 种：蓝绿部署、A/B 测试、灰度发布。

9.2.1 蓝绿部署

蓝绿部署（Blue/Green Deployment）：不停老版本的前提下，部署新版本，然后进行测试。确认新版本没问题后，将流量切到新版本，然后老版本也升级到新版本。整个部署过程中，用户感受不到任何宕机或者服务重启。蓝绿部署是一种常见的 "0 downtime"（零停机）部署的方式，是一种以可预测的方式发布应用的技术，目的是减少发布过程中服务停止的时间。蓝绿部署原理上很简单，就是通过冗余来解决问题。通常生产环境需要两组配置（蓝绿配置）；另一组是 active 的生产环境的配置（绿配置），一组是 inactive 的配置（蓝配置）。用户访问的时候，只会让用户访问 active 的服务器集群。在绿色环境（active）运行当前生产环境中的应用，也就是旧版本应用 Version 1。当你想要升级到 Version 2 时，在蓝色环境（inactive）中进行操作，即部署新版本应用，并进行测试。如果测试没问题，就可以把负载均衡器 / 反向代理 / 路由指向蓝色环境。随后需要监测新版本应用，也就是 Version 2 是否有故障和异常。如果运行良好，就可以删除 Version 1 使用的资源。如果运行出现了问题，就可以通过负载均衡器指向快速回滚到绿色环境。蓝绿部署具体原理如图 9-6 所示。

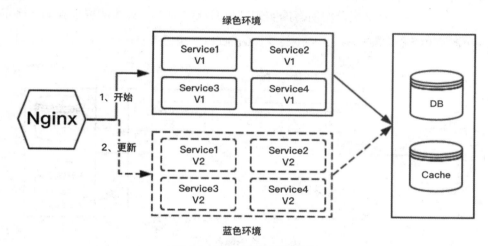

图 9-6　蓝绿部署简单原理图

蓝绿部署流程如下所示：

（1）开始状态：Service 1、Service 2、Service 3、Service 4 集群服务一开始的版本为 V1，部署在绿色环境。

（2）服务版本 2 开发了新功能，修复部分的 Bug。

（3）在蓝色环境部署 Service 1、Service 2、Service 3、Service 4 集群服务，测试通过。

（4）通过 Nginx 将全部流量切到蓝色环境。

（5）删除绿色环境的 4 个实例：Service 1、Service 2、Service 3、Service 4。

（6）冗余产生的额外维护、配置的成本以及服务器本身运行的开销。

从图 9-6 以及蓝绿部署的流程可以看出，在部署的过程中应用始终在线，并且新版本上线的过程中，并没有修改老版本的任何内容。在部署期间，老版本的状态不受影响，这样风险很小，并且只要老版本的资源不被删除，理论上可以在任何时间回滚到老版本。

理论上听起来很棒，还是要注意一些细节：

（1）切换到蓝色环境时，需要妥当处理未完成的业务和新的业务。如果数据库后端无法处理，就会是一个比较麻烦的问题。

（2）有可能会出现需要同时处理"微服务架构应用"和"传统架构应用"的情况，如果在蓝绿部署中协调不好这两者，还是有可能导致服务停止的。

（3）需要提前考虑数据库与应用部署同步迁移/回滚的问题。

（4）蓝绿部署需要有基础设施支持。

（5）在非隔离基础架构（VM、Docker 等）上执行蓝绿部署，蓝色环境和绿色环境有被摧毁的风险。

9.2.2 滚动发布

滚动发布（Rolling Update）：一般是停止一个或者多个服务器，执行更新，并重新将其投入使用。周而复始，直到集群中所有的实例都更新成新版本。具体部署步骤如下所示。

步骤01 开始状态：Service 1、Service 2、Service 3 集群服务一开始的版本为 V1，具体如图 9-7 所示。

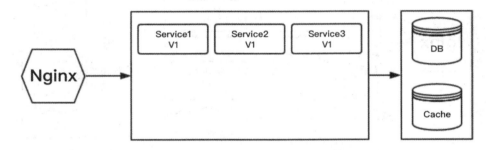

图 9-7　初始部署状态

步骤02 服务版本 2 开发了新功能，修复部分的 Bug，先启动一台新版本服务 Service1 V2，待服务 Service1 V2 启动完成后，再停止一台老版本服务 Service1 V1，具体如图 9-8 所示。

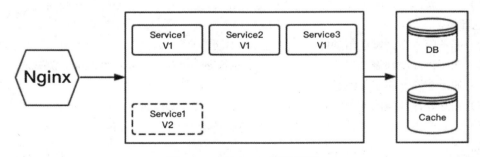

图 9-8　Service1 V2 开始部署

步骤03 启动 Service2 V2，待服务 Service2 V2 启动完成后，再停止一台老版本服务 Service2 V1，具体如图 9-9 所示。

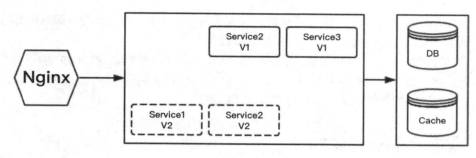

图 9-9　Service2 V2 开始部署

步骤 04　启动 Service3 V2，待服务 Service3 V2 启动完成后，再停止一台老版本服务 Service3 V1，具体如图 9-10 所示。

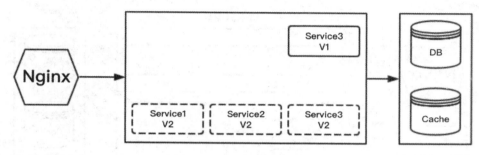

图 9-10　Service3 V2 开始部署

步骤 05　不断地启动一台新版本，停止一台老版本，再启动一台新版本，停止一台老版本，直到升级完成，具体如图 9-11 所示。

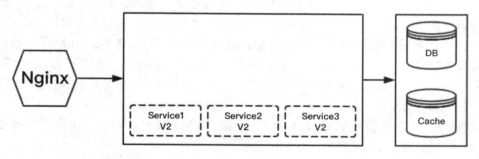

图 9-11　滚动发布完成

滚动发布相对于蓝绿部署更加节约资源。因为它不需要运行两个集群、两倍的实例数。我们可以部分部署，例如每次只取出集群的 20%进行升级发布。当然，滚动发布也有很多缺点，例如：

（1）没有一个确定可行的环境。使用蓝绿部署，我们能够清晰地知道老版本是可行的，而使用滚动发布，我们无法确定。

（2）修改了现有的环境。

（3）回滚困难。例如，在某一次发布中需要更新 100 个实例，每次更新 10 个实例，每次部署需要 5 分钟。当滚动发布到第 80 个实例时，发现了问题，需要回滚。此时，脾气不好的程序员很可能想掀桌子，因为回滚是一个痛苦且漫长的过程。

（4）有的时候，我们还可能对系统进行动态伸缩，如果部署期间系统自动扩容/缩容了，我们还需判断到底哪个节点使用的哪个代码。尽管有一些自动化的运维工具，但是依然令人心惊胆战。并不是说滚动发布不好，滚动发布也有它非常合适的场景。

9.2.3　灰度发布/金丝雀部署

灰度发布也叫金丝雀发布，起源是，矿井工人发现，金丝雀对瓦斯气体很敏感，矿工会在下井之前，先放一只金丝雀到井中，如果金丝雀不叫了，就代表瓦斯浓度高。灰度发布原理如图 9-12所示。

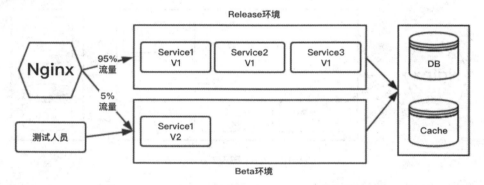

图 9-12　灰度发布简单原理

在灰度发布开始后，先启动一个新版本应用，但是并不直接将流量切过来，而是让测试人员对新版本进行线上测试，启动的这个新版本应用就是我们的金丝雀。如果没有问题，那么可以将少量的用户流量导入新版本上，然后对新版本进行运行状态观察，收集各种运行时数据，如果此时对新旧版本做各种数据对比，就是所谓的 A/B 测试。当确认新版本运行良好后，再逐步将更多的流量导入新版本上。在此期间，还可以不断地调整新旧两个版本运行的服务器副本数量，以使新版本能够承受越来越大的流量压力，直到将 100% 的流量都切换到新版本上，最后关闭剩下的老版本服务，完成灰度发布。如果在灰度发布过程中（灰度期）发现新版本有问题，就应该立即将流量切回老版本上，这样会将负面影响控制在最小范围内。

> **提　示**
>
> AB 测试就是一种灰度发布方式，让一部分用户继续用 A，一部分用户开始用 B，如果用户对 B 没有什么反对意见，那么逐步扩大范围，把所有用户都迁移到 B 上来。灰度发布可以保证整体系统的稳定，在初始灰度的时候就可以发现、调整问题，以保证其影响度。

第10章

分布式服务限流

本章主要介绍服务限流的定义、服务限流的算法、限流设计以及分级限流。

10.1　服务限流概述

10.1.1　限流定义

限流通过对某一时间窗口内的请求数进行限制，保持系统的可用性和稳定性，防止因流量暴增而导致系统运行缓慢或宕机，限流的根本目的是为了保障服务的高可用。流量控制与限流的含义相似，只是表达方式不一样而已。

10.1.2　限流算法

限流的方式有很多，常用的有计数器、漏桶和令牌桶等。

1. 计数器

采用计数器是一种比较简单的限流算法，一般我们会限制一秒钟能够通过的请求数。比如限流 QPS 为 100，算法的实现思路就是从第一个请求进来开始计时，在接下来的 1 秒内，每来一个请求，就把计数加 1，如果累加的数字达到了 100，后续的请求就会被全部拒绝。等到 1 秒结束后，把计数恢复成 0，重新开始计数。如果在单位时间 1 秒内的前 10 毫秒处理了 100 个请求，那么后面的 990 毫秒会请求拒绝所有的请求，我们把这种现象称为"突刺现象"。

2. 漏桶算法

漏桶算法的思路很简单，一个固定容量的漏桶按照常量固定速率流出水滴。如果桶是空的，就不需要流出水滴。我们可以按照任意速率流入水滴到漏桶。如果流入的水滴超出了桶的容量，流入的水滴就会溢出（被丢弃），而漏桶容量是不变的。漏桶算法大致原理如图 10-1 所示。

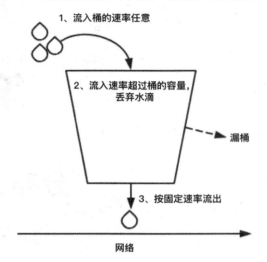

图 10-1　漏桶算法简单原理

漏桶算法提供了一种机制，通过它可以让突发流量被整形，以便为网络提供稳定的流量。

3．令牌桶算法

令牌桶算法是比较常见的限流算法之一，可以使用它进行接口限流，其大致原理如图 10-2 所示。

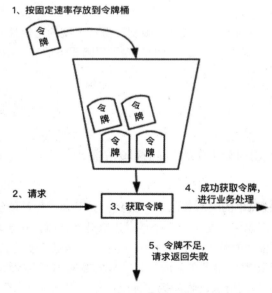

图 10-2　令牌桶算法简单原理

令牌按固定的速率被放入令牌桶中，例如 tokens/秒。桶中最多存放 b 个令牌（Token），当桶装满时，新添加的令牌被丢弃或拒绝。当请求到达时，将从桶中删除 1 个令牌。令牌桶中的令牌不仅可以被移除，还可以往里添加，所以为了保证接口随时有数据通过，必须不停地往桶里加令牌。由此可见，往桶里加令牌的速度就决定了数据通过接口的速度。我们通过控制往令牌桶里加令牌的速度从而控制接口的流量。

4．漏桶算法和令牌桶算法的区别

漏桶算法和令牌桶算法的主要区别在于：

- 漏桶算法是按照常量固定速率流出请求的，流入请求速率任意，当流入的请求数累积到漏桶容量时，新流入的请求被拒绝。
- 令牌桶算法是按照固定速率往桶中添加令牌的，请求是否被处理需要看桶中的令牌是否足够，当令牌数减为零时，拒绝新的请求。
- 令牌桶算法允许突发请求，只要有令牌就可以处理，允许一定程度的突发流量。
- 漏桶算法限制的是常量流出速率，从而使突发流入速率平滑。

10.2　限流设计

10.2.1　限流设计原理

静态限流相对比较简单，在服务启动之前，预先在配置中心配置总 QPS 阈值，根据集群节点的个数计算每个节点需要分摊的 QPS。节点服务启动时，将节点的 QPS 阈值加载到内存中，当请求量达到阈值时，拒绝请求。静态限流的简单原理图如图 10-3 所示。

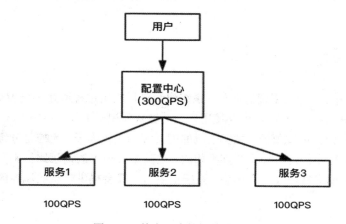

图 10-3　静态限流的简单原理图

由图 10-3 可知，配置中心配置了服务集群总的 QPS 阈值为 300，分摊到每个节点服务的 QPS 为 100，服务启动的时候，将各自的 QPS 阈值加载到内存中，在约定的周期 T 内对请求数计数（可使用线程安全的 Atomic 原子操作类实现计数功能），当请求数达到阈值时，服务拒绝请求。静态限流的缺点是显而易见的：

- 服务节点数发生变化，比如服务 1 宕机，需要实时手工调整配置中心预置的 QPS 阈值，非常不灵活。
- 服务节点无法根据业务量的变化动态调整。

图 10-3 静态配置 QPS 阈值的缺点显而易见，在工作中一般采用服务注册中心方式动态配置 QPS 阈值，具体原理如图 10-4 所示。

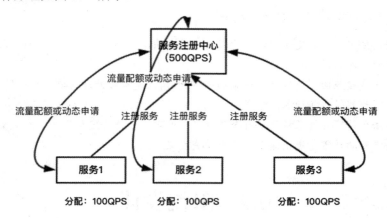

图 10-4　服务注册中心动态配置 QPS 阈值

（1）服务节点在服务注册中心完成注册。

（2）服务注册中心根据服务节点的数量，预先拿出一定比例的配额做初始化分配，剩余的配额放在资源池中。如图 10-4 所示，每个服务预先分配 100QPS。

（3）当某个服务节点配额使用完后，就主动向服务注册中心申请配额。

（4）当总 QPS 配额被用完后，就返回 0 配额给申请配额的服务节点，之后服务节点对新接入的请求信息进行流控。

10.2.2　分级限流

资源可分为系统资源和应用资源两类，系统资源包括应用进程所在主机/VM 的 CPU 使用率和内存利用率，应用资源包括 JVM 堆内存使用率、消息队列积压率等。系统 CPU 或者内存过载、应用内部的资源耗尽等都会触发限流。触发限流的因素称为流控因子。流控是分级别的，不同的级别有不同的流控阈值，每个级别流控系数都不相同，也就是被拒绝的消息比例不同。每个级别都有相应的流控阈值，该阈值支持在线动态调整。系统上线后一般会提供默认的流控阈值，不同的流控因子流控阈值不同。

第**11**章

服务降级、熔断、调度

本章主要介绍服务降级的原因、服务降级的开关、自动降级、读服务降级、写服务降级、服务容错策略、Hystrix 降级与熔断、服务优先级设计等。

11.1　服务降级概述

分布式微服务架构流量都非常庞大，业务高峰时，为了保证服务的高可用，往往需要服务或者页面有策略的不处理或换种简单的方式处理，从而释放服务器资源以保证核心交易正常运作或高效运作。这种技术在分布式微服务架构中称为服务降级。

例如在线购物系统，整个购买流程是重点业务，比如支付功能，在流量高峰时，为了保证购买流程的正常运行，往往会关闭一些不太重要的业务，比如广告业务等。

11.2　服务降级方式

服务降级体现在各个方面，从客户端（Web 应用或者 App 应用）到后端服务整个链路的各环节都有降级的策略，这里挑选工作中常用的降级方式为大家讲述。

11.2.1　服务降级开关

工作中常用的降级方式是使用降级开关，降级开关属于人工降级，我们可以设置一个分布式降级开关，用于实现服务的降级，然后集中式管理开关配置信息即可，具体方案如图 11-1 所示。

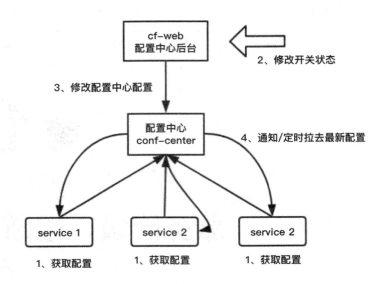

图 11-1　服务降级开关简单原理

服务降级开关的步骤如下：

（1）服务启动时，从配置中心拉取配置，之后定时从配置中心拉取配置信息。

（2）流量高峰，为保证重要业务的高可用（SLA），开发人员通过配置中心后台修改非核心业务功能开关。

（3）在配置中心修改配置。

（4）在配置中心通知服务或者服务定时拉取最新配置，修改内存配置信息，配置开关生效，非核心业务功能暂时关闭。

11.2.2　自动降级

人工降级需要人为干预，但是系统服务 24 小时在线运行，人的精力毕竟有限。因此，系统服务需要支持自动化降级。自动化降级往往根据系统负载、资源使用情况、QPS、平均响应时间、SLA等指标进行降级。下面简单列举几种。

1．超时降级

访问的资源响应时间慢，超过定义的最大响应时间，且该服务不是系统的核心服务的时候，可以在超时后自动降级。

2．失败次数降级

当系统服务失败次数达到一定阈值时自动降级，可以使用异步线程探测服务是否恢复，恢复即取消降级。

3．故障降级

系统服务出现网络故障、DNS 故障、HTTP 服务返回错误的状态码、RPC 服务抛出异常等，可以直接降级。降级后的处理方案有：返回默认值、兜底数据（提前准备好静态页面或者数据）、缓存数据等。

4．限流降级

系统服务因为访问量太大而导致系统崩溃，可以使用限流来限制访问量，当达到限流阈值时，后续请求会被降级。降级后的处理方案有：使用排队页面（导流到排队页面等一会重试）、错误页等。

11.2.3　读服务降级

对于非核心业务，服务读接口有问题的时候，可以暂时切换到缓存、走静态化、读取默认值，甚至直接返回友好的错误页面。对于前端页面，可以将动态化的页面静态化，减少对核心资源的占用，提升性能。反之，如果静态化页面出现问题，那么可以降级为动态化来保证服务正确运行。

对于整个系统的链路，在各个环节都有相应的读服务降级策略，具体业务具体分析即可。

11.2.4　写服务降级

对于写操作非常频繁的系统服务，比如淘宝"双十一"时，用户下单、加入购物车、结算等操作都涉及大量的写服务。可采取的策略有：

（1）同步写操作转异步写操作。

（2）先缓存，异步写数据到 DB 中。

（3）先缓存，在流量低峰，定时写数据到 DB 中。

例如购物"秒杀系统"，先扣减 Redis 库存，正常同步扣减 DB 库存，在流量高峰 DB 性能扛不住的时候，可以降级为发送一条扣减 DB 库存的信息，异步进行 DB 库存扣减，实现最终一致即可。如果 DB 还有压力，还可以直接扣减缓存，在流量低峰，定时写数据到 DB 中。

11.3　服务容错策略

分布式服务架构中，随着业务复杂度的增加，依赖的服务也逐步增加，集群中的服务调用失败后，服务框架需要能够在底层自动容错。引发服务调用失败的原因有很多：

（1）服务与依赖的服务之间链路有问题，例如网络中断。

（2）依赖服务超时。例如，依赖服务业务处理速度慢、依赖服务长时间的 Full GC 等。

（3）系统遭受恶意爬虫袭击。

设计服务容错的基本原则是"Design for Failure"。在设计上需要考虑到各种边界场景和对于服务间调用出现的异常或延迟情况，同时在设计和编程时要考虑周到。这一切都是为了达到以下目标：

（1）依赖服务的故障不会严重破坏用户的体验。

（2）系统能自动或半自动处理故障，具备自我恢复能力。

服务容错策略有很多，不同的业务场景有不同的容错策略。下面简单介绍几种工作中常用的容错策略。

11.3.1　失败转移（Failover）

当服务出现失败时，服务框架重试其他服务，通常用于幂等性（Idempotence）服务，例如读操作。缺点是失败重试会带来更长延迟，需要框架对失败重试的最大次数做限制。

11.3.2　失败自动恢复（Failback）

服务消费者调用服务提供者失败时，通过对失败错误码等异常信息进行判断决定后续的执行策略。对于 Failback 模式，如果服务提供者调用失败，就不会重试其他服务，而是服务消费者捕获异常后进行后续的处理。

11.3.3　快速失败（Failfast）

服务调用失败后，服务框架不会发起重试机制，而是忽略失败，记录日志。快速失败是一种比较简单的策略，常用于一些非核心服务。

11.3.4　失败缓存（FailCache）

服务调用失败后，服务框架可将消息临时缓存，等待周期 T 后重新发送，直到服务提供者能够正常处理消息。常用应用场景如记录日志、通知积分增长等。失败缓存策略需要注意的是，缓存时间、缓存对象大小、重试周期 T 以及重试最大次数等需要做出限制。

11.4　Hystrix 降级、熔断

11.4.1　Hystrix 简介

在微服务架构中，服务之间相互调用，下游服务的故障可能会导致级联故障，进而造成整个系统不可用的情况，这种现象被称为服务雪崩效应。服务雪崩效应是一种因"服务提供者"不可用导致"服务消费者"不可用，并将不可用逐渐放大的过程。

如图 11-2 所示，A 作为服务提供者，B 为 A 的服务消费者，C 是 B 的服务消费者。A 不可用引起了 B 的不可用，并将不可用像滚雪球一样放大到 C，雪崩效应就形成了。

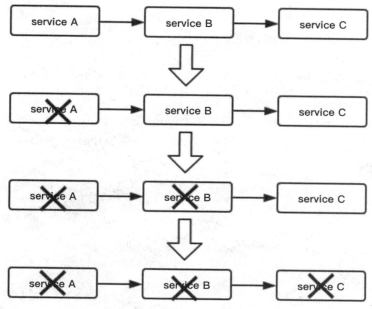

图 11-2　服务级联故障图

　　例如，对于一个依赖于 30 个服务的应用程序，每个服务都有 99.99%的正常运行时间，可以计算：$99.99^{30} = 99.7\%$ 可用，也就是说一亿个请求的 0.03%（3000000）会失败。如果一切正常，那么每个月有 2 个小时服务是不可用的，现实通常更糟糕。

　　Hystrix 的中文名字是"豪猪"，豪猪周身长满了刺，能保护自己不受天敌的伤害，代表了一种防御机制，这与 Hystrix 本身的功能不谋而合，因此 Netflix 团队将该框架命名为 Hystrix，并使用对应的卡通形象作为 LOGO，具体如图 11-3 所示。

图 11-3　Hystrix 的 LOGO 图片

Hystrix 被设计的目标是：

（1）对通过第三方客户端访问的依赖项（通常通过网络）的延迟和故障进行保护和控制。

（2）在复杂的分布式系统中阻止级联故障。

（3）快速失败，快速恢复。

（4）回退，尽可能优雅地降级。

（5）启用近乎实时监控、警报和操作控制。

11.4.2　Hystrix 实现降级/熔断

了解 Hystrix 能为我们解决什么问题后，接下来学习如何使用 Hystrix 实现降级，具体步骤如下所示：

步骤01 创建 Spring Boot 项目，项目名称为 spring-boot-hystrix，具体内容见 2.2 节。

步骤02 在项目 spring-boot-hystrix 的 pom.xml 文件中添加 Hystrix 依赖，具体代码如下所示：

```
<properties>
        <spring-cloud.version>Finchley.SR1</spring-cloud.version>
    </properties>
    <dependencies>
        <dependency>
            <groupId>org.springframework.cloud</groupId>
            <artifactId>spring-cloud-starter-netflix-hystrix</artifactId>
        </dependency>
    </dependencies>
    <dependencyManagement>
        <dependencies>
            <dependency>
                <groupId>org.springframework.cloud</groupId>
                <artifactId>spring-cloud-dependencies</artifactId>
                <version>${spring-cloud.version}</version>
                <type>pom</type>
                <scope>import</scope>
            </dependency>
        </dependencies>
    </dependencyManagement>
```

步骤03 在项目的入口类中添加@EnableHystrix 注解，具体代码如下所示：

```
/**
 * 描述：入口类
 *
 * @author ay
 * @date 2019-03-25
 */
@SpringBootApplication
@EnableHystrix
public class DemoApplication {
    public static void main(String[] args) {
            SpringApplication.run(DemoApplication.class, args);
        }
}
```

步骤04 在项目的目录 src/main/java 下创建 HelloController 类，具体代码如下所示：

```
/**
 * 描述
```

```
 *
 * @author ay
 * @date 2019-03-24
 */
@RestController
public class HelloController {
    @RequestMapping(value = "/hello")
    @HystrixCommand(fallbackMethod = "fallback_hello", commandProperties = {
    @HystrixProperty(name =
"execution.isolation.thread.timeoutInMilliseconds",
    value = "1000")
    })
    public String hello() throws InterruptedException {
        //模拟访问超时
        Thread.sleep(3000);
        return "Hello Hystrix";
    }

    /**
     * 请求失败，调用方法
     */
    private String fallback_hello() {
        return "Request fails. It takes long time to response";
    }
}
```

@HystrixCommand 中使用 execution.isolation.thread.timeoutInMilliseconds 设置超时时间，若业务执行时间超过这个时间，则执行 fallbackMethod 方法并返回客户端。在 hello 方法中，使用 Thread.sleep(3000)模拟访问超时。

步骤05　运行入口类的 main 方法启动项目，在浏览器中输入请求路径 http://localhost:8080/hello，或者在命令行窗口中输入 curl 命令：curl http://localhost:8081/hello，可看到浏览器或者命令行窗口返回 "Request fails. It takes long time to response"。

Hystrix 更多内容请参考官方文档 https://github.com/Netflix/Hystrix/wiki。

11.5　服务优先级设计

对于分布式服务框架而言，当系统资源紧张时，服务框架需要能够支持设置服务发布时的优先级策略，按照用户设置的服务优先级策略调度执行服务。这里需要特别注意的是，服务优先级调度是在系统资源非常有限的情况下触发的，这一点非常重要。下面列举工作中常用的几种方法。

11.5.1　服务实例数量调整

我们可以通过调整服务运行的实例数来实现优先级调度，具体原理如下所示：

（1）系统出现服务资源紧张时，通过服务框架调整优先级低的服务的实例数，将实例从服务注册中心移除。

（2）由于部署的实例减少，优先级低的服务得到调度的机会相应地减低，释放的资源将被高优先级服务使用，通过资源的动态调配实现服务的优先级调度。

（3）系统资源不紧张的时候，可以重新调整服务的实例数。

不同的分布式服务框架，服务实例数量的调整可以通过人工操作，也可以通过服务框架自动化调整。

11.5.2　加权优先级队列

加权优先级队列大致原理如图 11-4 所示。

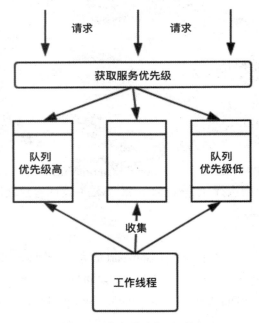

图 11-4　加权优先级队列原理

加权优先级由一系列的普通队列组成，每个队列对应一个优先级。当服务接收到客户端的请求时，根据消息对应的服务优先级将消息写入不同的优先级队列中。没有设置优先级属性或者非法的消息写入默认的优先级队列中。

工作线程根据服务优先级的加权值，按照比例从优先级队列中获取消息，然后设置到工作线程的待处理消息数组中。工作线程从待处理的消息数组中获取消息进行处理。如果数组中的消息为空，就说明消息已经处理完成，需要重新按照比例从优先级队列获取消息。如果所有的队列都为空，工作线程就没有采集到消息，工作线程会同步阻塞直到优先级队列中有新的消息。

11.5.3　线程调度器

线程调度器的原理如图 11-5 所示。

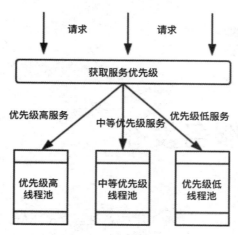

图 11-5　线程调度器原理

线程调度器将服务优先级映射到线程优先级，然后创建多个不同的优先级线程，分别调度不同的服务。在 Java 中可以通过 Thread 的 setPriority 方法设置线程优先级：

```
pubilc final void setPriority(int newPriority);
```

第12章

服务版本与服务发布

本章主要介绍服务版本和服务发布的 3 种方式：注解方式、XML 配置化方式和 API 调用方式。

12.1　服务概述

服务和人一样，需要不断成长，而导致服务成长的因素很多，比如业务的发展、功能变更、线上 Bug 等。人在不同的阶段会有不同的年龄，而服务在不同的阶段会有不同的版本。服务的多版本管理是分布式服务框架的重要特性。服务提供者和服务消费者都属于服务多版本管理的范围。服务提供者发布服务时，需要支持指定服务的版本号。服务消费者消费服务时，需要支持指定引用服务的版本号。

12.2　服务版本

12.2.1　服务版本概述

服务版本号一般由"主版本（Major）+ 副版本（Minor）+ 微版本（Micro）"构成，比如正式版：1.0.1、1.2.6 等。服务的版本号必须是有序的，在服务名相同的情况下，两个相同服务名的不同服务版本的版本号可以比较大小。当两个服务的服务名、版本号全部相同时，两个服务才是同一个服务，否则以第一个出现差异的版本号的大小决定服务版本的大小。

主版本：

- 全盘重构时增加。

- 重大功能或方向改变时增加。
- 大范围不兼容之前的接口时增加，例如 1.1.1 → 2.1.1。

副版本：增加新的业务功能时增加版本号，比如 1.1.1 → 1.2.1。
微版本：

- 增加新的接口时增加。
- 在接口不变的情况下，增加接口的非必填属性时增加。
- 增强和扩展接口功能时增加。
- 修复接口的 Bug 时增加，例如 1.1.1 → 1.1.2。

12.2.2　Snapshot 和 Release

在开发过程中，服务有 Release 正式版和 Snapshot 快照版。

- Snapshot 版本：代表不稳定、尚处于开发中的版本，即快照版本。
- Release 版本：代表功能趋于稳定、当前更新停止、可以用于发布的正式版本。

这两个概念用于描述 JAR 包，JAR 包提供给其他服务作为依赖。服务版本升级路线如图 12-1 所示。

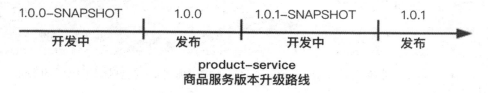

图 12-1　服务版本升级路线

这里需要特别注意几点：

（1）Release 版本一经发布，不得修改其内容，任何修改必须在新版本发布。

（2）不要轻易修改 API，尤其是对 API 进行不兼容的升级或弃用。如果需要弃用 API，就要提前在一个或几个版本中加入弃用标示或注解，在文档中建议用户更换为其他可替换的 API，然后在下个版本号升级时再真正丢掉弃用的 API。

（3）在接口还没有确定下来的时候，应该先使用 Snapshot 版本。

12.3　服务发布

12.3.1　服务发布概述

服务开发完成之后，需要以一定的方式发布出去，供其他服务调用。服务提供者需要支持通过配置、注解、API 调用等方式，把本地接口发布成远程服务。对于服务消费者，可以通过对等的方式引用远程服务提供者，实现服务的发布和引用。

12.3.2 服务发布方式

服务发布通常有以下 3 种方式：

（1）注解方式。

（2）XML 配置化方式。

（3）API 调用方式。

1. 注解方式

服务提供者：

```java
import com.alibaba.dubbo.config.annotation.Service;
/**
 * 商品服务
 */
@Component("productService")
@Service(version="1.0")
public class ProductServiceImpl implements ProductService {
    public String sayHello(String name) {
        return "Hello" + name ;
    }
}
```

上述代码中，商品服务类添加@Service 注解对外提供服务。这里以阿里巴巴的 Dubbo 框架进行简单的介绍。

服务消费者：

```java
/**
 * 服务消费者
 */
@Component
public class Consumer{
    //这个注解表示从服务注册地址获取这个类型的服务
    @Reference
    private ProductService productService;

    //省略代码
}
```

上述代码中，消费者类 Consumer 通过@Reference 注解引用商品服务。

2. XML 配置化方式

服务提供者：

```xml
<?xml version="1.0" encoding="UTF-8"?>
<beans xmlns="http://www.springframework.org/schema/beans"
```

```
    xmlns:xsi="http://www.w3.org/2001/XMLSchema-instance"
    xmlns:dubbo="http://code.alibabatech.com/schema/dubbo"
    xsi:schemaLocation="http://www.springframework.org/schema/beans
        http://www.springframework.org/schema/beans/spring-beans.xsd
        http://code.alibabatech.com/schema/dubbo
        http://code.alibabatech.com/schema/dubbo/dubbo.xsd">
    <dubbo:application name="ay-app"/>
    <!-- 服务注册中心 -->
    <dubbo:registry protocol="zookeeper" address="127.0.0.1:2181" />
    <dubbo:protocol name="dubbo" port="20881" />
    <!-- 商品服务接口 -->
<dubbo:service interface="com.ay.service.ProductService"
ref="productService" />
    <!-- 商品服务实现类 -->
    <bean id="productService" class="com.ay.service.impl.ProductServiceImpl"/>

    //省略代码
</beans>
```

上述代码中，使用<bean/>标签定义商品服务实现类 ProductServiceImpl，通过<dubbo:service/>
标签发布商品服务。<dubbo:service/>有许多属性，如 interface 属性用来暴露接口全路径，至于其他
属性，读者可自行研究学习。ProductServiceImpl 代码如下所示：

```
/**
 * 商品服务
 */
public class ProductServiceImpl implements ProductService,Serializable {

    @Override
    public String sayHello(String name) throws Exception {
        System.err.println("hello ay !!!");
        return name;
    }
}
```

上述代码中，ProductServiceImpl 是商品服务类，类中简单定义 sayHello()方法，用来提供给调
用方使用。

服务消费者：

```
<?xml version="1.0" encoding="UTF-8"?>
<beans xmlns="http://www.springframework.org/schema/beans"
    xmlns:xsi="http://www.w3.org/2001/XMLSchema-instance"
    xmlns:dubbo="http://code.alibabatech.com/schema/dubbo"
    xsi:schemaLocation="http://www.springframework.org/schema/beans
        http://www.springframework.org/schema/beans/spring-beans.xsd
        http://code.alibabatech.com/schema/dubbo
        http://code.alibabatech.com/schema/dubbo/dubbo.xsd">
    <dubbo:application name="consumer-ay-app" />
    <dubbo:registry protocol="zookeeper" address="127.0.0.1:2181"/>
    <dubbo:annotation package="com.ay.test"></dubbo:annotation>
```

```
</beans>
```

上述代码中，配置文件中加上<dubbo:annotation>，它会扫描所有注册 bean 的 Java 类，发现带 @Reference 标签的属性，会去寻找发布的 provider 中是否有匹配的接口，如果有就自动注入。

```
/**
* 服务消费者
*/
@Component
public class App {

    @Reference
    private ProductService productService;
}
```

上述代码中，使用@Reference 注解表示从服务注册地址获取这个类型的服务。

3. API 调用方式

```
//商品服务
ProductService prodectService = new ProductService();
ServiceConfig serviceConfig = new ServiceConfig();
serviceConfig.setProtocol(registry);
service.setRef(prodectService);
service.setName("prodectService");
service.setVersion("1.0.0");
service.export();
```

无论服务采用哪种发布方式，服务框架必须保证各自服务的发布方式所提供的功能是对等的。比如 XML 配置化方式支持方法超时时间可配置，那么注解方式或者 API 调用方式必须支持同样的功能。

第13章

分布式微服务日志中心

本章主要介绍分布式日志、日志类型、日志结构、常用的日志框架以及如何搭建 ELK 日志中心。

13.1　分布式日志概述

日志主要用于记录系统、进程和应用运行时的信息，同时可以监控系统中发生的各种事件。我们可以通过它来检查错误发生的原因，解决用户投诉的问题，找到攻击者留下的攻击痕迹。日志既可以用来生成监控图，又可以用来发出警报。

随着系统服务数量越来越多，对于一次业务调用，可能需要经过多个服务模块处理。不同的服务可能由不同的团队开发，并且分布在不同的网络节点，甚至可能在多个地域的不同机房内。在异常发生时，排查代码错误会变得非常困难，当前比较有效和认可的做法是为程序打印运行日志，将程序的关键路径、关键数据记录下来，以便日后排查问题时作为参考。

13.1.1　结构化日志/非结构化日志

传统的日志相对比较随意，日志格式也不固定，基本是为开发或运维提供排查问题的信息，是面向人设计的，人脑天生适合处理非结构化的数据，例如：

```
/**
 * 描述：传统日志控制层
 * @author ay
 * @date 2019-02-03
 */
@RestController
```

```
@RequestMapping("tradition")
public class TraditionLogController {

    Logger logger = Logger.getLogger(TraditionLogController.class.getName());

    @RequestMapping("/log")
    public String say(String param1, String param2){
        logger.info("class:TraditionLogController and method:say
and the param1 is :" + param1 + " the param2 is :" + param2);
        return "tradition log...";
    }
}
```

上述代码中，日志打印没有任何的标准格式，基本都是字符拼接而成的字符串，通过 info 方法打印到相应的位置。而现在一个功能可能由多个服务组件协作完成，这些服务组件都是远程调用关系，排查问题已经不是简单的单机查看日志，而是综合整个系统的日志去分析。这样不可避免需要将日志收集整合，并通过专业的分析系统进行分析和展示。这时就需要我们通过统一日志格式将日志转化为结构化类型数据，方便日志系统统一处理，例如：

```
{
"log": {
    "http_cdn": "-",
    "remote_addr": "10.10.34.117",
    "request": "POST /strategy/collect/get HTTP/1.0",
    "first_byte_commit_time": "1",
    "body_bytes_sent": "6141",
    "server_addr": "10.238.38.7",
    "sent_http_content_length": "-",
    "@timestamp": "2019-02-03T12:28:16+0800",
    "request_time": "0.001",
    "host": "cpg.meitubase.com",
    "http_x_forwarded_for": "223.104.23.179, 10.10.34.45",
    "http_x_real_ip": "10.10.34.45",
    "category": "access",
    "content_length": "116",
    "status": "200"
},
"stream": "stdout",
"@version": "1",
"topic": "k8s_pic-gateway_gateway-web_stdout",
"time": "2019-02-03T04:28:16.181977586Z",
"docker": {
    "container_id": "652582d97b52f44a734a17b961"
}
}
```

上述日志是标准的轻量级的 JSON 结构化数据，统一的日志格式便于日志系统的统一处理。传统的应用日志由于日志量小，更多的是面向人，而分布式微服务架构背景面对大数据日志处理，已超过人工所能处理的范围，更多的是面向机器。

13.1.2　日志类型

按照产生的来源，日志可以分为系统日志、容器日志和应用日志等。按照应用目标的不同，日志可以分为性能日志、安全日志等。按照级别的不同，日志可以分为调试日志、信息日志、警告日志和错误日志等。

下面我们来看分布式微服务架构常用的几种日志类型。

1．访问日志

对于客户端的访问，我们期望能确认客户端的请求是否被服务端接收到，这种类型的日志称为访问日志（Access Log）。访问日志一般记录了客户端的请求资源或接口、请求耗时、响应结果（状态码）等，这些数据除了用来排查问题外，还可以用来统计服务的运行状况和性能表现，比如QPS、平均响应时间、错误率等。

2．性能日志

对提供的服务接口、依赖的接口、关键的程序路径等统计响应时间，打印到专用的性能日志中，用来监控和排查超时等性能问题。

3．远程服务调用日志

一个服务可能依赖于其他服务，通常使用 RPC 或者 REST 进行调用，在调用远程服务或被远程服务调用时，都需要打印出耗时日志，这能够帮助我们排查接口调用错误或者超时等问题。

4．业务系统应用日志

一般使用 Log4j、Slf4j、Logback、Log4j2 等，业务日志一般分为 Trace、Debug、Warn、Info和 Error 级别等，线上系统根据其特点进行的相应设置也不同，有的设置为 Debug 级别，有的设置为 Info、Error 级别等，刚上线且不稳定的项目中通常设置为 Debug 级别，便于查找问题。在线上系统稳定后使用 Error 级别即可，这样能够有效地提高效率。

5．VM 的 GC 日志

GC（Garbage Collection）是 Java 虚拟机中一个很重要的组成部分，在很多情况下我们都需要查看 GC 日志。

13.2　日志框架

13.2.1　JDK Logger

JDK Logger 是 JDK 从 1.4 版本起自带的日志系统，它的优点是不需要集成任何类库，只要有JVM 的运行环境就可以直接使用，使用起来比较方便。

JDK Logger 将日志分为 9 个级别：all、finest、finer、fine、config、info、warning、severe、off，

级别依次升高，具体内容见表 13-1。

表 13-1　JDK Logger 日志级别

日志级别	描述
severe	严重
warning	警告
info	信息
config	配置
fine	良好
finer	较好
finest	最好
all	开启所有级别日志
off	关闭所有级别日志

这里看到其命名和主流的开源日志框架命名有些不同，例如主流框架的错误日志使用 error 命名，而这里使用 severe 命名。我们来看一个简单的实例，具体代码如下所示：

```java
package com.example.demo.controller;
import java.util.logging.ConsoleHandler;
import java.util.logging.Handler;
import java.util.logging.Level;
import java.util.logging.Logger;
/**
 * 描述：JDK Logger 测试类
 * @author ay
 * @date 2019-02-01
 */
public class JdkLoggerTest {

    public static Logger logger =
Logger.getLogger(JdkLoggerTest.class.getName());

    static{
        Handler consoleHandler =new ConsoleHandler();
        //设置默认日志级别
        consoleHandler.setLevel(Level.SEVERE);
        logger.addHandler(consoleHandler);
    }

    public static void main(String[] args) {

        //设置日志级别
        logger.setLevel(Level.INFO) ;
        //打印日志
        logger.finest("finest log..");
        logger.finer ("finer log..");
        logger.fine ("fine log ..");
        logger.config("config log ..");
```

```
        logger.info("info log..");
        logger.warning("warning log .. ");
        logger.severe("severe log ..");
    }
}
```

上述代码中，首先在 static 静态代码块中设置日志的默认级别为 SEVERE，在 main 方法中调整日志级别为 info，则 info 前面更低级别的信息将不会被输出。若将日志级别设置为 all，则所有信息都会被输出。若设置为 off，则所有信息都不会被输出。JDK Logger 默认在控制台输出，并且输出 info 级别和高于 info 级别的信息。

运行 main 方法，将在控制台打印如下信息：

```
2 月 03, 2019 3:15:08 下午 com.example.demo.controller.JdkLoggerTest main
信息: info log..
2 月 03, 2019 3:15:08 下午 com.example.demo.controller.JdkLoggerTest main
警告: warning log ..
2 月 03, 2019 3:15:08 下午 com.example.demo.controller.JdkLoggerTest main
严重: severe log ..
2 月 03, 2019 3:15:08 下午 com.example.demo.controller.JdkLoggerTest main
严重: severe log ..
```

除了调用 Logger 的 setLevel()方法来设置日志级别外，我们还可以通过配置文件来设置日志级别。具体如何通过配置文件设置日志级别，读者可自己搜索网络资料学习。

13.2.2　Apache Commons Logging

Apache Commons Logging（简称 Commons Logging）只提供了日志接口，具体的实现则在运行时根据配置动态查找日志的实现框架，它的出现避免了和具体的日志实现框架直接耦合。在日常开发中，开发者可以选择第三方日志组件搭配使用，例如 Log4j。

有了 Commons Logging 之后，开发人员就可以针对 Commons Logging 的 API 进行编程，而运行时可以根据配置切换不同的日志实现框架，使应用程序打印日志的功能与日志实现解耦。换句话说，Commons Logging 提供了操作日志的接口，而具体的日志实现交给 Log4j 这样的开源日志框架来完成。这样可实现程序的解耦，对于底层日志框架的改变，并不会影响上层的业务代码。

传统的系统基本上使用 Commons Logging 和 Apache Log4j 的组合，Commons Logging 使用门面设计模式实现，门面后面可以转接 Apache Log4j 等其他日志实现框架。后来，Log4j 的作者看到这套实现在一些细节上存在缺陷，于是又开发了 Slf4j 和 Logback，但是它们并不属于 Apache 组织。Slf4j 用来取代 Commons Logging，Logback 则用来取代 Log4j。

13.2.3　Log4j/Log4j 2

Log4j 是 Apache 下的一个开源项目，通过使用 Log4j，我们可以将日志信息打印到控制台、文件等。我们也可以控制每一条日志的输出格式，通过定义每一条日志信息的级别，我们能够更加细致地控制日志的生成过程。

Log4j 中有 3 个主要的组件，它们分别是 Logger（记录器）、Appender（输出源）和 Layout

（布局），这 3 个组件可以简单地理解为日志类别、日志要输出的地方和日志以何种形式输出。
Log4j 日志框架简单原理图如图 13-1 所示。

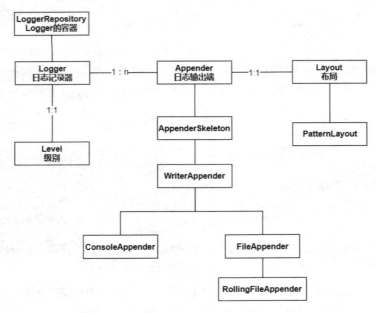

图 13-1　Log4J 日志框架简单原理图

Logger（记录器）：Loggers 组件被分为 7 个级别：all、debug、info、warn、error、fatal、off。
这 7 个级别是有优先级的：all< debug < info< warn< error < fatal < off，分别用来指定这条日志信息
的重要程度。Log4j 有一个规则：只输出级别不低于设定级别的日志信息。假设 Loggers 级别设定
为 info，则 info、warn、error 和 fatal 级别的日志信息都会输出，而级别比 info 低的 debug 则不会
输出。Log4j 允许开发人员定义多个 Logger，每个 Logger 拥有自己的名字，Logger 之间通过名字
来表明隶属关系。

Appender（输出源）：Log4j 日志系统允许把日志输出到不同的地方，如控制台（Console）、
文件（Files）等，可以根据天数或者文件大小产生新的文件，可以以流的形式发送到其他地方，等
等。

Layout（布局）：Layout 的作用是控制 Log 信息的输出方式，也就是格式化输出的信息。

Log4j 支持两种配置文件格式，一种是 XML 格式的文件，另一种是 Java 特性文件
log4j2.properties（键=值）。Properties 文件简单易读，而 XML 文件可以配置更多的功能（比
如过滤），没有好坏，能够融会贯通就是最好的。具体的 XML 配置如下所示：

```xml
<?xml version="1.0" encoding="UTF-8"?>
<Configuration status="WARN">
    <Appenders>
        <Console name="Console" target="SYSTEM_OUT">
        <PatternLayout pattern="%d{HH:mm:ss.SSS} [%t] %-5level %logger{36} -
%msg%n" />
        </Console>
    </Appenders>
```

```
        <Loggers>
            <Root level="debug">
                <AppenderRef ref="Console" />
            </Root>
        </Loggers>
</Configuration>
```

Apache Log4j 2（简称 Log4j 2）是 Log4j 的升级版本，相对于 Log4j l.x，它有很多层面的提高，并且提供了 Logback 的所有高级特性。Log4j 2 不但提供了高性能，而且提供了对 Log4j 1.2、Slf4j、Commons Logging 和 Java Logger 的支持，通过 log4j-to-slf4j 的兼容模式，使用 Log4j 2 API 的应用完全可以转接到 Slf4j 支持的任何日志框架上。与 Logback 一样，Log4j 2 可以动态地加载修改过的配置，在动态加载的过程中不会丢失日志。在 Log4j 2 中，过滤器的实现更加精细化，它可以根据环境数据、标记和正则表达式来过滤日志数据，过滤器可以在 Logger 级别上应用，也可以在 Appender 级别上应用。

13.2.4　Spring Boot 集成 Log4j

Spring Boot Logging 默认集成 Logback，只需要提供 Logback 配置文件就能开启 Logback 日志功能，但是现在我们想使用 Spring Boot 集成自己熟知的 Log4j，具体步骤如下所示：

步骤01　创建 Spring Boot 项目，项目名为 springboot-log4j2-log，具体内容参考 2.2 节。

步骤02　在 pom.xml 文件中引入所需的依赖，具体代码如下：

```
<!-- log4j2 -->
<dependency>
    <groupId>org.springframework.boot</groupId>
    <artifactId>spring-boot-starter-log4j2</artifactId>
</dependency>
```

步骤03　Spring Boot 默认使用 Logback 日志框架来记录日志，并用 INFO 级别输出到控制台，所以我们在引入 Log4j 2 之前，需要先排除该包的依赖，再引入 Log4j 2 的依赖。具体做法是找到 pom.xml 文件中的 spring-boot-starter-web 依赖，使用 exclusion 标签排除 Logback，具体排除 Logback 依赖的代码如下：

```
<dependency>
        <groupId>org.springframework.boot</groupId>
        <artifactId>spring-boot-starter-web</artifactId>
        <exclusions>
            <!-- 排查 Spring Boot 默认日志 -->
            <exclusion>
                <groupId>org.springframework.boot</groupId>
                <artifactId>spring-boot-starter-logging</artifactId>
            </exclusion>
        </exclusions>
</dependency>
```

步骤04　Log4j 2 支持两种配置文件格式，一种是 XML 格式的文件，另一种是 Properties 的文件格式。这里我们使用 XML 格式配置 Log4j 2，Properties 格式可以作为大家的自学任务。使用 XML 格式配置很简单，我们只需要在 application.properties 文件中添加如下配置信息：

```
###log4j 配置
logging.config=classpath:log4j2.xml
```

配置完成之后，Spring Boot 就会帮我们在 classpath 路径下查找 log4j2.xml 文件。所以最后一步，我们只需要配置好 log4j2.xml 文件即可。

步骤05 application.properties 配置完成之后，在目录/src/main/resources 下新建空的日志配置文件 log4j2.xml，具体代码如下：

```xml
<?xml version="1.0" encoding="UTF-8"?>
<Configuration status="WARN">
    <appenders>
        <Console name="Console" target="SYSTEM_OUT">
            <!-- 指定日志的输出格式 -->
            <PatternLayout pattern="[%d{HH:mm:ss:SSS}] [%p] - %l - %m%n"/>
        </Console>
    </appenders>
    <loggers>
        <root level="error">
            <!-- 控制台输出 -->
            <appender-ref ref="Console"/>
        </root>
        <logger name="com.example.demo" level="info"></logger>
    </loggers>
</Configuration>
```

<Console/>：指定控制台输出。

<PatternLayout/>：控制日志的输出格式。

：表示将所有包的日志输出到 ERROR 级别。

：表示将指定包 com.example.demo 中的日志输出到 INFO 级别。这是一种"先禁止所有，再允许个别"的配置方法。

步骤06 在 com.example.demo.controller 目录下开发测试类 Log4J2Controller，具体代码如下所示：

```java
package com.example.demo.controller;
import org.apache.logging.log4j.LogManager;
import org.apache.logging.log4j.Logger;
import org.springframework.web.bind.annotation.RequestMapping;
import org.springframework.web.bind.annotation.RestController;

/**
 * 描述：log4j2 控制层
 * @author ay
 * @date 2019-02-01
 */
```

```
@RestController
public class Log4J2Controller {
Logger logger = LogManager.getLogger(this.getClass().getName());

    @RequestMapping("/log4j2")
    public String log4j2(){
        //debug 日志，级别低于 info 日志，不打印
        logger.debug("debug--->>>class:Log4J2Controller and method:log4j2");
        //info 日志
        logger.info("info--->>>class:Log4J2Controller and method:log4j2");
        return "log4j2";
    }
}
```

步骤07　重 新 启 动 项 目 springboot-log4j2-log ， 在 浏 览 器 中 输 入 访 问 地 址：
http://localhost:8080/log4j2，便可在控制台看到 info 日志信息，具体内容如下所示：

```
[23:23:10:920][INFO]com.example.demo.controller.Log4J2Controller.log4j2(Lo
g4J2Control
    ler.java:21) - info--->>>class:Log4J2Controller and method:log4j2
```

13.2.5　Docker 日志框架

在 9.1.8 小节中，我们已经学习如何把 Spring Boot 项目打包成一个镜像，通过该镜像启动
容器，同时启动项目。如何将容器里打印的日志输出到 Docker 容器外呢？第一反应是使用
Docker 数据卷的方式，我们约定容器内的应用日志打印的目录，通过将宿主机的文件路径挂
载到容器的日志目录下，例如：

```
docker run -v 宿主机日志目录:容器内应用的日志目录 hello
```

这样，我们就可以在宿主机上查看 Docker 容器内部的日志了。除了通过数据卷的方法将 Docker
容器内的日志输出外，还有一些更加优雅的方法可以解决我们的问题。那就是 Docker 日志驱动。
接下来，我们将学习如何通过日志驱动输出日志到宿主机上，具体步骤如下所示：

步骤01　列出当前系统的镜像，启动 9.2 节打包的镜像，详细内容请参考 9.2 节。

```
### 列出所有的镜像
➜  docker images
REPOSITORY     TAG              IMAGE ID         CREATED         SIZE
springboot/spring-boot-docker  latest    d09e1ff032bc  36 hours ago  660MB
. . .省略代码
```

运行 springboot/spring-boot-docker 镜像，创建并启动容器，具体代码如下所示：

```
### 运行 springboot/spring-boot-docker 镜像，创建并启动容器
➜  docker run -d -p 80:80 --name springboot springboot/spring-boot-docker
### 启动成功后返回的容器 ID
8c8f862f5629c5caa8ae7450b977bb9f97b8be9ebf973a07d5349c2e8fccdc84
```

springboot/spring-boot-docker：镜像，该镜像存放在 springboot 仓库里。

-d 选项：代表该进程在后台运行。

-p 80:80：对外暴露了一个 80 端口，同时也映射到容器内部的 80 端口。

--name：该容器名称为 springboot。

步骤02 使用 docker logs 命令查看容器的日志，具体代码如下所示：

```
### 查看容器日志
➜ docker logs -f
8c8f862f5629c5caa8ae7450b977bb9f97b8be9ebf973a07d5349c2e8fccdc84
### 输出的日志信息
  .   ____          _            __ _ _
 /\\ / ___'_ __ _ _(_)_ __  __ _ \ \ \ \
( ( )\___ | '_ | '_| | '_ \/ _` | \ \ \ \
 \\/  ___)| |_)| | | | | || (_| |  ) ) ) )
  '  |____| .__|_| |_|_| |_\__, | / / / /
 =========|_|==============|___/=/_/_/_/
 :: Spring Boot ::        (v2.1.2.RELEASE)

 2019-02-03 16:13:13.043INFO 6 --- [main]
com.example.demo.DemoApplication:Starting
 DemoApplication v0.0.1 on 8c8f862f5629 with PID 6 (/app.jar started by root
in /)
 . . .省略代码
 2019-02-03 16:13:16.413  INFO 6 --- [main] com.example.demo.DemoApplication:
 Started DemoApplication in 4.178 seconds (JVM running for 5.48)
```

docker logs 会监控容器中操作系统的标准输出设备（STDOUT），一旦标准输出设备（STDOUT）有数据产生，就会将这些数据输出到日志驱动（Logging Driver）中。

步骤03 使用 docker info 命令查看当前 Docker 设置的日志驱动类型，具体代码如下：

```
### 查看docker 设置的日志类型
➜  docker info | grep 'Logging Driver'
### 输出信息
Logging Driver: json-file
```

从输出信息可知，目前 Docker 使用的日志驱动类型为 json-file，它表示 JSON 文件，也就是说，Docker 容器内部的应用程序所输出的日志将自动写入一个 JSON 文件中。该文件存放在 /var/lib/docker/containers/<container_id>下，该目录下有一个名为<container_id>-json.log 的文件。使用 docker logs 命令所看到的日志实际上就是解析这个 JSON 日志文件后的输出。

json-file 是 Docker 日志驱动的默认实现，Docker 还为我们提供其他的日志驱动类型，具体如表 13-2 所示。

表 13-2　Docker 日志驱动类型

驱动程序	描述
none	容器不输出任何日志
json-file（默认）	容器输出日志以 JSON 格式写入文件中
syslog	容器输出的日志写入宿主机的 Syslog 中

（续表）

驱动程序	描述
journald	容器输出的日志写入宿主机的 Journald 中
gelf	容器输出日志以 GELF 格式写入 Graylog 中
fluentd	容器输出的日志写入宿主机的 Fluentd 中
awslogs	容器输出的日志写入 Amazon CloudWatch Logs 中
splunk	容器输出的日志写入 Splunk 中
etwlogs	容器输出的日志写入 ETW 中
gcplogs	容器输出的日志写入 GCP 中

我们可以在 docker run 命令中通过--log-driver 参数来设置具体的 Docker 日志驱动，也可以通过--log-opt 参数指定对应日志驱动的相关选项。

13.2.6　Linux 系统 Syslog

Syslog 是 Linux 的日志系统，很多日志分析工具都可以从 Syslog 中获取日志，比如 ELK 中的日志收集组件 Logstash。Syslog 中写入的日志可以转发到 Logstash 中，随后将日志存入 Elasticsearch 中，最后通过 Kibana 来查询日志。

Rsyslog 是一个快速处理收集系统日志的程序，提供了高性能、安全功能和模块化设计。Rsyslog 是 Syslog 标准的一种实现，Linux 系统默认已经安装了。

13.3　搭建日志中心

13.3.1　ELK 概述

ELK 项目是开源项目 Elasticsearch、Logstash 和 Kibana 的集合，集合中每个项目的职责如下。

- Elasticsearch：一个基于 Lucene 搜索引擎的 NoSQL 数据库。
- Logstash：一个基于管道的处理工具，它从不同的数据源接收数据，执行不同的转换，然后发送数据到不同的目标系统。
- Kibana：工作在 Elasticsearch 上，是数据的展示层系统。

这 3 个项目组成的 ELK 系统通常用于现代服务化系统的日志管理。Logstash 用来收集和解析日志，并且把日志存储到 Elasticsearch 中并建立索引，Kibana 通过可视化的方式把数据展示给使用者。更多信息可查看 Elastic 官网：https://www.elastic.co/。

13.3.2 Elasticsearch 日志存储

Elasticsearch 是一款稳定高效的分布式搜索和分析引擎，它的底层基于 Lucene，并提供了友好的 RESTful API 来对数据进行操作。还有比较重要的一点是，Elasticsearch 开箱即可用，上手也比较容易。

在进一步使用 Elasticsearch 之前，让我们先了解几个关键概念：

- Index（索引）：这里的 Index 是名词，一个 Index 就像是传统关系数据库的 Database，它是 Elasticsearch 用来存储数据的逻辑区域。
- Document（文档）：Elasticsearch 使用 JSON 文档来表示一个对象，就像是关系数据库中一个 Table 中的一行数据。
- Type（类型）：文档归属于一种 Type，就像是关系数据库中的一个 Table。
- Field（字段）：每个文档包含多个字段，类似于关系数据库中一个 Table 的列。

我们用一个表格来做类比，具体如表 13-3 所示。

表 13-3　Elasticsearch 与 MySQL 对比

Elasticsearch	MySQL
Index	Database
Type	Table
Document	Row
Field	Column

在物理层面：

- Node（节点）：Node 是一个运行着的 Elasticsearch 实例，一个 Node 就是一个单独的 Server。
- Cluster（集群）：Cluster 是多个 Node 的集合。
- Shard（分片）：数据分片，一个 Index 可能会存在多个 Shard。

在集群环境中，每个 Elasticsearch 实例就是一个节点，由于整个集群存储的数据量较大，因此需要对节点上的数据进行分片。整个数据在集群中被划分为多个片段，每个片段被存放在不同的节点上。每个节点中的分片数据需要做副本，以避免因故障导致整个集群出现数据丢失。

了解基础概念后，我们开始学习如何安装并使用 Elasticsearch，具体步骤如下：

步骤01 在安装 Elasticsearch 之前，确保计算机已经安装了 JDK。推荐使用 JDK 8 及以上版本，JDK 8 的安装方法具体见 2.1.1 节。

步骤02 到官网（https://www.elastic.co/downloads/elasticsearch）下载 Elasticsearch 安装包并解压。

```
### elasticsearch-6.6.0.tar.gz
➜  tar zxvf elasticsearch-6.6.0.tar.gz
```

步骤03 在解压后的 bin 目录下，执行以下命令：

```
### 执行 elasticsearch 脚本
```

```
→  sh elasticsearch
```

Elasticsearch 启动后，也启动了两个端口：9200 和 9300：

（1）9200 端口：HTTP RESTful 接口的通信端口。

（2）9300 端口：TCP 通信端口，用于集群间节点通信和与 Java 客户端通信的端口。

步骤04 在浏览器中输入访问地址：**http://localhost:9200/**，我们可以看到类似如下输出：

```
### 浏览器输出的信息
{
name: "TxQnUGE",
cluster_name: "elasticsearch",
cluster_uuid: "NleaWJMvT3G2xCX98qFEtg",
version: {
number: "6.6.0",
build_flavor: "default",
build_type: "tar",
build_hash: "a9861f4",
build_date: "2019-01-24T11:27:09.439740Z",
build_snapshot: false,
lucene_version: "7.6.0",
minimum_wire_compatibility_version: "5.6.0",
minimum_index_compatibility_version: "5.0.0"
},
tagline: "You Know, for Search"
}
```

name 表示节点名称。cluster_name 表示集群名称。cluster_uuid 表示集群 UUID。此外，还包括 Elasticsearch 的版本信息、版本号、构建信息、Lucene 版本号等，最后还提供了标签行 tagline。

还可以通过访问 http://localhost:9200/_cat/health?v 查看 Elasticsearch 集群是否可用。

```
### 查看 Elasticsearch 集群信息
epoch      timestamp cluster      status node.total node.data shards pri relo init
unassign pending_tasks max_task_wait_time active_shards_percent
  1549420638 02:37:18  elasticsearch green           1          1        0    0    0    0
0         0                 0                  -                  100.0%
```

如果希望以 JSON 格式输出数据，那么可以使用?format=json，如果想要看到格式化效果的 JSON 数据，那么可以在参数后添加 &pretty 参数，即 ?format=json&pretty。例如访问 http://localhost:9200/_cat/health?format=json&pretty，浏览器输出如下信息：

```
[
{
epoch: "1549421170",
timestamp: "02:46:10",
cluster: "elasticsearch",
status: "green",
node.total: "1",
node.data: "1",
shards: "0",
```

```
pri: "0",
relo: "0",
init: "0",
unassign: "0",
pending_tasks: "0",
max_task_wait_time: "-",
active_shards_percent: "100.0%"
}
]
```

以上查看集群健康情况的信息是由 Elasticsearch 的 CAT API 提供的，它是一个 REST API，更多 CAT API 资料请参考 CAT API 文档：https://www.elastic.co/guide/en/elasticsearch/reference/current/cat.html。

步骤05 至此，Elasticsearch 安装启动完成。

接下来，我们看看如何建立索引、创建文档等，就好比在 MySQL 中进行诸如创建数据库、插入数据等操作。

1. 创建索引

我们可以使用 crul 命令创建一个名为 ay 的索引：

```
### 发送 PUT 请求，创建 ay 索引
➜  curl -X PUT "" http://localhost:9200/ay
curl: (3) <url> malformed
### 该输出表示索引创建完成，acknowledged 表示节点已收到确认，shards_acknowledged
### 表示分片已确认
{"acknowledged":true,"shards_acknowledged":true,"index":"ay"}%
### 查询索引信息
➜  curl http://localhost:9200/cat/indices\?v
health status index uuid  pri rep docs.count docs.deleted store.size
pri.store.size
yellow open   ay   F4Lku0CRTUCe7GF1kypr3Q  5   1   0        0            1.1kb        1.1kb
```

以上信息表示索引创建成功，但是索引目前还没有包含任何文档（docs.count 为 0）。

2. 删除索引

使用 POST 请求删除 ay 索引：

```
### 使用 DELETE 请求删除 ay 索引
➜  curl -X DELETE http://localhost:9200/ay
-H 'Content-Type: application/json'
### 请求响应数据如下所示
{
    "acknowledged": true
}
```

3. 创建文档

使用 PUT 请求在 ay 索引中创建一个文档：

```
### 发送创建文档的请求
➜  curl -X PUT http://localhost:9200/ay/external/1
```

```
-H 'Content-Type: application/json'
-d '{"name":"ay"}'
### curl 请求成功返回的响应信息
{
    "_index": "ay",
    "_type": "external",
    "_id": "1",
    "_version": 1,
    "result": "created",
    "_shards": {
        "total": 2,
        "successful": 1,
        "failed": 0
    },
    "_seq_no": 0,
    "_primary_term": 3
}
```

以上信息表示文档创建成功，该文档对应的索引是 ay，类型是 external，ID 是 1。

如果创建文档的时候，返回如下错误信息：

```
{
    "error":{
        "root_cause":[
            {
                "type":"cluster_block_exception",
                "reason":"blocked by: [FORBIDDEN/12/index read-only /
allow delete (api)];"
            }
        ],
        "type":"cluster_block_exception",
        "reason":"blocked by: [FORBIDDEN/12/index read-only / allow delete
(api)];"
    },
    "status":403
}
```

上述错误信息是由于 ES 新节点的数据目录 data 存储空间不足，导致从 master 主节点接收同步数据的时候失败，此时 ES 集群为了保护数据，会自动把索引分片 index 置为只读 read-only，可在客户端终端执行如下命令：

```
### 解决创建文档时，返回 cluster_block_exception
➜  curl -XPUT
-H "Content-Type: application/json" http://127.0.0.1:9200/_all/_settings
-d '{"index.blocks.read_only_allow_delete": null}'
```

4．查询文档

使用 GET 请求查询文档，具体代码如下所示：

```
### 查询文档，ay 是索引，external 是类型
➜  curl http://localhost:9200/ay/external/1
```

```
### 请求返回的响应信息
{
    "_index": "ay",
    "_type": "external",
    "_id": "1",
    "_version": 1,
    "_seq_no": 0,
    "_primary_term": 3,
    "found": true,
    "_source": {
        "name": "ay"
    }
}
```

在返回的数据中有一个_source 字段，这是文档的实际数据。

5. 修改文档

使用 POST 请求修改 ay/external/1 文档：

```
### 修改文档
➜  curl -X POST
-d '{"name":"al"}' http://localhost:9200/ay/external/1
-H 'Content-Type: application/json'
### 请求返回的响应信息
{
    "_index": "ay",
    "_type": "external",
    "_id": "1",
    "_version": 2,
    "result": "updated",
    "_shards": {
        "total":2,
        "successful": 1,
            "failed": 0,
    }
    "created": false
}
```

从响应的信息可以看出，该文档的版本号增长为 2。

6. 删除文档

使用 POST 请求删除 ay/external/1 文档：

```
### 删除文档
➜  curl -X DELETE
http://localhost:9200/ay/external/1
-H 'Content-Type: application/json'
### 请求返回的响应信息
{
    "found": "false",
    "index":"ay"
```

```
    "_type": "external",
    "_id": "1",
    "_version": 1,
    "result": "not_found",
    "_shards": {
        "total":2,
        "successful": 1,
            "failed": 0,
    }
}
```

以上输出信息表示文档删除成功。

13.3.3　Logstash 日志收集

ELK 最主要的使用场景是存储日志、可视化分析日志，以及处理其他基于时间顺序的数据。Logstash 是这个流程中最主要的一个环节，负责从日志源采集日志，然后存储到 Elasticsearch 中，它不仅可以帮助我们从不同的日志源采集日志，还可以过滤、处理和转换数据。这里学习如何安装和使用 Logstash，具体步骤如下所示。

步骤01 在安装 Logstash 之前，确保计算机已经安装了 JDK。JDK 安装方法具体见 2.1.1 节。

步骤02 在官网（https://www.elastic.co/downloads/logstash）下载 Logstash 安装包并解压。

```
### 解压安装包 logstash-6.6.0.tar.gz
tar zxvf logstash-6.6.0.tar.gz
```

步骤03 进入解压后的 bin 目录，启动 Logstash。

```
### 启动 logstash
bin/logstash -e 'input { stdin { } } output { stdout {} }'
```

如果提示如下的错误：

```
→  bin ./logstash -e 'input { stdin { } } output { stdout {} }'
Unrecognized VM option 'UseParNewGC'
Error: Could not create the Java Virtual Machine.
Error: A fatal exception has occurred. Program will exit.
```

就找到 Logstash 的 config 目录，将 jvm.options 配置文件中的-XX:UseParNewGC 注释掉：

```
## GC configuration
##-XX:+UseParNewGC
-XX:+UseConcMarkSweepGC
-XX:CMSInitiatingOccupancyFraction=75
```

重新输入启动命令：

```
### 启动 logstash
bin/logstash -e 'input { stdin { } } output { stdout {} }'
```

启动成功后，便可以看到如下的输出信息：

```
... 省略代码
  [2019-05-19T11:03:02,684][INFO ][logstash.pipeline        ] Pipeline started
successfully {:pipeline_id=>"main", :thread=>"#<Thread:0x58d558e3 sleep>"}
  The stdin plugin is now waiting for input:
  [2019-05-19T11:03:02,729][INFO ][logstash.agent           ] Pipelines running
{:count=>1, :running_pipelines=>[:main], :non_running_pipelines=>[]}
  [2019-05-19T11:03:02,950][INFO ][logstash.agent           ] Successfully
started Logstash API endpoint {:port=>9600}
```

在命令行输入一些字符，将看到 Logstash 的输出内容：

```
hello
{
        "host" => "MacBook-Pro-21.local",
     "message" => "hello",
  "@timestamp" => 2019-05-19T03:11:33.949Z,
    "@version" => "1"
}
```

在上面的例子中，我们在运行 Logstash 的过程中定义了一个名为 stdin 的数据源，还有一个 stdout 的输出目标，无论我们在命令行输入什么字符，Logstash 都会按照某种格式把数据打印到我们的标准输出命令行中。

上面是一个简单的 Logstash 示例，命令启动时定义了一个过滤器，过滤器里定义了输入和输出，这里我们详细学习输入源、输出目标、过滤器。

1．输入源

Logstash 包含很多不同的输入源，通过这些输入源，我们可以从不同的技术栈、位置和服务来获取数据，包括缓存系统 Redis、数据库系统 MySQL 以及不同的文件系统、消息队列等。我们能从不同的数据源导入数据并管理数据，最终把处理后的数据发送到大数据存储和搜索系统。

如果在过滤器中不定义任何输入源，默认的输入源就是命令行的标准输入。既然一次可以配置多个输入源，我们最好对输入源进行分类和标记，在过滤器和输出中才能引用它们。

2．Logstash 输出目标

Logstash 有许多输出目标，通过这些输出目标，我们能够把日志和时间通过不同的技术发送到不同的位置和服务。我们也可以把事件输出到文本文件、CSV 文件和 S3 等分布式存储中，也能把它们转化成消息发送到消息系统，例如 Kafka、RabbitMQ 等，或者把它们发送到不同的监控系统和通知系统中。如果没有定义任何输出目标，标准控制台输出就是默认的输出目标。

3．Logstash 过滤器

Logstash 提供丰富的过滤器，这些过滤器能够接收、处理、计算、测量事件等。Logstash 能够处理来自多个输入源的事件，并且可以使用多个输出。

现在我们学习如何配置 Logstash。Logstash 的配置包含输入、输出和过滤器三个阶段。一个配置文件中可以有多个输入、输出和过滤器的实例，我们也可以把它们分组并放到不同的配置文件中，例如 tomcat-access-file-elasticsearch.conf，配置文件内容如下：

```
input {
```

```
    file {
        path = "/var/log/apache/access.log"
        type = "apache-access"
    }
}
filter {
    if [type] == "apache-access" {
        grok {
            type = "apache- access"
            pattern = "%{COMBINEDAPACHELOG} "
        }
    }
}
output {
    if [type] == "apache-access"{
        if "grokparsefailure" in [tags] {
            null {}
        }

        Elasticsearch {
        }
    }
}
```

　　Logstash 从 Apache 服务器产生的日志中拉取数据，并指定这些事件的类型为 apache-access。我们会根据类型来选择过滤器和输出，类型最后也会用来在 Elasticsearch 中分类事件。

　　在过滤器段，声明使用 grok 过滤器对 apache-access 类型的事件进行过滤。条件判断 if[type]＝"apache-access"确保只有 apache-access 类型的事件才会被过滤。如果没有这个条件判断，Logstash 就会把其他类型的事件也应用到这个 grok 过滤器中。这个过滤器会解析 Apache 的日志行，然后组成 JSON 的日志格式。

　　最后，输出段确保我们只处理 apache-access 类型的事件。下面的一个条件针对我们识别不了的日志数据，假如我们不关心这些日志数据，则简单地抛弃它们。过滤器里的顺序非常重要，在上面示例的配置中，必须是成功解析的日志才能被存储到 Elasticsearch 中。如果有多个配置文件，那么每个配置文件中都可以包含上面提到的 3 个段，Logstash 会把所有的配置文件组合到一起，形成一个大的配置文件。既然可以配置多个输入源，则推荐标记每个事件，并对每个事件分类，这样方便在后续的处理中引用,确保在定义输出段时使用类型判断括起来,否则会出现不可思议的问题。

13.3.4　Fluentd 日志收集

　　Fluentd 是一个完全开源免费的 log 信息收集软件，支持超过 125 个系统的 log 信息收集，专为处理数据流设计，有点像 syslogd，但是使用 JSON 作为数据格式。它采用了插件式的架构，具有高可扩展性和高可用性，同时还实现了高可靠的信息转发，其架构图如图 13-2 所示。

　　本质上，Fluentd 可以分为客户端和服务端两种模块。客户端为安装在被采集系统中的程序，用于读取 log 文件等信息，并发送到 Fluentd 的服务端；服务端则是一个收集器。在 Fluentd 服务端，我们可以进行相应的配置，使其可以对收集到的数据进行过滤和处理，并最终路由到下一跳。下一跳可以是用于存储的数据库，如 MongoDB、Amazon S3，也可以是其他的数据处理平台，比如 Hadoop。

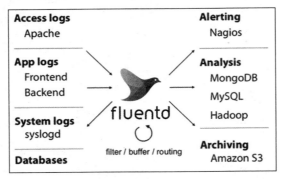

图 13-2　Fluentd 架构图

　　EFK 由 Elasticsearch、Fluentd 和 Kiabana 三个开源工具组成。其中 Elasticsearch 是一款分布式搜索引擎，能够用于日志的检索，Fluentd 是一个实时开源的数据收集器，而 Kibana 是一款能够为 Elasticsearch 提供分析和可视化的 Web 平台。这三款开源工具的组合为日志数据提供了分布式的实时搜集与分析的监控系统。而在此之前，业界是采用 ELK（Elasticsearch + Logstash + Kibana）来管理日志的。Logstash 是一个具有实时渠道能力的数据收集引擎，但和 Fluentd 相比，它在效能上表现略逊一筹，故而逐渐被 Fluentd 取代，ELK 也随之变成 EFK。EFK 具体架构如图 13-3 所示。

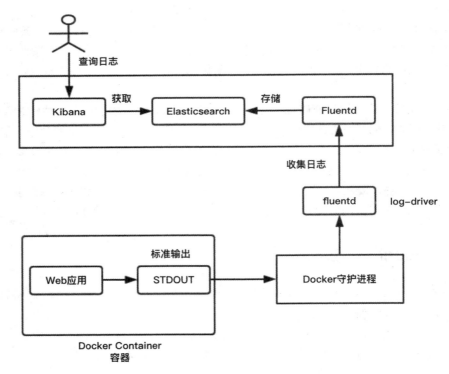

图 13-3　EFK 简单架构图

13.3.5　Kibana 日志查询

　　Kibana 是一个基于浏览器页面的显示 Elasticsearch 数据的前端展示系统，使用 HTML 语言和 JavaScript 实现，是为 Elasticsearch 提供日志分析的网页界面工具，可用它对日志进行高效汇总、搜索、可视化、分析和查询等操作，可以与存储在 Elasticsearch 索引中的数据进行交互，并执行高级的数据分析，然后以图表、表格和地图的形式查看数据。

　　Kibana 使得理解大容量的数据变得非常容易。它非常简单，基于浏览器的接口使我们能够快速创建和分享显示 ES 查询结果的实时变化情况的仪表盘，所以，它的最大亮点是图表和可视化展示能力。

　　下面开始学习如何安装和使用 Kibana，具体步骤如下所示。

步骤01　到官网（https://www.elastic.co/downloads/kibana）下载安装包并解压。

```
### 解压安装包 logstash-6.6.0.tar.gz
tar zxvf kibana-6.6.0-darwin-x86_64.tar.gz
```

步骤02　在解压后的 kibana/config 目录中修改配置文件，修改连接的 Elasticsearch 服务器。

```
### 去掉该行的注释
elasticsearch.hosts: ["http://localhost:9200"]
```

步骤03　在 bin 目录下执行 kibana 脚本启动 Kibana 应用（启动 Kibana 之前，保证 Elasticsearch 已经启动）。

```
### 启动 kibana
→ sh kibana
```

在命令行窗口中看到如下的输出信息，代表 Kibana 已经成功启动。

```
### 成功启动 kibana 后输出的信息
log  [15:42:02.358] [info][migrations] Pointing alias .kibana to .kibana_1.
log  [15:42:02.415] [info][migrations] Finished in 685ms.
log  [15:42:02.416] [info][listening] Server running at http://localhost:5601
log  [15:42:03.210] [info][status][plugin:spaces@6.6.0] Status changed
from red to green - Ready
```

步骤04　在浏览器输入访问地址：http://localhost:5601，便可以看到 Kibana 的首页，具体如图 13-4 所示。

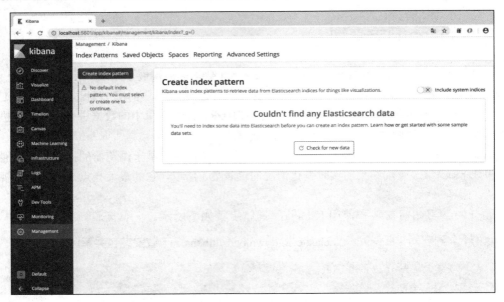

图 13-4　Kibana 首页

13.3.6　ELK 架构与 Docker 整合

通过 ELK 技术与 Docker 技术的整合可以构建完整的日志系统，具体如图 13-5 所示。

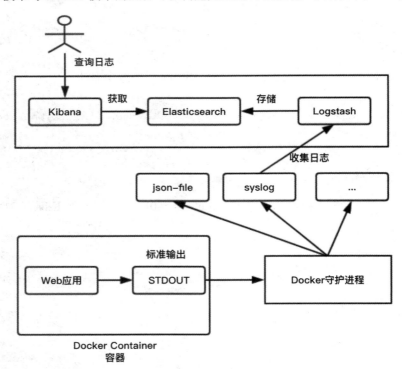

图 13-5　ELK 日志与 Docker 整合

　　Docker Container 中的 Web 应用将日志写入标准输出设备 STDOUT，Docker 守护进程负责从 STDOUT 中获取日志，并将日志写入对应的日志驱动中，如 Syslog。

　　Syslog 是 Linux 的日志系统。Syslog 中写入的日志被 Logstash 收集到，随后将日志存储到 Elasticsearch 中，最后通过 Kibana 来查询和展示日志。

13.3.7　ELK 架构原理

　　ELK 简单架构如图 13-6 所示。

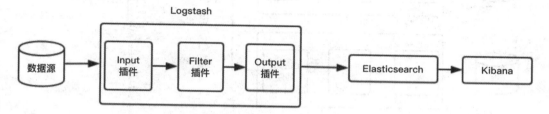

图 13-6　ELK 简单架构

　　这种架构下，我们把 Logstash 实例与 Elasticsearch 实例直接相连。Logstash 实例直接通过 Input 插件读取数据源数据（例如 Java 日志、Nginx 日志等），经过 Filter 插件进行过滤，最后通过 Output 插件将数据写入 Elasticsearch 实例中。这个阶段，日志的收集、过滤、输出等功能主要由这 3 个核心组件组成：Input、Filter、Output。

- Input：输入，输入数据可以是 File、STDIN（直接从控制台输入）、TCP、Syslog、Redis、Collectd 等。
- Filter：过滤，将日志输出成我们想要的格式。Logstash 存在丰富的过滤插件：Grok 正则捕获、时间处理、JSON 编解码、数据修改 Mutate。Grok 是 Logstash 中最重要的插件，强烈建议每个人都要使用 Grok Debugger 来调试自己的 Grok 表达式。
- Output：输出，输出目标可以是 Stdout（直接从控制台输出）、Elasticsearch、Redis、TCP、File 等。

　　这是最简单的一种 ELK 架构方式，Logstash 实例直接与 Elasticsearch 实例连接，优点是搭建简单，易于上手，仅供初学者学习与参考，不能用于线上的环境。

　　下面我们来看集群架构，具体如图 13-7 所示。

　　这种架构下，我们采用多个 Elasticsearch 节点组成 Elasticsearch 集群，Logstash 与 Elasticsearch 采用集群模式运行，集群模式可以避免单实例压力过重的问题。

　　每台服务器上面部署 Logstash Shipper Agent 来收集当前服务器上的日志，日志经过 Logstash 中的 Input 插件、Filter 插件、Output 插件传输到 Elasticsearch 集群。

　　Elasticsearch 选择默认配置即可满足，同时我们根据数据的重要性来决定是否添加副本，如果需要的话，那么最多添加一个副本即可。

　　Kibana 可以根据 Elasticsearch 的数据来做各种各样的图表来直观地展示业务实时状况。这种架构使用场景非常有限，主要存在以下两个问题：

　　（1）消耗服务器资源：Logstash 的收集、过滤都在服务器上完成，这就造成服务器上占用系统资源较高，性能方面不是很好，调试、跟踪困难，异常处理困难。

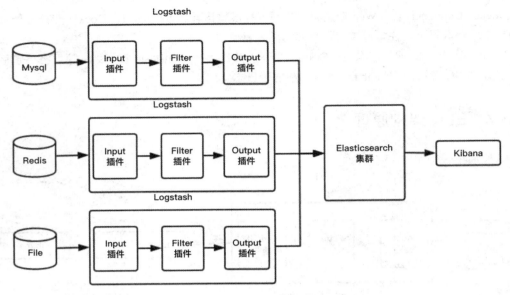

图 13-7　ELK 集群架构

（2）数据丢失：高并发情况下，由于日志传输峰值比较大，没有消息队列来做缓冲，因此会导致 Elasticsearch 集群丢失数据。

这个架构相对上个版本略微复杂，不过维护起来同样比较方便，同时可以满足数据量不大且可靠性不强的业务使用。

下面来看引入 Kafka 的 ELK 集群架构，具体如图 13-8 所示。

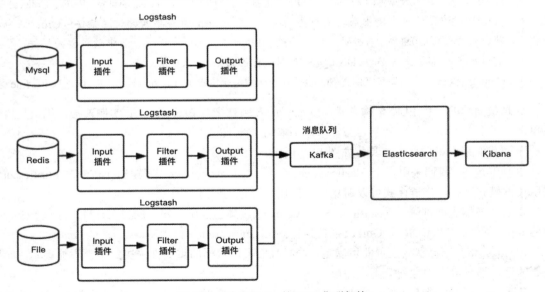

图 13-8　引入 Kafka 的 ELK 集群架构

从图 13-8 可知，当遇到 Logstash 接收数据的能力超过 Elasticsearch 集群处理能力的时候，就可以通过 Kafka 队列起到削峰填谷的作用，Elasticsearch 集群就不存在丢失数据的问题。

第**14**章

分布式微服务监控

本章主要介绍分布式微服务架构监控，包括监控价值、监控的完整体系、微服务监控的类型、Spring Boot 应用监控、Spring Boot Admin 监控系统以及如何集成 InfluxDB ＋ cAdvisor ＋ Grafana 搭建监控系统等。

14.1　分布式服务架构监控

14.1.1　监控的价值

在分布式的微服务架构中，当系统从单个节点扩张到很多节点的时候，如果系统的某个节点出现问题，对于运维和开发人员来说，定位可能就会变成一个挑战。其次，当新的业务进来以后，系统能否支持，系统运行的状况如何，容量规划怎么做？我们可以通过监控手段对系统进行衡量，或者做一个数据支撑。另外，还要理解分布式系统是什么样的拓扑结构、如何部署、系统之间如何通信、系统目前的性能状况如何以及出了问题怎么去发现它。这些都是分布式系统需要面对的问题。出现这些问题后，监控就是一个比较常用、有效的手段。总的来说，监控主要解决的是感知系统的状况。

14.1.2　监控的完整体系

一个完善的监控体系应该包括以下几部分：

（1）监控数据采集的时效与精确。

（2）监控数据采集存储与归档。

（3）监控数据的图形化展示。

（4）监控数据的自动化分析与联动处理。

（5）监控的告警及自动化处理。

（6）监控工具自身的安全控制。

（7）监控告警的响应及跟踪。

14.1.3　微服务监控类型

对于微服务系统来说，监控相对比较复杂，基于容器的微服务监控大致可以分为容器与宿主机的监控（基础监控）、API 监控、调用链监控以及应用本身的监控。接下来简单介绍这几种监控。

1．容器与宿主机的监控

基于容器的微服务监控和原始的监控是有很大区别的，因为服务的实例生存周期很短，分分钟可能就会有容器的生灭。微服务的容器与宿主机的监控离不开 CPU、内存、磁盘、网卡这些基础的性能指标，对于宿主机的监控来说，我们可以依然使用原始的监控方式，每个宿主机安装一个代理来采集服务器的性能指标，代理在采集性能指标的时候可以打上时间戳和相应的标签来区分不同性能指标的数据维度（Metric），然后将监控数据汇总到时间序列数据库，里面的数据可以对接目前一些开源的组件来进行可视化的展示，也可以对接报警服务（结合报警服务的报警策略）进行报警。容器的监控自然就和宿主机不太一样了，我们不能给每个容器镜像内部都集成一个监控代理（Agent），这样侵入性太强，不易于维护。目前有比较成熟的开源产品 Prometheus，它有很多的 Exporter 可以用来采集监控数据，例如我们想采集 Kubernetes 上所有容器（pod）的性能指标，Promethus 就可以通过直接配置多个 Kubernetes APIServer 的 Endpoints 来监控整个 Kubernetes 集群。

2．API 监控

微服务对外暴露的 API 都是经过服务网关来访问的，我们可以在网关上对这些 API 进行流量的分析与监控，监控 API 的访问量、API 的响应体状态码，当某些指标达到阈值时就可以进行报警，目前有很多开源的产品可以使用，例如 Kong，它可以安装很多的功能性插件，其中就有 Dashboard 插件和监控插件。

3．调用链监控

有了对整个微服务调用链的监控，就会有一种一览全局的感觉，对整个微服务集群的部署情况和运行情况了如指掌，可以很快地定位问题，协同开发人员进行性能调优，量化运维部门的价值。目前有谷歌的 Google Dapper，但是没有开源，只有论文，Zipkin、OpenTracing 都是基于谷歌的论文开发的开源产品。

4．应用本身的监控

微服务应用本身的监控方式就比较多样了，在后续章节中我们会学习到。

14.1.4　Spring Boot 应用监控

Spring Boot 大部分模块都用于开发业务功能或连接外部资源。除此之外，Spring Boot 还提供了 spring-boot-starter-actuator 模块，该模块主要用于管理和监控应用。这是一个用于暴露自身信息的模块。spring-boot-starter-actuator 模块可以有效地减少监控系统在采集应用指标时的开发量。spring-boot-starter-actuator 模块提供了监控和管理端点以及一些常用的扩展和配置方式，具体如表 14-1 所示。

表 14-1　监控和管理端点

路径（端点名）	描述	鉴权
/actuator/health	显示应用监控指标	false
/actuator/beans	查看 bean 及其关系列表	true
/actuator/info	查看应用信息	false
/actuator/trace	查看基本追踪信息	true
/actuator/env	查看所有环境变量	true
/actuator/env/{name}	查看具体变量值	true
/actuator/mappings	查看所有 url 映射	true
/actuator/autoconfig	查看当前应用的所有自动配置	true
/actuator/configprops	查看应用所有配置属性	true
/actuator/shutdown	关闭应用（默认关闭）	true
/actuator/metrics	查看应用基本指标	true
/actuator/metrics/{name}	查看应用具体指标	true
/actuator/dump	打印线程栈	true

在 Spring Boot 中使用监控，首先需要在 pom.xml 文件中引入所需的依赖 spring-boot-starter-actuator，具体代码如下所示：

```
<dependency>
    <groupId>org.springframework.boot</groupId>
    <artifactId>spring-boot-starter-actuator</artifactId>
</dependency>
```

在 pom.xml 文件中引入 spring-boot-starter-actuator 依赖包之后，我们需要在 application.properties 文件中添加如下的配置信息：

```
### 应用监控配置
#指定访问这些监控方法的端口
management.server.port=8099
```

management.port 用于指定访问这些监控方法的端口。spring-boot-starter-actuator 依赖和配置都添加成功之后，重新启动 my-spring-boot 项目，项目启动之后，在浏览器测试各个端点。比如在浏览器中输入：http://localhost:8099/actuator/health，可以看到如图 14-1 所示的应用健康信息。

图 14-1　health 端点返回信息

比如在浏览器中输入：http://localhost:8099/actuator/env，可以查看所有环境变量，具体如图 14-2 所示。

图 14-2　env 端点返回信息

其他端点测试按照表 14-2 所示的访问路径依次访问测试即可。

表 14-2　端点访问路径

路径（端点名）	描述
http://localhost:8099/actuator/health	显示应用监控指标
http://localhost:8099/actuator/beans	查看 bean 及其关系列表
http://localhost:8099/actuator/info	查看应用信息
http://localhost:8099/actuator/trace	查看基本追踪信息
http://localhost:8099/actuator/env	查看所有环境变量
http://localhost:8099/actuator/{name}	查看具体变量值
http://localhost:8099/actuator/mappings	查看所有 url 映射
http://localhost:8099/actuator/actuator/autoconfig	查看当前应用的所有自动配置
http://localhost:8099/actuator/configprops	查看应用所有配置属性
http://localhost:8099/actuator/shutdown	关闭应用（默认关闭）
http://localhost:8099/actuator/metrics	查看应用基本指标
http://localhost:8099/actuator/metrics/{name}	查看应用具体指标
http://localhost:8099/actuator/dump	打印线程栈

在浏览器中可以把返回的数据格式化成 JSON 格式，因为笔者的 Google 浏览器安装了 JsonView 插件，具体安装步骤如下：

步骤01 浏览器中输入链接：https://github.com/search?utf8=%E2%9C%93&q=jsonview，在弹出的页面中单击 gildas-lormeau/JSONView-for-Chrome，具体如图 14-3 所示。

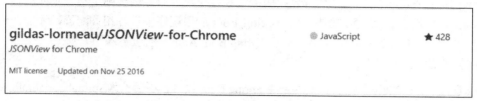

图 14-3　JsonView-for-Chrome 界面

步骤02 单击【Download Zip】，下载插件并解压缩到相应目录。

步骤03 在浏览器右上角单击【更多工具】→【扩展程序】→【加载已解压的扩展程序】，选择插件目录。

步骤04 安装完成，重新启动浏览器（快捷键：Ctrl+R）。

除了 spring-boot-starter-actuator 提供的默认端点外，我们还可以定制端点，定制端点一般通过 management.endpoint + 端点名 + 属性名来设置。比如，我们可以在配置文件 application.properties 中把端点名 health 的更多详细信息打印出来，具体代码如下所示：

```
#显示详细信息
management.endpoint.health.show-details=always
```

配置添加完成之后，重新启动 my-spring-boot 项目，在浏览器输入访问地址：http://localhost:8099/actuator/health，可以获得应用健康更多详细信息。如果想关闭端点 beans，那么可以在配置文件 application.properties 中添加如下的代码：

```
#关闭 beans 端点
management.endpoint.beans.enabled=false
```

配置添加完成之后，重新启动 my-spring-boot 项目，在浏览器输入访问地址：http://localhost:8099/actuator/beans，返回 404 错误信息，具体代码如下所示：

```
{
    timestamp: "2018-12-23T09:04:34.759+0000",
    status: 404,
    error: "Not Found",
    message: "No message available",
    path: "/actuator/beans"
}
```

14.1.5　Spring Boot Admin 监控系统

Spring Boot Admin 是一个管理和监控 Spring Boot 应用程序的开源软件。每个应用都认为是一个客户端，通过 HTTP 或者使用 Eureka 注册到 Admin Server 中进行展示。

Spring Boot Admin UI 部分使用 AngularJS 将数据展示在前端。Spring Boot Admin 是一个针对 Spring Boot 的 actuator 接口进行 UI 美化封装的监控工具。它可以监控 Spring Boot 项目的基本信息、详细的 Health 信息、内存信息、JVM 信息、垃圾回收信息、各种配置信息（比如数据源、缓存列表和命中率）等，还可以直接修改 logger 的层级（Level）。

Spring Boot Admin 实际包括两部分：服务端和客户端。服务端实际上是一个应用程序，用于收集应用程序的监控信息；客户端需要在 Spring Boot 应用程序中进行相关配置，才能在运行时与服务端建立通信，将自身的应用程序注册到 Spring Boot Admin 的服务端中。

下面先搭建 Spring Boot Admin 服务端，具体步骤如下：

步骤01 参考 2.2 节的内容，快速创建 Spring Boot 项目，项目名为 springboot-admin-server。

步骤02 在 pom.xml 文件中添加相关的依赖，具体代码如下所示。

```
<dependency>
    <groupId>de.codecentric</groupId>
    <artifactId>spring-boot-admin-server</artifactId>
    <version>2.1.2</version>
</dependency>
<dependency>
    <groupId>de.codecentric</groupId>
    <artifactId>spring-boot-admin-server-ui</artifactId>
    <version>2.1.2</version>
</dependency>
```

spring-boot-admin-server 依赖：提供 Spring Boot Admin 服务端编程接口，可以在代码中直接使用。

spring-boot-admin-server-ui 依赖：封装了 Web 应用程序，该程序使用 Node.js 编写，实际上底层使用 Maven 来运行 Node.js 应用程序。

步骤03 在 springboot-admin-server 项目的入口类添加注解@EnableAdminServer，具体代码如下所示：

```
package com.example.demo;
import de.codecentric.boot.admin.server.config.EnableAdminServer;
import org.springframework.boot.SpringApplication;
import org.springframework.boot.autoconfigure.SpringBootApplication;
@SpringBootApplication
@EnableAdminServer
public class DemoApplication {
    public static void main(String[] args) {
        SpringApplication.run(DemoApplication.class, args);
    }
}
```

@EnableAdminServer：启动项目时，Spring Boot 项目会扫描该注解，并启动 Spring Boot Admin 应用程序，即 Node.js 应用程序。

步骤04 启动项目，在浏览器中输入访问地址 http://localhost:8080，便可以看到 Spring Boot

Admin 应用程序页面,具体如图 14-4 所示。

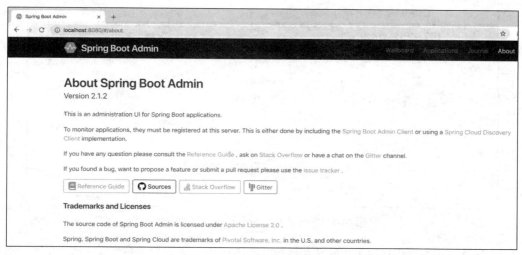

图 14-4　Spring Boot Admin 应用程序首页

　　Spring Boot Admin 服务端创建完成后,开始创建相应的客户端,即 Spring Boot 应用。在 Spring Boot 应用启动时,连接 Spring Boot Admin 服务端,并将自己注册到 Spring Boot Admin 服务端中,具体步骤如下所示。

步骤01　参考 2.2 节的内容,快速创建 Spring Boot 项目,项目名为 spring-boot-admin-client。

步骤02　在 pom.xml 文件中添加 Spring Boot Admin 客户端依赖配置,具体代码如下所示:

```
<dependency>
    <groupId>de.codecentric</groupId>
    <artifactId>spring-boot-admin-starter-client</artifactId>
    <version>2.1.2</version>
</dependency>
```

步骤03　在 application.properties 配置文件中添加 Spring Boot Admin 客户端所需的配置,具体代码如下所示:

```
### Spring Boot Admin 服务端地址
spring.boot.admin.client.url=http://localhost:8080
### Spring Boot Admin 客户端应用名称
spring.boot.admin.client.instance.name=Spring-Boot-Client
### 由于 8080 被 Spring Boot Admin 服务端占用,因此修改客户端的端口为 8081
server.port=8081
```

步骤04　重启 Spring Boot Admin 客户端,便可以在 Spring Boot Admin 的应用列表看到注册的应用,如图 14-5 所示。

图 14-5　Spring Boot Admin 应用程序首页

在图 14-6 所示的应用详情页，可以看到 Spring Boot Admin 为每个客户端生成一个唯一的 ID：ad00c61fb6f0，包括应用的访问 URL：http://192.168.0.101:8081/、应用的状态：UP 等。

图 14-6　Spring Boot Admin 应用详情页

聪明的读者可以发现 Spring Boot Admin 服务端后台监控系统过于简单，只能看到 Spring Boot 应用的简单信息，那是因为 Spring Boot 相关的端点没有被开放出来。我们继续在 application.properties 配置文件中添加如下配置：

```
### 启用所有的监控端点
management.endpoints.web.exposure.include=*
```

重新启动 Spring Boot 项目，此时可以看到非常详细且漂亮的监控系统，具体如图 14-7 所示。

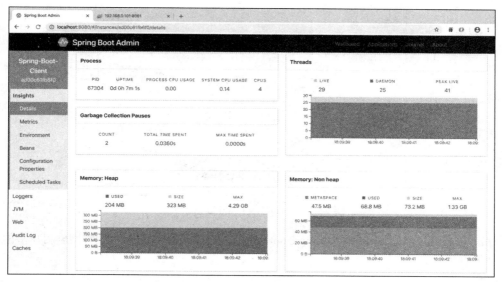

图 14-7　Spring Boot Admin 应用详情页

目前的 Spring Boot Admin 服务端后台监控系统是没有任何安全控制的，为了防止非法访问，我们可以开启 Spring Security 的身份认证功能，需要在 Spring Boot Admin 服务端与客户端中配置相应的用户名和密码。首先在服务端的 application.properties 配置文件中添加如下配置：

```
### 用户名
spring.security.user.name=admin
### 密码
spring.security.user.password=admin
```

同时在 pom.xml 文件中添加 Spring Security 依赖配置（Spring Boot Admin 服务端和客户端都需要添加）：

```
<dependency>
    <groupId>org.springframework.boot</groupId>
    <artifactId>spring-boot-starter-security</artifactId>
    <version>2.1.2.RELEASE</version>
</dependency>
```

配置添加完成后，重新启动 Spring Boot 应用，重新访问 http://localhost:8080，此时可以看到，Spring Boot Admin 服务端监控系统需要输入用户名和密码进行登录，输入用户名：admin 和密码：admin 即可登录，如图 14-8 所示。

修改完 Spring Boot Admin 服务端监控系统的访问权限后，现在我们来修改客户端 application.properties 配置文件，在配置文件中添加如下配置：

```
### 登录 Spring Boot Admin 的用户名
spring.boot.admin.client.username=admin
### 登录 Spring Boot Admin 的密码
spring.boot.admin.client.password=admin
```

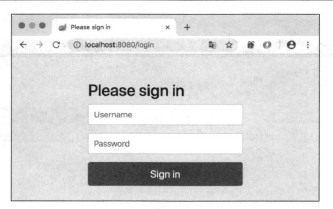

图 14-8　Spring Boot Admin 登录页面

最后，重启客户端即可。关于 Spring Boot Admin 监控功能，大家可以到官网学习更多的知识。

14.2　搭建系统监控中心

14.2.1　概述

上一节我们使用 Spring Boot Admin 监控系统监控 Spring Boot 应用，该监控属于应用监控，而 Spring Boot 应用大多数部署在 Docker 容器中，随着容器的数据增多，对 Docker 服务器和容器的监控越来越有必要。

为了能够获取到 Docker 容器的运行状态，用户可以通过 Docker 的 stats 命令获取当前主机上运行容器的统计信息，可以查看容器的 CPU 利用率、内存使用量、网络 IO 总量以及磁盘 IO 总量等信息，如图 14-9 所示。

```
→ bin docker stats 80e70dde2685
CONTAINER ID        NAME                CPU %               MEM USAGE / LIMIT       MEM %               NET I/O             BLOCK I/O           PIDS
80e70dde2685        hardcore_lumiere    0.00%               1.031MiB / 1.952GiB     0.05%               828B / 0B           5.75MB / 0B         1
CONTAINER ID        NAME                CPU %               MEM USAGE / LIMIT       MEM %               NET I/O             BLOCK I/O           PIDS
80e70dde2685        hardcore_lumiere    0.00%               1.031MiB / 1.952GiB     0.05%               828B / 0B           5.75MB / 0B         1
CONTAINER ID        NAME                CPU %               MEM USAGE / LIMIT       MEM %               NET I/O             BLOCK I/O           PIDS
80e70dde2685        hardcore_lumiere    0.00%               1.031MiB / 1.952GiB     0.05%               828B / 0B           5.75MB / 0B         1
CONTAINER ID        NAME                CPU %               MEM USAGE / LIMIT       MEM %               NET I/O             BLOCK I/O           PIDS
80e70dde2685        hardcore_lumiere    0.00%               1.031MiB / 1.952GiB     0.05%               828B / 0B           5.75MB / 0B         1
CONTAINER ID        NAME                CPU %               MEM USAGE / LIMIT       MEM %               NET I/O             BLOCK I/O           PIDS
80e70dde2685        hardcore_lumiere    0.00%               1.031MiB / 1.952GiB     0.05%               828B / 0B           5.75MB / 0B         1
CONTAINER ID        NAME                CPU %               MEM USAGE / LIMIT       MEM %               NET I/O             BLOCK I/O           PIDS
80e70dde2685        hardcore_lumiere    0.00%               1.031MiB / 1.952GiB     0.05%               828B / 0B           5.75MB / 0B         1
CONTAINER ID        NAME                CPU %               MEM USAGE / LIMIT       MEM %               NET I/O             BLOCK I/O           PIDS
80e70dde2685        hardcore_lumiere    0.00%               1.031MiB / 1.952GiB     0.05%               898B / 0B           5.75MB / 0B         1
```

图 14-9　通过 Docker 的 stats 命令获取 Docker 容器的运行信息

除了使用命令以外，用户还可以通过 Docker 提供的 HTTP API 查看容器详细的监控统计信息。

14.2.2　时序数据收集系统：cAdvisor

cAdvisor 是 Google 开源的一款用于展示和分析容器运行状态的可视化工具。通过在主机上运行 cAdvisor，用户可以轻松地获取当前主机上容器的运行统计信息，并以图表的形式向用户展示。

在本地运行 cAdvisor 非常简单，直接执行 docker 命令即可：

```
docker run \
--volume=/:/rootfs:ro \
--volume=/var/run:/var/run:rw \
--volume=/sys:/sys:ro \
--volume=/var/lib/docker/:/var/lib/docker:ro \
--publish=8080:8080 \
--detach=true \
--name=cadvisor \
google/cadvisor:latest
```

通过访问 http://localhost:8080 可以查看当前主机上容器的运行状态，如图 14-10 所示。

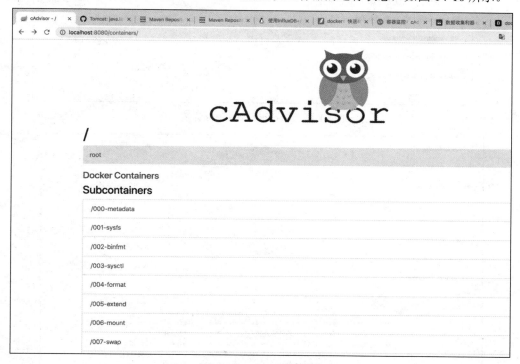

图 14-10　cAdvisor 首页

cAdvisor 会显示当前宿主机的资源使用情况，包括 CPU、内存、网络、文件系统等。单击 Docker Containers 链接可以显示容器列表，具体如图 14-11 和图 14-12 所示。

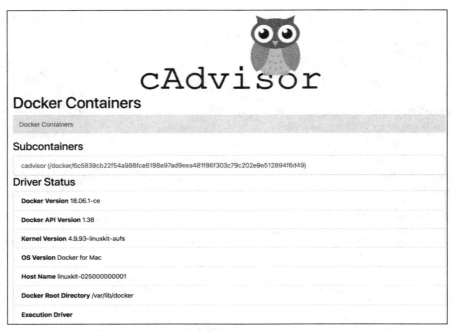

图 14-11　Docker Containers 详情

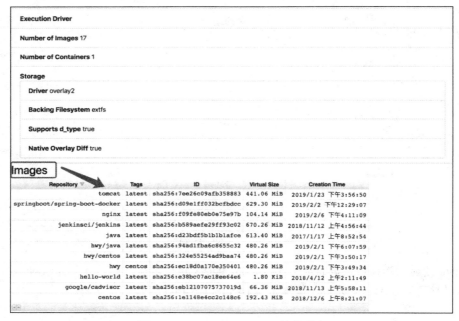

图 14-12　Docker Containers 镜像列表

　　除了提供 Web 界面之外，cAdvisor 还提供远程调用的 REST API，详情可以参考文档：https://github.com/google/cadvisor/blob/master/docs/api.md。另外，GitHub 上还提供了一个用 Go 语言实现的调用 REST API 的客户端：https://github.com/google/cadvisor/tree/master/client。

　　以上就是 cAdvisor 的主要功能，总结起来主要有两点：

（1）展示宿主机和容器两个层次的监控数据。

（2）展示历史变化数据。

由于 cAdvisor 提供的操作界面略显简陋，而且需要在不同页面之间跳转，并且只能监控一个 host，因此不免会让人质疑它的实用性。但 cAdvisor 的一个亮点是它可以将监控到的数据导出给第三方工具，由这些工具进一步加工处理。我们可以把 cAdvisor 定位为一个监控数据收集器，收集和导出数据是它的强项，而非展示数据。

14.2.3　时序数据存储系统：InfluxDB

cAdvisor 是一个简单易用的工具，相比于使用 Docker 命令行工具，用户不用再登录服务器就能以可视化图表的形式查看主机上所有容器的运行状态。而在多主机的情况下，在所有节点上运行 cAdvisor，再通过各自的 UI 查看监控信息显然不太方便，同时 cAdvisor 默认只保存 2 分钟的监控数据。所以，我们非常有必要使用一个数据库来存放每个容器所产生的时序数据，这里推荐的数据库是 InfluxDB。

InfluxDB 是一个开源的时序数据库，是使用 Go 语言开发的，特别适合用于处理和分析资源监控数据这种时序相关数据。而 InfluxDB 自带的各种特殊函数（如求标准差、随机取样数据、统计数据变化比等）使得数据统计和实时分析变得十分方便。在容器资源监控系统中就采用了 InfluxDB 存储 cAdvisor 的监控数据。

接下来，使用 Docker 方式来安装和启动 InfluxDB 数据库，具体步骤如下：

步骤01　使用 docker run 命令启动 InfluxDB，docker run 命令可参考第 9 章。

```
docker run -d \
-p 8086:8086 \
-v ~/influxdb:/var/lib/influxdb \
--name influxdb  influxdb
```

InfluxDB 对外暴露的端口是 8086。在上述命令中，我们将容器内部的/var/lib/influxdb 目录映射到宿主机的~/influxdb 目录上。

步骤02　容器启动后，通过 docker exec 命令进入 InfluxDB 容器内部，并执行 influx 命令启动 InfluxDB 的命令行客户端。

```
### 进入 influxdb 并执行 influx 命令
➜  docker exec -it influxdb influx
Connected to http://localhost:8086 version 1.7.3
InfluxDB shell version: 1.7.3
Enter an InfluxQL query
>
```

步骤03　至此，我们已经启动 InfluxDB 数据库。

接下来，开始简单熟悉如何使用 InfluxDB 数据库。

1．命令行帮助

使用 help 命令可以查看相关命令的使用帮助。

```
Enter an InfluxQL query
> help
Usage:
        connect <host:port>   connects to another node specified by host:port
        auth                  prompts for username and password
        pretty                toggles pretty print for the json format
        chunked               turns on chunked responses from server
        chunk size <size>     sets the size of the chunked responses.
 Set to 0 to reset to the default chunked size
        use <db_name>         sets current database
        format <format>       specifies the format of the server responses:
json, csv, or column
        precision <format>    specifies the format of the timestamp: rfc3339,
h, m, s, ms, u or ns
        consistency <level>   sets write consistency level: any, one, quorum,
or all
        history               displays command history
        settings              outputs the current settings for the shell
        clear                 clears settings such as database or retention policy.
 run 'clear' for help
        exit/quit/ctrl+d      quits the influx shell

        show databases        show database names
        show series           show series information
        show measurements     show measurement information
        show tag keys         show tag key information
        show field keys       show field key information

        A full list of influxql commands can be found at:
        https://docs.influxdata.com/influxdb/latest/query_language/spec/
```

2．查看数据库

使用 show databases 命令可以查看目前已有的数据库。

```
### 显示
> show databases;
name: databases
name
----
_internal
```

_internal 数据库是默认已有的数据库。

3．创建数据库

```
### 创建数据库 ay
> create database ay
```

```
### 显示数据库
> show databases;
name: databases
name
----
_internal
ay
```

4. 使用数据库

```
### 使用数据库
> use ay
Using database ay
```

5. 显示表（MEASUREMENTS）

在 InfluxDB 中，并没有表（Table）这个概念，取而代之的是 MEASUREMENTS，MEASUREMENTS 的功能与传统数据库中的表一致，因此也可以将 MEASUREMENTS 称为 InfluxDB 中的表。

```
### 显示表
> SHOW MEASUREMENTS
```

7. 新建表

InfluxDB 中没有显式的新建表的语句，只能通过插入数据的方式来建立新表。

```
### 往表 ay_test 插入数据
> INSERT ay_test,host=localhost,region=us_west value=100
> INSERT ay_test,host=localhost,region=us_west value=200
```

以上的 INSERT 命令实际上包含 3 部分：

- MEASUREMENTS: 类似 MySQL 数据库表。
- tag: 表示标签，用 key=value 表示，多个 tag 用 "," 号分隔，tags 中的值必须是 string 类型，如（host=localhost,region=us_west）。
- field: 表示字段，用 key=value 表示，类似于关系型数据库中的索引，field 中的值可以为 Integer、Float、Boolean、String 类型。若为 Integer 类型，则值后必须加 "i"，否则该值为 Float 类型。比如 value=23 意味着值 23 是 Float 类型的，而 value=23i 意味着值 23 是 Integer 类型的。Boolean 类型的值的表示方式有很多，直接写成 t、T、true、TRUE、f、F、false 或 FALSE 都可以。

8. 查询数据

```
### 查询 ay_test 表的数据
> select * from ay_test;
name: ay_test
time                 host       region  value
----                 ----       ------  -----
1549687307398517000 localhost us_west 100
1549688879172308900 localhost us_west 200
### 使用 limit 关键字限制查询的数量
> select * from ay_test limit 1
```

```
name: ay_test
time                    host        region  value
----                    ----        ------  -----
1549689738213370200 localhost us_west 100
```

第一列 time 表示数据创建的时间，它是由 InfluxDB 自动生成的相对毫秒数。

9. 删除数据

```
### 删除某一条数据
> delete from ay_test  where time=1549688879172308900
### 查询数据
> select * from ay_test
name: ay_test
time                    host        region  value
----                    ----        ------  -----
1549687307398517000 localhost us_west 100
### 删除表 ay_test
> drop MEASUREMENT "ay_test"
### 查询是否还有数据
> select * from ay_test
```

关于 InfluxDB 命令行客户端的更多内容，读者可到官网学习，官网地址：https://docs.influxdata.com/influxdb/v1.7/tools/。此外，InfluxDB 还提供了 REST API，官网地址：https://docs.influxdata.com/influxdb/v1.7/tools/api/。

14.2.4　时序数据分析系统：Grafana

Grafana 是一个开源的时序性统计和监控平台，支持 Elasticsearch、Graphite、InfluxDB 等众多数据源，并以功能强大的界面编辑器著称。

Grafana 的权限分为 3 个等级：Viewer、Editor 和 Admin。Viewer 只能查看 Grafana 已经存在的面板而不能编辑；Editor 可以编辑面板；Admin 则拥有全部权限，例如添加数据源、添加插件、增加 API KEY。对于普通用户来说，Viewer 权限已经足够。

接下来，我们使用 Docker 方式来安装和启动 Grafana 数据库，具体步骤如下：

步骤01 使用 docker run 命令启动 Grafana，docker run 命令可参考第 9 章。

```
### 启动并运行 grafana
docker run -d
--name=grafana
-p 3000:3000
-v ~/grafana:/var/lib/grafana
grafana/grafana
```

Grafana 默认启动的端口为 3000，启动后将 Grafana 的数据目录映射到宿主机的目录上（~/grafana）。

步骤02 Grafana 容器启动后，在浏览器中访问 http://localhost:3000/login，就能看到登录页面，

此时需要输入 Grafana 的管理员用户名和密码，默认都是 admin，如图 14-13 所示。

图 14-13　Grafana 登录首页

步骤03　登录成功后，进入 Home Dashboard 页面，如图 14-14 所示。

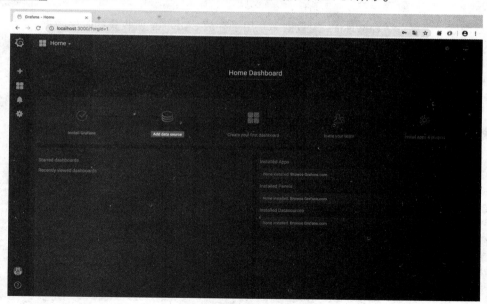

图 14-14　Home Dashboard 页面

步骤04　此时 Grafana 安装并启动成功。

14.2.5　集成 InfluxDB + cAdvisor + Grafana

前几节，我们学习了 InfluxDB、cAdvisor 以及 Grafana 这几门技术，本节将学习如何整合 InfluxDB、cAdvisor 和 Grafana 构建一个完整的系统监控平台。cAdvisor 用于数据采集，InfluxDB 用于数据存储，Grafana 用于数据展示。具体整合步骤如下所示：

步骤01 使用 docker run 命令启动 InfluxDB 容器。

```
docker run -d \
-p 8086:8086 \
-v ~/influxdb:/var/lib/influxdb \
--name influxdb  influxdb
```

InfluxDB 对外暴露的端口是 8086。在上述命令中，我们将容器内部的/var/lib/influxdb 目录映射到宿主机的~/influxdb 目录上。

InfluxDB 启动成功后，进入该容器内部，并打开 InfluxDB 的命令行客户端。

```
➜  docker exec -it influxdb influx
Connected to http://localhost:8086 version 1.7.3
InfluxDB shell version: 1.7.3
Enter an InfluxQL query
>
```

然后创建一个名为"cadvisor"的数据库，用于存放 cAdvisor 所收集的时序数据。

```
> CREATE DATABASE "cadvisor"
```

同时，还需要创建一个 root 用户，密码也为 root，该用户拥有所有的权限。

```
> CREATE USER "root" WITH PASSWORD 'root' WITH ALL PRIVILEGES
```

步骤02 启动 cAdvisor 容器。

```
docker run \
--volume=/:/rootfs:ro \
--volume=/var/run:/var/run:rw \
--volume=/sys:/sys:ro \
--volume=/var/lib/docker/:/var/lib/docker:ro \
--publish=8080:8080 \
--detach=true \
--name=cadvisor \
google/cadvisor:latest \
-storage_driver=influxdb \
-storage_driver_db=cadvisor \
-storage_driver_host=influxdb:8086 \
-storage_driver_user=root \
-storage_driver_password=root
```

- -storage_driver：cAdvisor 的存储驱动，设置为 influxdb，表示 InfluxDB。
- -storage_driver_db：设置 InfluxDB 的数据库。

- -storage_driver_host: 设置 InfluxDB 连接的域名和端口。
- -storage_driver_user: 设置 InfluxDB 的用户。
- -storage_driver_password: 设置 InfluxDB 的用户密码。

步骤03 启动 Grafana。

```
docker run \
-d \
-p 3000:3000 \
-v ~/grafana:/var/lib/grafana \
--link influxdb:influxdb \
--name grafana \
grafana/grafana
```

Grafana 容器启动后，在浏览器中访问 http://localhost:3000/login，就能看到登录页面，此时需要输入 Grafana 的管理员用户名和密码，默认都是 admin。

接下来需要为 Grafana 添加一个数据源，单击 Add data source，打开如图 14-15 所示的界面。

图 14-15　添加 Grafana 数据源

在 Name 输入框中填写数据源名称 cadvisor，同时勾选 Default 复选框，表示使用 cAdvisor 作为默认数据源。在 URL 输入框中填写 InfluxDB 的访问地址 http://influxdb:8086，在 Access 输入框中选择 Server(Default)选项。然后在 Database 输入框中输入 cadvisor，在 User 输入框中输入 root，在 Password 输入框中输入 root。最后单击 Save & Test 按钮进行保存。

数据源配置完成后，回到 Home Dashboard 页面，单击 New dashboard 按钮，开始创建一个新的仪表盘。我们选择 Graph，具体如图 14-16 所示。

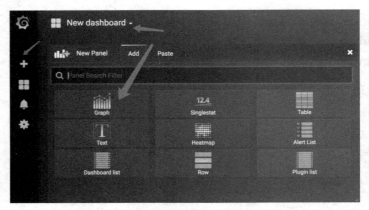

图 14-16　添加 Graph 仪表盘

然后将看到一张只有横纵坐标的空面板，单击 Panel Title 文字，将出现悬浮菜单，具体如图 14-17 所示。

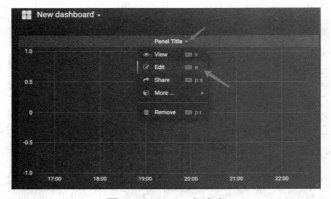

图 14-17　Graph 仪表盘

单击 Edit 按钮，将在面板的下方看到一个面板编辑表单，具体如图 14-18 所示。

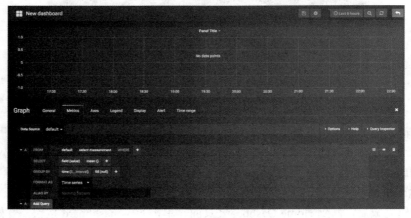

图 14-18　编辑仪表盘面板

在 Metrics 选项中可以设置 InfluxDB 的查询语句，单击 select measurement 文字，输入

memory_usage 可以用来查看内存的使用情况。在 WHERE 后输入"container_name=cadvisor"，表示只查看 cAdvisor 容器的内存使用情况，具体如图 14-19 所示。

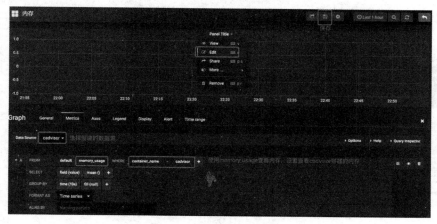

图 14-19　设置 Metrics 选项

步骤04　至此，我们集成 InfluxDB + cAdvisor + Grafana。

第15章

分布式微服务配置中心

本章主要介绍配置中心的演化、配置中心的原理以及如何使用 Spring Cloud Config 搭建配置中心。

15.1　配置中心概述

15.1.1　配置概述

在项目中，我们可以简单地把应用理解为：代码+配置。代码并没什么好介绍的。对于配置来说，由于我们需要对程序中的参数进行自定义配置，或者设置开关控制程序的执行，不想直接硬编码在代码中，使得系统具有良好的拓展性和灵活性，因此可以将一些信息写入配置文件中（如数据库连接、日志配置、系统环境、系统常用参数等）。可以将配置文件理解为一个小型的数据库，用于存储信息，供程序读取。

例如，系统上线后日志级别默认为 INFO。某一天系统突然出问题，访问不正常，我们想查看更多的日志信息，于是将日志输出级别动态地调整为 DEBUG 或 TRACE，而无须重启应用，相信这样会更容易理解配置的作用。

可以这么理解，配置是程序运行时动态调整行为能力的一种手段，而且这几乎是项目上线到生产环境，在运行时调整行为的唯一手段。

15.1.2　配置中心解决问题

在单体应用中，多多少少都存在配置文件。以常见的 Spring 应用来说，我们立马会想到 application.xml、log4j.properties 等配置文件。但是，在微服务架构体系中，微服务众多（成百上千），服务之间又有互相调用关系，微服务怎么知道被调用微服务的地址呢？万一被调用的微服务地址变了怎么办？我们需要方便地进行修改且实时自动刷新，而不至于重启应用。也就是说，微服务的配置管理需要解决以下几个问题：

（1）配置集中管理：统一对应用中各个微服务配置进行管理。

（2）在系统运行期间可动态配置：在不停止服务的情况下，根据系统运行情况（微服务负载情况等）进行配置调整。

（3）配置修改自动刷新：当修改配置后，能够支持自动刷新。

所以，对于微服务架构而言，通用的分布式配置管理是必不可少的。在大多数微服务系统中，都会有一个名为配置文件的功能模块来提供统一的分布式配置管理。

15.1.3　全局配置

在项目初期，每个应用或者服务都有自己的私有配置文件，具体如图 15-1 所示。

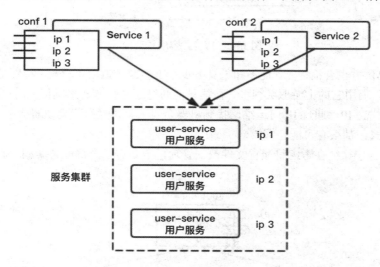

图 15-1　传统应用或者服务配置架构

如图 15-1 所示，用户服务共有 3 个节点，分别是 ip1/ip2/ip3。Service 1 调用用户服务 user-service，它有自己的私有配置文件 conf 1，conf 1 配置了用户服务集群信息 ip1/ip2/ip3。同理，Service 2 也配置了用户服务的集群信息。大部分公司初期的服务配置都是这样的架构。

当项目发展到一定的阶段，由于项目的流量增大，因此需要增加用户服务节点 ip4/ip5。此时，项目架构如图 15-2 所示。

此时，需要用户服务的负责人通知所有上游调用者（Service 1 和 Service 2）修改配置并重启上游服务，连接到新的集群上去，以完成整个扩容过程。如果服务的依赖关系变得复杂，服务调用方太多，就会出现如下问题：

（1）用户服务调用方会很痛苦，容量变化的是下游的用户服务，凭什么修改配置重启的是我？这是一个典型的"反向依赖"架构设计，上下游通过配置耦合，特别是上层服务依赖的服务很多的时候，可能每周都有类似的配置重启需求。

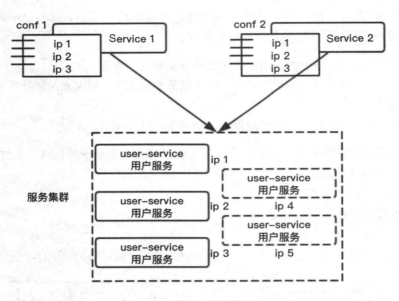

图 15-2　服务扩容配置架构

（2）服务提供方也会很痛苦，他不知道有多少个上游服务调用了自己，特别是底层基础服务，像用户服务这种，调用它的上游服务很多，往往只能通过这几种方式来定位上游：群里吼、发邮件询问、通过连接找到 IP，通过 IP 问运维，找到机器负责人，再通过机器负责人找到对应调用的服务。无论哪种方式，都很有可能遗漏。

基于以上问题，往往会考虑将配置文件统一管理，于是有了全局配置架构，具体如图 15-3 所示。

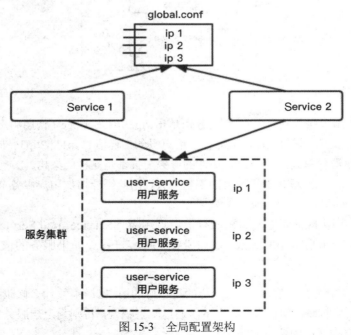

图 15-3　全局配置架构

对于用户服务集群，建立全局配置文件 global.conf，消除私有配置，对于服务调用方（Service 1 和 Service 2），禁止配置私藏，必须从 global.conf 里读取通用下游配置。这么做的好处是，如果用户服务配置发生变化，就只需要修改配置 global.conf，而不需要在各个上游修改配置。调用方下一次重启的时候，自动迁移到扩容后的集群上。修改成本非常小，只是读取的配置文件目录变了。唯一不足的是，如果调用方（Service 1 和 Service 2）一直不重启，就没有办法将流量迁移到新集群上去。

有没有方法实现自动流量迁移呢？答案是肯定的，只需要实现两个并不复杂的组件，就能实现调用方的流量自动迁移。

（1）文件监控组件 FileMonitor

作用是监控文件的变化，创建定时器，定期监控文件的修改时间 ModifyTime 或者 md5 就能轻松实现，当文件变化后，实施回调。

（2）动态连接池组件 DynamicConnectionPool

连接池组件是 RPC-client 中的一个子组件，用来维护与多个 RPC-server 节点之间的连接。所谓"动态连接池"，是指连接池中的连接可以动态增加和减少，这两个组件完成后：

①一旦全局配置文件变化，文件监控组件实施回调。

②如果动态连接池组件发现配置中减少了一些节点，就动态地将对应连接销毁，如果增加了一些节点，就动态建立连接，自动完成下游节点的增容与缩容。

具体架构如图 15-4 所示。

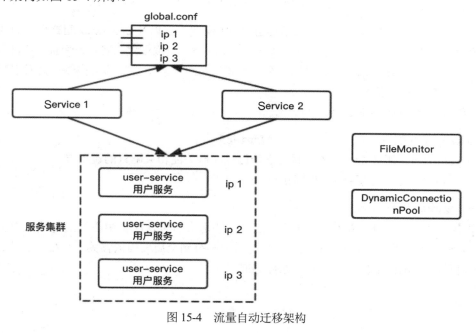

图 15-4　流量自动迁移架构

15.1.4　配置中心

全局配置文件虽然能够快速落地，解决"修改配置重启"的问题，但它仍然解决不了服务提供方有多少上游服务调用了自己的问题。如果服务提供方不知道有多少上游服务调用了自己，就没办法实现按照调用方限流，以及绘制全局架构依赖图。此时，我们可以采用"配置中心"来解决，具体架构如图 15-5 所示。

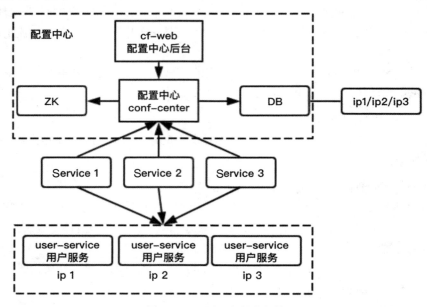

图 15-5　配置服务简单架构

整个配置中心系统由 zk、conf-center 服务，DB 配置存储以及 conf-web 配置后台组成。所有下游服务的配置通过后台设置在配置中心里。所有上游需要拉取配置，需要去配置中心注册，拉取下游服务配置信息（ip1/ip2/ip3）。对比"全局配置"与"配置中心"的架构图，会发现配置由静态的文件升级为动态的服务。

当下游服务需要扩容时：

（1）conf-web 配置后台进行设置，新增 ip4/ip5。

（2）conf-center 服务将变更的配置推送给已经注册关注相关配置的调用方。

（3）结合动态连接池组件完成自动的扩容。

扩容的架构如图 15-6 所示。

配置中心的好处是调用方不需要再重启服务，服务方可以从配置中心很清楚地知道上游的依赖关系，从而实施按照调用方限流，很容易从配置中心得到全局架构依赖关系。唯一不足的是系统复杂度相对较高，对配置中心的可靠性要求较高。

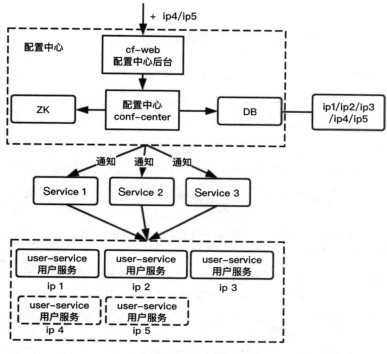

图 15-6　配置中心扩容简单架构

15.2　Spring Cloud Config

15.2.1　Spring Cloud Config 概述

Spring Cloud Config 项目是一个解决分布式系统的配置管理方案。它包含 Client 和 Server 两部分，Server 提供配置文件的存储，以接口的形式将配置文件的内容提供出去；Client 通过接口获取数据，并依据此数据初始化自己的应用。Spring Cloud Config 使用 Git 或 SVN 存放配置文件，默认情况下使用 Git。

Spring Cloud Config 支持以下功能：

- 提供服务端和客户端支持。
- 集中管理各环境的配置文件。
- 配置文件修改之后，可以快速地生效。
- 可以进行版本管理。
- 支持大的并发查询。
- 支持各种语言。

15.2.2　Spring Cloud Config 快速入门

本节介绍如何构建一个基于 Git 存储的分布式配置中心，具体步骤如下所示：

步骤01　在 GitHub 上创建 config-repo 项目（https://github.com/huangwenyi10/config-repo），同时创建开发环境、预发环境以及正式环境的 3 个配置文件：ay-dev.properties、ay-pre.properties、ay-release.properties，并分别在 3 个配置文件中添加如下的配置信息：

```
### ay-dev.properties 配置文件中添加如下内容
config.name=dev_ay
### ay-pre.properties 配置文件中添加如下内容
config.name=pre_ay
### ay-release.properties 配置文件中添加如下内容
config.name=release_ay
```

步骤02　快速创建 Spring Boot 项目，项目名为 config-server，具体参考 2.2 节。

步骤03　在项目 config-server 的 pom.xml 文件下添加如下依赖：

```xml
<parent>
        <groupId>org.springframework.boot</groupId>
        <artifactId>spring-boot-starter-parent</artifactId>
        <version>2.1.4.RELEASE</version>
        <relativePath/> <!-- lookup parent from repository -->
    </parent>
    <groupId>com.example</groupId>
    <artifactId>demo</artifactId>
    <version>0.0.1-SNAPSHOT</version>
    <name>demo</name>
    <description>Demo project for Spring Boot</description>

    <properties>
        <java.version>1.8</java.version>
        <spring-cloud.version>Greenwich.SR1</spring-cloud.version>
    </properties>

    <dependencies>
<!-- spring-boot-starter-web 依赖可不用添加 -->
        <dependency>
            <groupId>org.springframework.boot</groupId>
            <artifactId>spring-boot-starter-web</artifactId>
        </dependency>
        <dependency>
            <groupId>org.springframework.cloud</groupId>
            <artifactId>spring-cloud-config-server</artifactId>
        </dependency>
        <dependency>
            <groupId>org.springframework.boot</groupId>
            <artifactId>spring-boot-starter-test</artifactId>
```

```
            <scope>test</scope>
        </dependency>
    </dependencies>

<dependencyManagement>
    <dependencies>
        <dependency>
            <groupId>org.springframework.cloud</groupId>
            <artifactId>spring-cloud-dependencies</artifactId>
            <version>${spring-cloud.version}</version>
            <type>pom</type>
            <scope>import</scope>
        </dependency>
    </dependencies>
</dependencyManagement>
```

备　注

如果读者觉得添加依赖麻烦且容易出错，那么可以使用 Intellij IDEA 开发工具生成 config-server 项目，具体流程为：单击 Intellij IDEA 开发工具菜单栏的【File】→【New】→【Project...】→【Spring Initializr】→【Next】等，最重要的是在图 15-7 的步骤中勾选 Config Server 复选框。

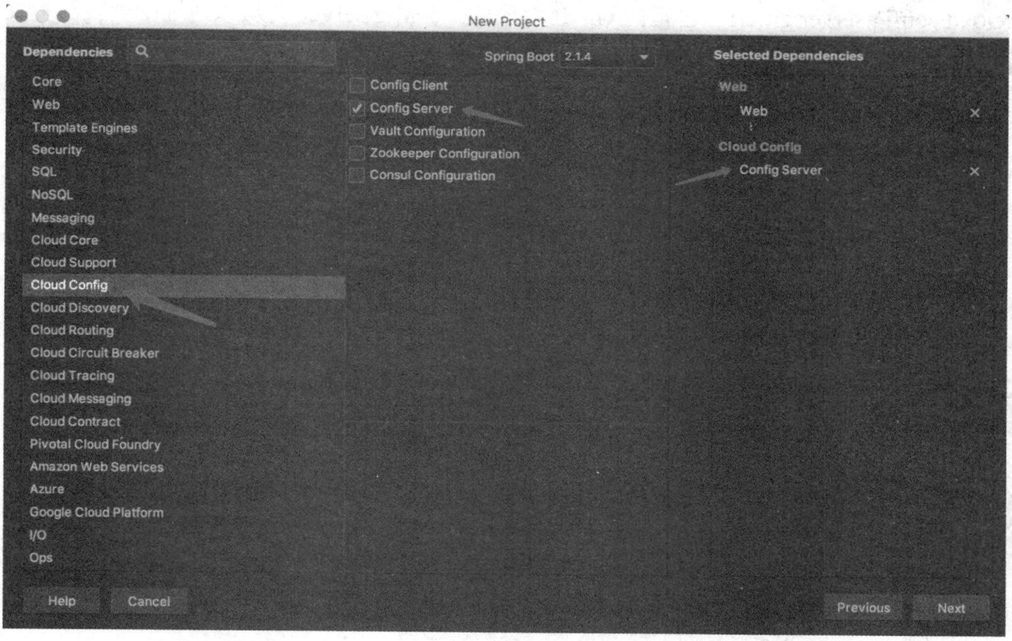

图 15-7　Intellij IDEA 创建 config-server 项目

步骤04 在启动类上添加@EnableConfigServer 注解，开启 Spring Cloud Config 的服务端功能。

```
@SpringBootApplication
@EnableConfigServer
public class DemoApplication {
```

```
public static void main(String[] args) {
    SpringApplication.run(DemoApplication.class, args);
}
}
```

步骤05 在 application.properties 中添加配置服务的基本信息以及 Git 仓库的相关信息，具体代码如下所示：

```
###服务名
spring.application.name=config-server
### 端口
server.port=8888
#配置 Git 仓库地址
spring.cloud.config.server.git.uri=
https://github.com/huangwenyi10/config-repo.git
#主分支
spring.cloud.config.label=master
#访问 Git 仓库的用户名，config-repo 是 public，无须用户名
#spring.cloud.config.server.git.username=
#访问 Git 仓库的用户密码，config-repo 是 public，无须密码
#spring.cloud.config.server.git.password=
```

在 application.properties 配置文件中，配置了服务器名、服务端口和最重要的一个配置 spring.cloud.config.server.git.uri，它指向 Git 仓库地址。config-server 会从该地址中查找配置文件，如果 Git 仓库访问权限是公有的，就无须配置用户名和密码。

步骤06 启动 config-server 服务，在浏览器中输入访问地址：http://localhost:8888/ay-dev.properties，结果如图 15-8 所示。

图 15-8　获取 dev 环境的配置

在浏览器中输入访问地址：http://localhost:8888/ay-pre.properties，结果如图 15-9 所示。

图 15-9　获取 pre 环境的配置

通过该请求，配置服务已经从指定的 Git 仓库中找到了 ay-dev.properties 和 ay-pre.properties 配

置文件。至此，config-server 服务创建成功。

配置服务的服务端 config-server 创建完成之后，我们开始创建客户端，具体步骤如下所示：

步骤01 快速创建 Spring Boot 项目，项目名为 config-client，具体参考 2.2 节。

步骤02 在项目 config-client 的 pom.xml 文件下添加如下依赖：

```xml
<parent>
    <groupId>org.springframework.boot</groupId>
    <artifactId>spring-boot-starter-parent</artifactId>
    <version>2.1.4.RELEASE</version>
    <relativePath/> <!-- lookup parent from repository -->
</parent>
<groupId>com.example</groupId>
<artifactId>demo</artifactId>
<version>0.0.1-SNAPSHOT</version>
<name>demo</name>
<description>Demo project for Spring Boot</description>

<properties>
    <java.version>1.8</java.version>
    <spring-cloud.version>Greenwich.SR1</spring-cloud.version>
</properties>

<dependencies>
    <dependency>
        <groupId>org.springframework.boot</groupId>
        <artifactId>spring-boot-starter-web</artifactId>
    </dependency>
    <dependency>
        <groupId>org.springframework.cloud</groupId>
        <artifactId>spring-cloud-starter-config</artifactId>
    </dependency>

    <dependency>
        <groupId>org.springframework.boot</groupId>
        <artifactId>spring-boot-starter-test</artifactId>
        <scope>test</scope>
    </dependency>
</dependencies>

<dependencyManagement>
    <dependencies>
        <dependency>
            <groupId>org.springframework.cloud</groupId>
            <artifactId>spring-cloud-dependencies</artifactId>
            <version>${spring-cloud.version}</version>
            <type>pom</type>
            <scope>import</scope>
        </dependency>
    </dependencies>
</dependencies>
```

```
</dependencyManagement>
```

备 注

如果读者觉得添加依赖麻烦且容易出错，那么可以使用 Intellij IDEA 开发工具生成 config-client 项目，具体流程为：单击 Intellij IDEA 开发工具菜单栏【File】→【New】→【Project...】→【Spring Initializr】→【Next】等，最重要的是在图 15-10 的步骤中勾选 Config-Client 复选框。

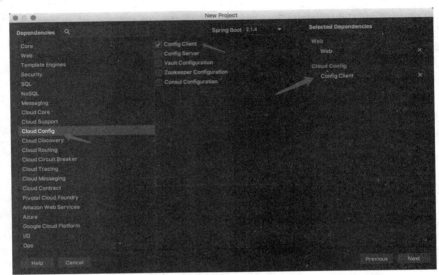

图 15-10　使用 Intellij IDEA 创建 config-client 项目

步骤03 在配置文件 application.properties 中添加如下配置：

```
spring.application.name=config-client
```

步骤04 在项目的 resources 目录下创建配置文件 bootstrap.properties，具体内容如下所示：

```
#指定使用 git 主分支
spring.cloud.config.label=master
#指定 dev 开发环境配置文件
spring.cloud.config.profile=dev
#指定配置文件名字 ay，此名字对应 git 中的配置文件的名字
spring.cloud.config.name=ay
#指定配置服务地址
spring.cloud.config.uri=http://localhost:8888/
```

在 resources 目录下创建了两个配置文件：application.properties（默认的）和 bootstrap.properties。这两个文件都可以用于 Spring Boot 的配置，只是 bootstrap.properties 中的配置优先级高于前者，而 bootstrap.properties 一般用来加载外部配置。

步骤05 开发 HelloController 类，该类会读取 config.name 配置，该配置在 Git 中配置过了。

```
/**
```

```
 * 描述：控制层
 * @author ay
 * @date 2019-04-17
 */
@RestController
public class HelloController {

    @Value("${config.name}")
    private String notify;

    @RequestMapping("/hello")
    public String hello(){
        return notify;
    }
}
```

步骤06　依次启动 config-server 和 config-client 服务，在浏览器中输入访问地址：http://localhost:8080/hello，便可以在浏览器中看到"dev_ay"信息。到这里说明确实从 Git 中获取了配置参数。修改 bootstrap.properties 配置文件中的 spring.cloud.config.profile=pre 即可完成环境的切换，使用 ay-pre.properties 作为配置。

步骤07　至此，配置服务的客户端开发完成。

Spring Cloud Config 除了可以实现基于远程方式获取配置，还可以实现基于本地方式获取配置，具体步骤如下所示。

步骤01　在原项目的基础上修改 config-server 项目的配置文件 application.properties，具体代码如下所示：

```
###服务名称
spring.application.name=config-server
###服务端口
server.port=8888
### 本地配置文件路径
spring.cloud.config.server.native.search-locations=classpath:/shared
### 指定使用本地配置方式
spring.profiles.active=native
```

spring.cloud.config.server.native.search-locations 指定本地配置文件路径，spring.profiles.active=native 指定使用本地配置方式。

步骤02　在 resources 目录中创建 shared 目录，并在 shared 目录中创建配置文件 ay-dev.properties 和 ay-pre.properties。配置文件的内容如下所示：

```
### 在 ay-dev.properties 配置文件中添加如下内容
config.name=ay-dev-native
### 在 ay-pre.properties 配置文件中添加如下内容
config.name=ay-pre-native
```

步骤03　修改 config-client 项目的 bootstrap.properties 配置文件，具体代码如下所示：

```
spring.cloud.config.uri=http://localhost:8888
spring.cloud.config.profile=dev
spring.cloud.config.name=ay
```

spring.cloud.config.uri：指定 config-server 配置中心地址。

config.profile=dev：指定 profile。

config-server 会根据指定的配置中心查找 dev 配置。而 config-server 指定基于本地的配置（shared/ay-dev.properties），即会把 ay-dev.properties 中的配置项作为 config-client 的配置信息，应用根据配置名称 ay 加上-dev 自动匹配 ay-dev.properties 文件。

步骤04 依次启动 config-server 和 config-client 服务，在浏览器中输入访问地址：http://localhost:8080/hello，便可以看到 "ay-dev-native"。说明确实从本地中获取了配置参数。修改 bootstrap.properties 中 的 配 置 spring.cloud.config.profile=pre 即 可 完 成 环 境 的 切 换，使 用 ay-pre.properties 作为配置。

我们已经演示了如何使用 Spring Cloud Config 搭建配置中心、获取本地和远程的配置（基于 Git），获取远程配置的具体原理如图 15-11 所示。

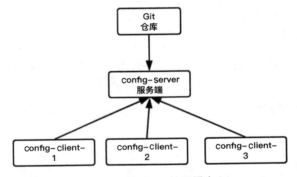

图 15-11　基于 Git 的配置中心

但是这样仍然不够，因为还不能做到自动刷新配置文件。例如在 Git 上更改了配置文件，还需要重启服务才能够读取最新的配置。因此有了图 15-12 所示的解决方案。

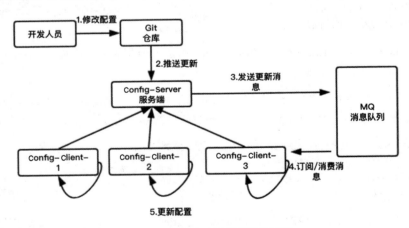

图 15-12　自动更新配置简单原理

　　Spring Cloud Bus 会对外提供一个 HTTP 接口。我们将这个接口配置到远程的 Git 上。当开发人员修改项目配置，Git 上的文件内容发生变动时，就会自动调用 HTTP 接口通知 config-server。config-server 会发布更新消息到消息队列中，其他客户端服务订阅到该消息就会刷新项目配置，从而实现整个微服务自动刷新配置。

第16章

分布式微服务存储与解耦

本章主要介绍分布式数据库架构与原理、分布式事务理论、分布式缓存架构与原理、分布式 Session 架构与原理以及微服务之间的解耦。

16.1　分布式数据库架构

随着时间和业务的发展，分布式架构数据库中的数据量增长是不可控的，库和表中的数据会越来越多，随之带来的是更高的磁盘、IO、系统开销，甚至性能上的瓶颈。当数据库单表达到千万级别后，SQL 性能会开始下降。如果不对千万级数据表进行优化，SQL 性能就会继续下降。

一台服务的资源终究是有限的，因此需要对数据库和表进行拆分，从而更好地提供数据服务，提升 SQL 性能。

16.1.1　分库

分库的含义：根据业务需要将原库拆分成多个库，通过降低单库的大小来提高单库的性能。常见的分库方式有两种——垂直分库和水平分库。分库架构如图 16-1 所示。

（1）垂直分库

垂直分库是根据业务进行划分的，将同一类业务相关的数据表划分在同一个库中。例如将原库中有关商品的数据表划分为一个数据库，将原库中有关订单的数据表划分为另一个数据库。

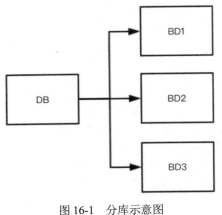

图 16-1　分库示意图

（2）水平分库

水平分库是按照一定的规则对数据库进行划分。每个数据库中各个表的结构相同，数据存储在不同的数据库中。

16.1.2　分表

分表的含义：根据业务需要将大表拆分成多个子表，通过降低单表的大小来提高单表的性能。常见的分表方式有两种：垂直分表和水平分表。分表架构如图 16-2 所示。

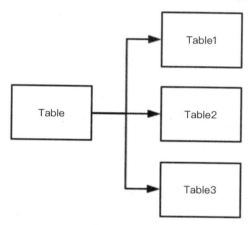

图 16-2　分表的示意图

（1）垂直分表

垂直分表就是将一个大表根据业务功能拆分成多个分表。例如原表可根据业务分成基本信息表和详细信息表等。

（2）水平分表

水平分表是按照一定的规则对数据表进行划分。每个数据表的结构相同，数据存储在多个分表中。

16.1.3　水平切分的方式

水平分表或者水平分库都属于水平切分的方式。在真实业务场景中，强烈建议分库，而不是分表。因为分表依然共用一个数据库文件，仍然有磁盘 IO 的竞争，而分库能够很容易地将数据迁移到不同的数据库实例，甚至不同的数据库机器上，扩展性更好。

常用的水平切分方式有两种：范围法和哈希法。

（1）范围法

我们以用户为例，范围法简单原理如图 16-3 所示。

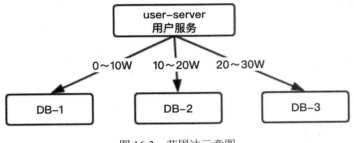

图 16-3　范围法示意图

如图 16-3 所示，以用户中心的业务主键 uid 为划分依据，将数据水平切分到 3 个数据库实例上去：

DB-1：存储 0~10 万的用户数据。
DB-2：存储 10~20 万的用户数据。
DB-3：存储 20~30 万的用户数据。

当然，我们也可以按照年份、月份进行水平切分：

DB-1：存储 2017 年的用户数据。
DB-2：存储 2018 年的用户数据。
DB-3：存储 2019 年的用户数据。

（2）哈希法
哈希法简单原理如图 16-4 所示。

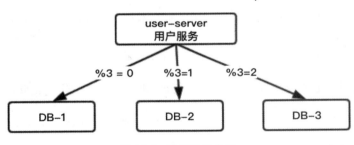

图 16-4　哈希法示意图

如图 16-4 所示，也是以用户主键 uid 为划分依据，将数据水平切分到 3 个数据库实例上去。

DB-1：存储 uid 取模得 0 的 uid 数据。
DB-2：存储 uid 取模得 1 的 uid 数据。
DB-3：存储 uid 取模得 2 的 uid 数据。

这两种方法在互联网都有使用，其中哈希法使用得较为广泛。

在水平切片结构中，多个实例之间本身不直接产生联系，不像主从间有 Binlog 同步。多个实例数据库的结构完全相同，多个实例存储的数据之间没有交集，所有实例间的数据并集构成全局数据。大部分互联网业务数据量很大，单库容量容易成为瓶颈，此时通过分片可以线性提升数据库的写性能，降低单库数据的容量。分片是解决数据库数据量大的问题而实施的架构设计。

16.1.4　垂直切分的方式

垂直分库或者垂直分表都属于垂直切分。在开发过程中，往往根据业务对数据进行垂直切分时，一般要考虑属性的"长度"和"访问频度"两个因素：

（1）长度较短、访问频率较高的放在一起。

（2）长度较长、访问频度较低的放在一起。

这是因为数据库会以行为单位将数据加载到内存里，在内存容量有限的情况下，长度短且访问频度高的属性，内存能够加载更多的数据，命中率会更高，磁盘 IO 会减少，数据库的性能会提升。

我们仍然以用户为例，可以这样进行垂直切分：

User(uid, uname, passwd, sex, age, …)

User_EX(uid, intro, sign, …)

垂直切分开的表，主键都是 uid，登录名、密码、性别、年龄等属性放在一个垂直表（库）里，自我介绍、个人签名等属性放在另一个垂直表（库）里。垂直切分既可以降低单表（库）的数据量，又可以降低磁盘 IO，从而提升吞吐量，但它与业务的结合比较紧密，并不是所有业务都能够进行垂直切分的。

16.1.5　分组

分组的含义：主和从构成的数据库集群称为"分组"。分组架构如图 16-5 所示。

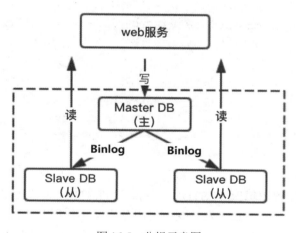

图 16-5　分组示意图

在同一个组里的数据库集群，主从之间通过 Binlog 进行数据同步，多个实例数据库的结构完全相同，多个实例存储的数据也完全相同，本质上是将数据进行复制。

大部分互联网业务读多写少，数据库的读往往最先成为性能瓶颈。如果希望线性提升数据库的读性能，消除读写锁冲突，提升数据库的写性能，冗余从库实现数据的"读高可用"，那么可以使用分组架构。需要注意的是，在分组架构中，数据库的主库依然是写单点。

16.1.6　Mycat 分库分表实战

Mycat 是一个开源的分布式数据库系统，其核心功能是分表分库，即将一个大表水平分割为多个小表，存储在后端 MySQL 或者其他数据库里。取名 Mycat 的原因：一是简单好记；二是希望未来能够入驻 Apache，Apache 的开源产品 Tomcat 也是一只猫。

本节讲解 Mycat 的安装和 Mycat 结合 MySQL 进行分库分表部署。

（1）下载 Mycat

可以在 Mycat 的官网（http://www.mycat.io/）下载合适的 Mycat 版本。本书使用的 Mycat 版本是 Mycat-1.6.5。

（2）解压 Mycat

执行 tar 命令解压 Mycat 安装包：

```
tar -zxvf Mycat-server-1.6.5-release-20180122220033-linux.tar.gz
```

（3）配置 server.xml

进入 Mycat 解压目录的 conf 目录，对配置文件进行修改。在 server.xml 中配置 Mycat 服务的端口和 Mycat 服务的用户。

```
<!-- Mycat 服务端口 8066 -->
<property name="serverPort">8066</property>
<!-- root 用户 -->
<user name="root" defaultAccount="true">
        <property name="password">123456</property>
        <property name="schemas">TESTDB</property>
</user>

<!-- 只读用户 -->
<user name="test">
        <property name="password">test</property>
        <property name="schemas">TESTDB</property>
        <property name="readOnly">true</property>
</user>
```

（4）配置 schema.xml

在 schema.xml 中配置逻辑库 TESTDB，逻辑库 TESTDB 中包含 customer 表、item 表和 customer_order 表。其中，customer 表是既不使用分库又不使用分表的；item 表使用 Mycat 进行分库操作，分库规则是 mod-long；customer_order 表使用 Mycat 进行分表操作，分表规则是 mod-long，customer_order 分表为 customer_order1、customer_order2 和 customer_order3。除了配置逻辑库以外，还要配置 MySQL 的连接。

```xml
<?xml version="1.0"?>
<!DOCTYPE mycat:schema SYSTEM "schema.dtd">
<mycat:schema xmlns:mycat="http://io.mycat/">
    <!-- 定义一个 Mycat 的 schema, 逻辑数据库名称为 TestDB -->
    <!-- checkSQLschema: 描述的是当前的连接是否需要检测数据库的模式 -->
    <!-- sqlMaxLimit: 表示返回的最大数据量的行数 -->
    <!-- dataNode: 该操作使用的数据节点的逻辑名称 -->
    <schema name="TESTDB" checkSQLschema="false" sqlMaxLimit="100">
        <!-- customer 客户表在 dn1 中不使用分库分表 -->
        <table name="customer" dataNode="dn1" />

        <!-- item 商品表在 dn2、dn3 上-->
        <table name="item" primaryKey="ID" dataNode="dn1,dn2,dn3"
rule="mod-long"/>

        <!-- order 订单表在 dn3 上根据 id 做分片-->
        <table name="customer_order" primaryKey="ID"
subTables="customer_order$1-3"
            dataNode="dn3" rule="mod-long" />

    </schema>
    <!-- 数据节点 -->
    <dataNode name="dn1" dataHost="localhost" database="mycat01" />
    <dataNode name="dn2" dataHost="localhost" database="mycat02" />
    <dataNode name="dn3" dataHost="localhost" database="mycat03" />
    <!-- 数据主机 -->
    <dataHost name="localhost" maxCon="1000" minCon="10" balance="0"
            writeType="0" dbType="mysql" dbDriver="native"
    switchType="1" slaveThreshold="100">
        <heartbeat>select user()</heartbeat>
        <!-- can have multi write hosts -->
        <writeHost host="hostM1" url="localhost:3306" user="root"
password="123456">
            <!-- can have multi read hosts -->
            <readHost host="hostS2" url="localhost:3306" user="root"
    password="123456" />
        </writeHost>
    </dataHost>
</mycat:schema>
```

（5）配置 rule.xml

本书使用的 mod-long 规则是根据 id 对 3 取模进行数据分片。mod-long 规则的实现如下：

```xml
<tableRule name="mod-long">
        <rule>
            <columns>id</columns>
            <algorithm>mod-long</algorithm>
        </rule>
</tableRule>
<function name="mod-long" class="io.mycat.route.function.PartitionByMod">
        <!-- how many data nodes -->
```

```
        <property name="count">3</property>
</function>
```

除了 mod-long 规则外，还有很多规则，如按照月份对数据进行分片，代码如下所示：

```
<tableRule name="sharding-by-month">
    <rule>
        <columns>create_time</columns>
        <algorithm>partbymonth</algorithm>
    </rule>
</tableRule>
<function name="partbymonth"
    class="io.mycat.route.function.PartitionByMonth">
    <property name="dateFormat">yyyy-MM-dd</property>
    <property name="sBeginDate">2015-01-01</property>
</function>
```

除了 Mycat 已定义好的分片规则外，用户也可以自定义合适的分片规则。

（6）验证 Mycat 服务

进入 Mycat 解压目录下的 bin 目录，使用启动脚本启动 Mycat 服务。

```
./mycat start
```

查看 Mycat 服务：

```
ps -ef | grep mycat | grep -v grep
```

（7）创建数据库和数据表

准备分库分表需要用到的脚本：

```
######################不分库不分表###########################
DROP DATABASE IF EXISTS mycat01;
CREATE DATABASE mycat01;
USE mycat01;
 CREATE TABLE customer (
  id INT NOT NULL AUTO_INCREMENT COMMENT '客户id',
  name VARCHAR(20) DEFAULT '' COMMENT '客户姓名',
  phone VARCHAR(11) DEFAULT '' COMMENT '客户手机号',
  adddate TIMESTAMP NOT NULL DEFAULT CURRENT_TIMESTAMP COMMENT '添加时间',
  updatedate TIMESTAMP NOT NULL DEFAULT CURRENT_TIMESTAMP ON UPDATE
CURRENT_TIMESTAMP COMMENT '修改时间',
   PRIMARY KEY ('id')
 )ENGINE=InnoDB DEFAULT CHARSET=utf8;

 CREATE TABLE item (
    id INT NOT NULL AUTO_INCREMENT,
    value INT NOT NULL default 0,
    adddate TIMESTAMP NOT NULL DEFAULT CURRENT_TIMESTAMP COMMENT '添加时间',
    updatedate TIMESTAMP NOT NULL DEFAULT CURRENT_TIMESTAMP ON UPDATE
CURRENT_TIMESTAMP COMMENT '修改时间',
    PRIMARY KEY (id)
 )ENGINE=InnoDB DEFAULT CHARSET=utf8;
```

```
#####################分库不分表#############################
DROP DATABASE IF EXISTS mycat02;
CREATE DATABASE mycat02;
USE mycat02;
 CREATE TABLE item (
    id INT NOT NULL AUTO_INCREMENT,
    value INT NOT NULL default 0,
    adddate TIMESTAMP NOT NULL DEFAULT CURRENT_TIMESTAMP COMMENT '添加时间',
    updatedate TIMESTAMP NOT NULL DEFAULT CURRENT_TIMESTAMP ON UPDATE
CURRENT_TIMESTAMP COMMENT '修改时间',
    PRIMARY KEY (id)
 )ENGINE=InnoDB DEFAULT CHARSET=utf8;


#####################分库分表#############################
DROP DATABASE IF EXISTS mycat03;
CREATE DATABASE mycat03;
USE mycat03;
CREATE TABLE item (
    id INT NOT NULL AUTO_INCREMENT,
    value INT NOT NULL default 0,
    adddate TIMESTAMP NOT NULL DEFAULT CURRENT_TIMESTAMP COMMENT '添加时间',
    updatedate TIMESTAMP NOT NULL DEFAULT CURRENT_TIMESTAMP ON UPDATE
CURRENT_TIMESTAMP COMMENT '修改时间',
    PRIMARY KEY (id)
 )ENGINE=InnoDB DEFAULT CHARSET=utf8;

CREATE TABLE customer_order1 (
    id INT NOT NULL AUTO_INCREMENT,
    amount INT NOT NULL default 0,
    adddate TIMESTAMP NOT NULL DEFAULT CURRENT_TIMESTAMP COMMENT '添加时间',
    updatedate TIMESTAMP NOT NULL DEFAULT CURRENT_TIMESTAMP ON UPDATE
CURRENT_TIMESTAMP COMMENT '修改时间',
    PRIMARY KEY (id)
 )ENGINE=InnoDB DEFAULT CHARSET=utf8;

CREATE TABLE customer_order2 (
    id INT NOT NULL AUTO_INCREMENT,
    amount INT NOT NULL default 0,
    adddate TIMESTAMP NOT NULL DEFAULT CURRENT_TIMESTAMP COMMENT '添加时间',
    updatedate TIMESTAMP NOT NULL DEFAULT CURRENT_TIMESTAMP ON UPDATE
CURRENT_TIMESTAMP COMMENT '修改时间',
    PRIMARY KEY (id)
 )ENGINE=InnoDB DEFAULT CHARSET=utf8;

CREATE TABLE customer_order3 (
    id INT NOT NULL AUTO_INCREMENT,
    amount INT NOT NULL default 0,
    adddate TIMESTAMP NOT NULL DEFAULT CURRENT_TIMESTAMP COMMENT '添加时间',
```

```
    updatedate TIMESTAMP NOT NULL DEFAULT CURRENT_TIMESTAMP ON UPDATE
CURRENT_TIMESTAMP COMMENT '修改时间',
    PRIMARY KEY (id)
)ENGINE=InnoDB DEFAULT CHARSET=utf8;
```

（8）登录 Mycat

使用以下命令查询登录 Mycat：

```
#登录 Mycat
mysql -uroot -p123456 -h127.0.0.1 -P8066 -DTESTDB;
```

查看创建的逻辑数据库 TESTDB：

```
show databases;
```

使用 TESTDB 数据库并查询 TESTDB 数据库中的数据表：

```
mysql> use TESTDB;
Database changed
mysql> show tables;
+------------------+
| Tables in TESTDB |
+------------------+
| customer         |
| customer_order   |
| item             |
+------------------+
3 rows in set (0.00 sec)
```

从以上结果可以看出，从 Mycat 的角度，其实只维护了 TESTDB 这一个逻辑数据库，Mycat
屏蔽了分库分表的细节。

16.1.7　Spring+MyBatis+Mycat 快速体验

本节使用 Spring 集成 MyBatis 作为持久化框架，集成 Mycat 进行分库分表。

1. 创建实体类

创建 Customer 用户类，与 16.1.7 小节的 customer 表相对应：

```
/**
 * @Author: ay
 * @Date: 2019/01/04
 * @Description: 客户类
 */
public class Customer {
    private int id;
    private String name;
    private String phone;
    private Date addDate;
    private Date updateDate;
```

```
        //省略 set、get 方法
}
```

创建 Item 商品类，与 16.1.7 节的 item 表相对应：

```
/**
 * @Author: ay
 * @Date: 2019/01/04
 * @Description: 商品类
 */
public class Item {
    private int id;
    private int value;
    private Date addDate;
    private Date updateDate;

    //省略 set、get 方法
}
```

创建 CustomerOrder 用户订单类，与 16.1.7 节的 customer_order 表相对应：

```
/**
 * @Author: ay
 * @Date: 2019/01/04
 * @Description: 客户订单类
 */
public class CustomerOrder {
    private int id;
    private int amount;
    private Date addDate;
    private Date updateDate;

    //省略 set、get 方法
}
```

2. 创建 DAO

创建 CustomerDao，用于 Customer 对象的数据库操作：

```
/**
 * @Author: ay
 * @Date: 2019/01/04
 * @Description:
 */
public interface CustomerDao {
    int save(Customer customer);
    Customer query(int id);
}
```

创建 CustomerOrderDao，用于 CustomerOrder 对象的数据库操作：

```
/**
 * @Author: ay
 * @Date: 2019/01/04
```

```
 * @Description:
 */
public interface CustomerDao {
    int save(Customer customer);
    Customer query(int id);
}
```

创建 ItemDao，用于 Item 对象的数据库操作：

```
/**
 * @Author: ay
 * @Date: 2019/01/04
 * @Description:
 */
public interface ItemDao {
    int save(Item customer);
    Item query(int id);
}
```

3. 创建 Mapper

创建 mybatis-customer-mapper.xml 文件，其中包含 customer 表的保存和查询操作：

```
<mapper namespace="com.test.mycat.dao.CustomerDao">
    <resultMap id="BaseResultMap" type="com.test.mycat.model.Customer">
        <id column="id" jdbcType="INTEGER" property="id" />
        <result column="name" jdbcType="VARCHAR" property="name" />
        <result column="phone" jdbcType="VARCHAR" property="phone" />
        <result column="adddate" jdbcType="TIMESTAMP" property="addDate" />
        <result column="updatedate" jdbcType="TIMESTAMP"
property="updateDate" />
    </resultMap>
    <select id="query" parameterType="java.lang.Integer"
resultMap="BaseResultMap">
        select
        *
        from customer
        where id = #{id,jdbcType=BIGINT}
    </select>

    <insert id="save" parameterType="com.test.mycat.model.Customer">
        insert into customer (id,name, phone)
        values (#{id,jdbcType=INTEGER}, #{name,jdbcType=VARCHAR},
#{phone,jdbcType=VARCHAR})
    </insert>
</mapper>
```

创建 mybatis-item-mapper.xml 文件，其中包含 item 表的保存和查询操作：

```
<mapper namespace="com.test.mycat.dao.ItemDao">
    <resultMap id="BaseResultMap" type="com.test.mycat.model.Item">
        <id column="id" jdbcType="INTEGER" property="id" />
        <result column="value" jdbcType="INTEGER" property="value" />
```

```
        <result column="adddate" jdbcType="TIMESTAMP" property="addDate" />
        <result column="updatedate" jdbcType="TIMESTAMP"
property="updateDate" />
    </resultMap>
    <select id="query" parameterType="java.lang.Integer"
resultMap="BaseResultMap">
        select
        *
        from item
        where id = #{id,jdbcType=BIGINT}
    </select>

    <insert id="save" parameterType="com.test.mycat.model.Item">
        insert into item (id,value)
        values (#{id,jdbcType=INTEGER}, #{value,jdbcType=INTEGER})
    </insert>
</mapper>
```

创建 mybatis-customer_order-mapper.xml 文件，其中包含 customer_order 表的保存和查询操作：

```
<mapper namespace="com.test.mycat.dao.CustomerOrderDao">
    <resultMap id="BaseResultMap" type="com.test.mycat.model.CustomerOrder">
        <id column="id" jdbcType="INTEGER" property="id" />
        <result column="amount" jdbcType="INTEGER" property="amount" />
        <result column="adddate" jdbcType="TIMESTAMP" property="addDate" />
        <result column="updatedate" jdbcType="TIMESTAMP"
property="updateDate" />
    </resultMap>
    <select id="query" parameterType="java.lang.Integer"
resultMap="BaseResultMap">
        select
        *
        from customer_order
        where id = #{id,jdbcType=BIGINT}
    </select>

    <insert id="save" parameterType="com.test.mycat.model.CustomerOrder">
        insert into customer_order (id,amount)
        values (#{id,jdbcType=INTEGER}, #{amount,jdbcType=INTEGER})
    </insert>
</mapper>
```

4. 创建 JDBC 配置文件

创建 jdbc.properties 文件，其中包含数据库驱动、数据库用户名和密码以及 Mycat 连接，在原 JDBC 连接的基础上修改为 Mycat 的 host、Mycat 端口和 Mycat 逻辑库。

```
driver=com.mysql.jdbc.Driver
#Mycat 连接
url=jdbc:mysql://127.0.0.1:8066/TESTDB
#MySQL 用户名
username=root
```

```
#MySQL 密码
password=123456
```

5. 在 Spring 中集成 Mycat

创建 spring-mycat.xml 文件，包含数据源和 MyBatis 相关配置：

```xml
<!-- 引入 jdbc 配置文件 -->
<bean id="propertyConfigurer" class="org.springframework.beans.factory.
config.PropertyPlaceholderConfigurer">
    <property name="location" value="classpath:jdbc.properties" />
</bean>

<bean id="dataSource" class="org.springframework.jdbc.datasource.
DriverManagerDataSource">
    <property name="driverClassName" value="${driver}" />
    <property name="url" value="${url}" />
    <property name="username" value="${username}" />
    <property name="password" value="${password}" />
</bean>


<!-- Spring 和 MyBatis 整合-->
<bean id="sqlSessionFactory" class="org.mybatis.spring.
SqlSessionFactoryBean">
    <property name="dataSource" ref="dataSource" />
    <!-- 自动扫描 mapping.xml 文件，**表示迭代查找 -->
    <property name="mapperLocations">
        <array>
            <value>classpath:mapper/*.xml</value>
        </array>
    </property>
</bean>

<!-- DAO 接口，Spring 会自动查找其下的类，包下的类需要使用@MapperScan 注解，否则容器注
入会失败 -->
<bean class="org.mybatis.spring.mapper.MapperScannerConfigurer">
    <property name="basePackage" value="com.test.mycat.dao" />
    <property name="sqlSessionFactoryBeanName" value="sqlSessionFactory" />
</bean>
```

6. 验证不分库分表

创建 CustomerDaoTest 类用于测试 customer 表的保存和查询：

```java
/**
 * @Author: ay
 * @Date: 2019/01/04
 * @Description: CustomerDao 测试类
 */
@RunWith(SpringJUnit4ClassRunner.class)
@ContextConfiguration("classpath:spring-mycat.xml")
public class CustomerDaoTest {
```

```
    @Autowired
    private CustomerDao customerDao;
    @Test
    public void testSave() {
        Customer customer_1 = new Customer();
        customer_1.setId(1);
        customer_1.setName("Michael");
        customer_1.setPhone("3344625292");
        customerDao.save(customer_1);
        Customer customer_2 = new Customer();
        customer_2.setId(2);
        customer_2.setName("Tom");
        customer_2.setPhone("3190976240");
        customerDao.save(customer_2);
    }
    @Test
    public void testQuery() {
        System.out.println("用户 1=" + JSON.toJSONString
(customerDao.query(1)));
        System.out.println("用户 2=" + JSON.toJSONString
(customerDao.query(2)));

    }
}
```

执行 testSave()方法，然后执行 testQuery()方法，发现此时数据写入成功，并且可以通过 Mycat 服务查询到写入的数据。证明在 Mycat 集成环境下，可以很好地支持既不使用分表又不使用分库的数据。

7. 验证分库功能

创建 ItemDaoTest 测试类，用于有关 item 商品表分库的测试：

```
/**
 * @Author: ay
 * @Date: 2019/01/04
 * @Description: ItemDao 分库测试
 */
@RunWith(SpringJUnit4ClassRunner.class)
@ContextConfiguration("classpath:spring-mycat.xml")
public class ItemDaoTest {
    @Autowired
    private ItemDao itemDao;
    @Test
    public void testSave() {
        Item item_1 = new Item();
        item_1.setId(1);
        item_1.setValue(100);
        itemDao.save(item_1);
        Item item_2 = new Item();
        item_2.setId(2);
```

```
        item_2.setValue(200);
        itemDao.save(item_2);
        Item item_3 = new Item();
        item_3.setId(3);
        item_3.setValue(300);
        itemDao.save(item_3);
    }

    @Test
    public void testQuery() {
        System.out.println("商品 1=" +JSON.toJSONString(itemDao.query(1)));
        System.out.println("商品 2=" +JSON.toJSONString(itemDao.query(2)));
        System.out.println("商品 3=" +JSON.toJSONString(itemDao.query(3)));
    }
}
```

执行 testSave()方法，然后执行 testQuery()方法，得到如下输出：

```
商品 1={"addDate":1547772568000,"id":1,"updateDate":1547772568000, "value":100}
商品 2={"addDate":1547772568000,"id":2,"updateDate":1547772568000, "value":200}
商品 3={"addDate":1547772568000,"id":3,"updateDate":1547772568000, "value":300}
```

登录 MySQL 客户端，查看 item 表分库的情况。

查看 mycat01 库 item 表的数据，如图 16-6 所示。

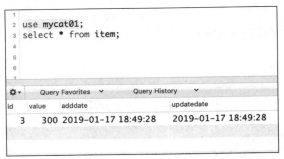

图 16-6　mycat01 库 item 表的数据

查看 mycat02 库 item 表的数据，如图 16-7 所示。

```
2  use mycat02;
3  select * from item;
```

id	value	adddate	updatedate
1	100	2019-01-17 18:49:28	2019-01-17 18:49:28

图 16-7　mycat02 库 item 表的数据

查看 mycat03 库 item 表的数据，如图 16-8 所示。

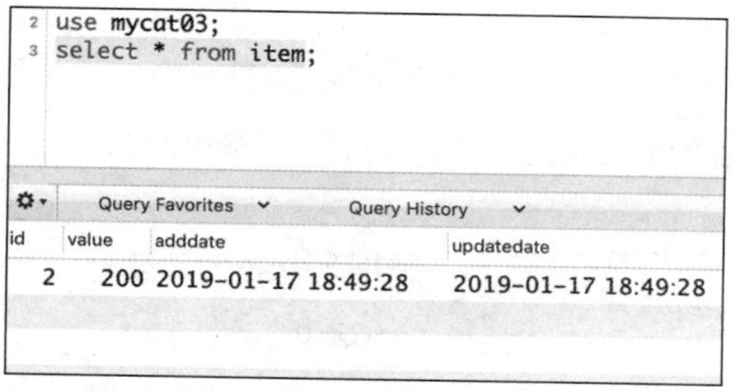

图 16-8　mycat03 库 item 表的数据

从以上测试结果可知，在 Mycat 集成环境下，可以很好地支持 item 表分库。

8. 验证分表功能

创建 CustomerOrderDaoTest 类验证 customer_order 表的分表功能：

```java
/**
 * @Author: ay
 * @Date: 2019/01/04
 * @Description: CustomerOrderDao 分表测试
 */
@RunWith(SpringJUnit4ClassRunner.class)
@ContextConfiguration("classpath:spring-mycat.xml")
public class CustomerOrderDaoTest {
    @Autowired
    private CustomerOrderDao customerOrderDao;
    @Test
    public void testSave() {
        CustomerOrder customerOrder_1 = new CustomerOrder();
        customerOrder_1.setId(1);
        customerOrder_1.setAmount(100);
        customerOrderDao.save(customerOrder_1);
        CustomerOrder customerOrder_2 = new CustomerOrder();
        customerOrder_2.setId(2);
        customerOrder_2.setAmount(200);
        customerOrderDao.save(customerOrder_2);
        CustomerOrder customerOrder_3 = new CustomerOrder();
        customerOrder_3.setId(3);
        customerOrder_3.setAmount(300);
        customerOrderDao.save(customerOrder_3);
    }

    @Test
    public void testQuery() {
        System.out.println("订单 1=" + JSON.toJSONString
(customerOrderDao.query(1)));
        System.out.println("订单 2=" + JSON.toJSONString
(customerOrderDao.query(2)));
        System.out.println("订单 3=" + JSON.toJSONString
(customerOrderDao.query(3)));
```

```
        }
    }
```

分别执行 testSave()方法和 testQuery()方法，得到如下输出：

```
订单 1={"addDate":1547773668000,"amount":100,"id":1,
"updateDate":1547773668000}
订单 2={"addDate":1547773668000,"amount":200,"id":2,
"updateDate":1547773668000}
订单 3={"addDate":1547773668000,"amount":300,"id":3,
"updateDate":1547773668000}
```

登录 MySQL 客户端验证 customer_order 表的分表情况。

查看 customer_order1 表的数据，如图 16-9 所示。

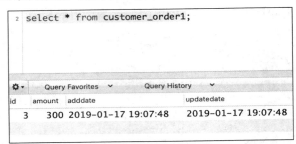

图 16-9　customer_order1 表的数据

查看 customer_order2 表的数据，如图 16-10 所示。

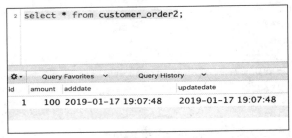

图 16-10　customer_order2 表的数据

查看 customer_order3 表的数据，如图 16-11 所示。

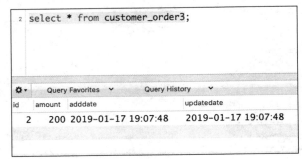

图 16-11　customer_order3 表的数据

从以上测试结果可知，在 Mycat 集成环境下，可以很好地支持对 customer_order 表进行分表。

16.2　分布式事务

16.2.1　数据库事务

事务提供一种机制将一个活动涉及的所有操作纳入一个不可分割的执行单元，组成事务的所有操作只有在所有操作均能正常执行的情况下才能提交，只要其中任一操作执行失败，都将导致整个事务的回滚。

数据库事务中的四大特性（ACID）：

- 原子性（Atomicity）：事务作为一个整体被执行，包含在其中的对数据库的操作要么全部被执行，要么都不执行。
- 一致性（Consistency）：事务应确保数据库的状态从一个一致状态转变为另一个一致状态。一致状态的含义是数据库中的数据应满足完整性约束。
- 隔离性（Isolation）：多个事务并发执行时，一个事务的执行不应影响其他事务的执行。
- 持久性（Durability）：已被提交的事务对数据库的修改应该永久保存在数据库中。

事务的 ACID 是通过 InnoDB 日志和锁来保证的。事务的隔离性时通过数据库锁的机制实现的。原子性和一致性是通过 Undo Log 来实现的。Undo Log 的原理很简单，为了满足事务的原子性，在操作任何数据之前，首先将数据备份到一个地方（这个存储数据备份的地方称为 Undo Log），然后进行数据的修改。如果出现了错误或者用户执行了 Rollback 语句，系统就可以利用 Undo Log 中的备份将数据恢复到事务开始之前的状态。

持久性是通过 Redo Log（重做日志）来实现的。和 Undo Log 相反，Redo Log 记录的是新数据的备份。在事务提交前，只要将 Redo Log 持久化即可，不需要将数据持久化。当系统崩溃时，虽然数据没有持久化，但是 Redo Log 已经持久化。系统可以根据 Redo Log 的内容将所有数据恢复到最新的状态。

16.2.2　分布式事务

互联网时代信息量巨大，单节点的服务器已无法满足人们的需求，因此服务节点开始拆分和池化。拆分一般分为水平拆分和垂直拆分，这并不单指对数据库或者缓存的拆分，主要是表达一种分而治之的思想和逻辑。

- 水平拆分：指由于单一节点无法满足性能需求，需要扩展为多个节点，多个节点具有一致的功能，组成一个服务池，一个节点服务一部分的请求量，所有节点共同处理大规模高并发的请求量。
- 垂直拆分：指按照功能进行拆分，把一个复杂的功能拆分为多个单一、简单的功能，不同的单一功能组合在一起，和未拆分前完成的功能是一样的。由于每个功能职责单一、简单，使得维护和变更都变得更简单、容易、安全，所以更易于产品版本的迭代，还能够快速地进行敏捷发布和上线。

在互联网时代，一致性是指分布式服务化系统之间的弱一致性，包括应用系统的一致性和数据的一致性。我们先来看一个实例，具体如图 16-12 所示。

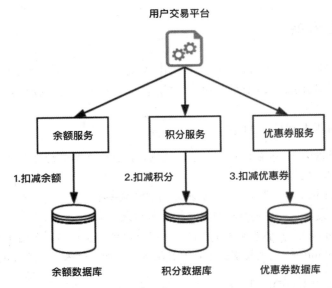

图 16-12　用户交易一致性

用户的资产可能分为好多部分，比如余额、积分、优惠券等。某用户在网上购买商品，使用余额+积分+优惠券付款。在公司内部，余额服务、积分服务以及优惠券服务由不同的团队负责，如果扣减余额成功，扣减积分失败，就会导致数据的一致性问题。

所以，无论是水平拆分还是垂直拆分，虽然解决了特定场景下的特定问题，然而拆分后的系统或者服务化的系统最大的问题就是一致性问题：对于这么多具有单一功能的模块，或者同一个功能池中的多个节点，如何保证它们的信息、工作进度、状态一致并且协调有序地工作呢？

16.2.3　CAP 定理

由于对系统或者数据进行了拆分，因此我们的系统不再是单机系统，而是分布式系统，针对分布式系统的 CAP 原理包含如下三个元素：

- C（Consistency）：一致性，分布式系统中的所有数据备份，在同一时刻具有同样的值，所有节点在同一时刻读取的数据都是最新的数据副本。

例如，对某个指定的客户端来说，读操作能返回最新的写操作。对于数据分布在不同节点上的数据来说，在某个节点更新了数据，如果在其他节点都能读取到这个最新的数据，就称为强一致，如果有某个节点没有读取到，就是分布式不一致。

- A（Availability）：可用性，非故障的节点在合理的时间内返回合理的响应（不是错误和超时的响应)。可用性的两个关键: 一个是合理的时间; 另一个是合理的响应。合理的时间指的是请求不能无限被阻塞, 应该在合理的时间给出返回; 合理的响应指的是系统应该明确返回结果并且结果是正确的。

- P (Partition Tolerance): 分区容错, 当出现网络分区后, 系统能够继续工作。打个比方, 集群中有多台机器, 某台机器的网络出现了问题, 但是这个集群仍然可以正常工作。

CAP 原理证明, 任何分布式系统只可以同时满足以上两点, 无法三者兼顾。在分布式系统中, 网络无法 100%可靠, 分区其实是一个必然现象。

如果我们选择了 CA 而放弃了 P, 那么当发生分区现象时, 为了保证一致性, 必须拒绝请求, 但是 A 又不允许, 所以分布式系统理论上不可能选择 CA 架构, 只能选择 CP 或者 AP 架构。

对于 CP 来说, 放弃可用性, 追求一致性和分区容错性, ZooKeeper 其实追求的就是强一致。对于 AP 来说, 放弃一致性(这里说的一致性是强一致性), 追求分区容错性和可用性, 这是很多分布式系统设计时的选择。

顺便一提, CAP 理论中是忽略网络延迟的, 也就是当事务提交时, 从节点 A 复制到节点 B 没有延迟, 但是在现实中这明显是不可能的, 所以总会有一定的时间是不一致的。同时, CAP 中选择两个, 比如你选择了 CP, 并不是叫你放弃 A。

16.2.4 BASE 理论

在分布式系统中, 我们往往追求的是可用性, 它的重要程度比一致性要高, 那么如何实现高可用性呢? 前人已经给我们提出了另一个理论——BASE 理论, 它用来对 CAP 定理进行进一步扩充。BASE 理论指的是:

(1) Basically Available (基本可用)
(2) Soft State (软状态)
(3) Eventually Consistent (最终一致性)

BASE 理论是对 CAP 中的一致性和可用性进行权衡的结果, 理论的核心思想是: 我们无法做到强一致, 但每个应用都可以根据自身的业务特点, 采用适当的方式来使系统达到最终一致性。

软状态是实现 BASE 思想的方法, 基本可用和最终一致是目标。以 BASE 思想实现的系统由于不保证强一致性, 因此系统在处理请求的过程中可以存在短暂的不一致, 在短暂的不一致的时间窗口内, 请求处理处于临时状态, 系统在进行每步操作时, 通过记录每个临时状态, 在系统出现故障时, 可以从这些中间状态继续处理未完成的请求或者退回到原始状态, 最终达到一致状态。

以转账为例, 我们将用户 A 向用户 B 转账分成 4 个阶段: 第 1 个阶段, 用户 A 准备转账; 第 2 个阶段, 从用户 A 账户扣减余额; 第 3 个阶段, 对用户 B 增加余额; 第 4 个阶段, 完成转账。系统需要记录操作过程中每个步骤的状态, 一旦系统出现故障, 系统便能够自动发现没有完成的任务, 然后根据任务所处的状态继续执行任务, 最终彻底完成任务, 资金从用户 A 的账户转账到用户 B 的账户, 达到最终的一致状态。

16.2.5 两阶段提交（2PC）

在分布式环境下，每个节点都可以知晓自己操作的成功或者失败，却无法知道其他节点操作的成功或失败。当一个分布式事务跨多个节点时，保持事务的原子性与一致性是非常困难的。

二阶段提交 2PC（Two Phase Commit）是一种在分布式环境下，所有节点进行事务提交，保持一致性的算法。它通过引入一个协调者（Coordinator）来统一掌控所有参与者（Participant）的操作结果，并指示它们是否要把操作结果进行真正的提交（Commit）或者回滚（Rollback）。

2PC 分为两个阶段：

（1）投票阶段（Voting Phase）：参与者通知协调者，协调者反馈结果。

（2）提交阶段（Commit Phase）：收到参与者的反馈后，协调者再向参与者发出通知，根据反馈情况决定各参与者是提交还是回滚。

例如，甲、乙、丙、丁 4 人要组织一个会议，需要确定会议时间，甲是协调者，乙、丙、丁是参与者。

投票阶段：

（1）甲发邮件给乙、丙、丁，通知明天 10 点开会，询问是否有时间。

（2）乙回复有时间。

（3）丙回复有时间。

（4）丁迟迟不回复，此时对于这个事务，甲、乙、丙均处于阻塞状态，算法无法继续进行。

提交阶段：

（1）协调者甲将收集到的结果通知给乙、丙、丁。

（2）乙收到通知，并 ack 协调者。

（3）丙收到通知，并 ack 协调者。

（4）丁收到通知，并 ack 协调者。

假设丁回复有时间，则通知提交。

假设丁回复没有时间，则通知回滚。

2PC 在执行过程中，所有节点都处于阻塞状态，所有节点所持有的资源（例如数据库数据、本地文件等）都处于封锁状态。如果有协调者或者某个参与者出现了崩溃，为了避免整个算法处于完全阻塞状态，往往需要借助超时机制来将算法继续向前推进。

两个阶段提交这种解决方案属于牺牲了一部分可用性来换取一致性，对性能的影响较大，不适合高并发、高性能的场景。

16.2.6 补偿事务（TCC）

TCC 其实就是采用的补偿机制，其核心思想是：针对每个操作都要注册一个与其对应的确认和补偿（撤销）操作。TCC 分为 3 个阶段：

- Try 阶段：主要是对业务系统进行检测及资源预留。
- Confirm 阶段：主要是对业务系统进行确认提交，Try 阶段执行成功并开始执行 Confirm 阶段时，默认 Confirm 阶段是不会出错的，即只要 Try 成功，Confirm 一定成功。

- Cancel 阶段：主要是在业务执行错误，需要回滚的状态下将执行的业务取消，将预留资源释放。

我们来看具体的例子，仍然以用户购物为例，如图 16-13 所示。

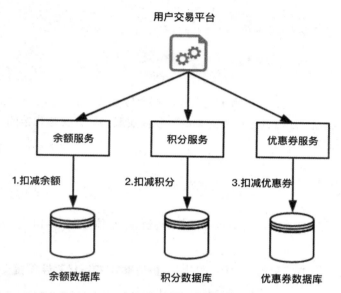

图 16-13　用户交易流程图

比如修改余额，伪代码如下所示：

```
//修改余额，事务如下
int updateAccountT(uid, money){
    start transaction;
        //操作数据库
        CURD table t_account with money for uid;
        any exception rollback return NO;
    commit;
    return YES;
}


//修改余额，补偿事务
int rollbackAccountT(uid, money){
        //做一个money 的反向操作
        return updateAccountT(uid, -1 * money){
}
```

同理, 修改积分方法 updateShoppingPointsT(uid, point)，对应的补偿事务是 updateShoppingPointsT(uid, point)。

```
// 要保证余额与积分的一致性，伪代码如下
// 执行第一个事务，扣减余额
int flag = updateAccountT();
if(flag=YES){
```

```
//若第一个事务成功，则执行第二个事务，扣减积分
flag= updateShoppingPointsT();
if(flag=YES){
    // 若第二个事务成功，则成功
    return YES;
} else {
    // 若第二个事务失败，则执行第一个事务的补偿事务
    rollbackAccountT();
}
}
```

从上面的伪代码可以看出，补偿事务的业务流程比较复杂，if/else 嵌套非常多层，同时还需要考虑补偿事务失败的情况。还有其他更为简单的一致性实践吗？答案是肯定的，我们可以使用后置提交来弥补补偿事务的不足。

16.2.7 后置提交

我们来梳理一下用户购买商品时数据库的操作流程，具体如图 16-14 所示。

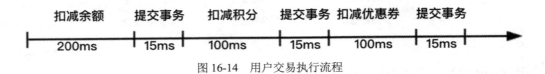

图 16-14 用户交易执行流程

扣减余额耗时 200ms，提交事务耗时 15ms。
扣减积分耗时 100ms，提交事务耗时 15ms。
扣减优惠券耗时 100ms，提交事务耗时 15ms。
当扣减积分或者扣减优惠券执行异常的时候（如服务器重启、数据库异常等），就可能导致数据不一致，如图 16-15 所示。

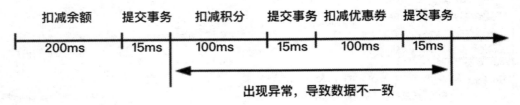

图 16-15 用户交易执行出现异常

如果我们改变事务执行与提交的时序，变成事务先执行，最后一起提交，就会变成如图 16-16 所示的情况。

图 16-16 改变用户交易执行顺序

第一个事务执行 200ms，第二个事务执行 100ms，第三个事务执行 100ms。

第一个事务提交 15ms，第二个事务提交 15ms，第三个事务提交 15ms。

后置提交优化后，在第一个事务成功提交之后，最后一个事务成功提交之前，才会导致数据不一致，即图 16-17 所示的情况。

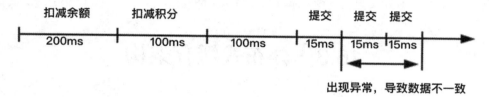

图 16-17　改变用户交易执行顺序

从图 16-15 可以看出，总执行时间是 445ms，最后 230ms 内出现异常都可能导致不一致。而从图 16-17 可以看出，后置提交优化方案，总执行时间也是 445ms，但最后 30ms 内出现异常才会导致不一致。虽然没有彻底解决数据的一致性问题，但不一致出现的概率大大降低了。

后置提交虽然降低了数据不一致的概率，但是所有库的连接要等到所有事务执行完才释放，这就意味着数据库连接占用的时间增长了，系统整体的吞吐量降低了。

16.2.8　本地消息表（异步确保）

这种实现方式应该是业界使用最多的，其核心思想是将分布式事务拆分成本地事务进行处理，具体思路如图 16-18 所示。

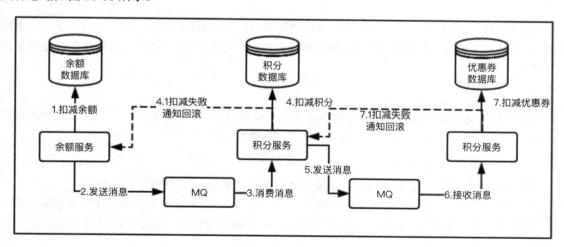

图 16-18　改变用户交易执行顺序

本地消息表的基本思路如下：

消息生产方需要额外建一个消息表，并记录消息发送状态。消息表和业务数据要在一个事务里提交，也就是说它们要在一个数据库里面。然后消息会经过 MQ（Message Queue）发送到消息的消费方。如果消息发送失败，就会进行重试发送。

消息消费方需要处理这个消息，并完成自己的业务逻辑。此时，如果本地事务处理成功，就表明已经处理成功了；如果处理失败，就会重试执行。如果是业务上面的失败，那么可以给生产方发送一个业务补偿消息，通知生产方进行回滚等操作。

生产方和消费方定时扫描本地消息表，把还没处理完的消息或者失败的消息再发送一遍。如果有靠谱的自动对账补账逻辑，这种方案还是非常实用的。

16.3　分布式缓存架构

缓存是分布式架构中非常重要的一部分，通常用它来降低数据库压力，提升系统整体性能，缩短访问时间。

16.3.1　Memcache 与 Redis

Memcache 和 Redis 是分布式架构中常用的 Key-Value 缓存。二者各有优劣，当业务有以下特点的时候，选择 Redis 会更加适合。

（1）复杂的数据结构

复杂的数据结构，例如 Value 是哈希、列表、集合、有序集合等，会选择 Redis，因为 Memcache 无法满足这些需求。

（2）持久化

Memcache 无法满足持久化的需求，只能选择 Redis。需要注意的是，千万不要把 Redis 当作数据库用，因为 Redis 的定期快照不能保证数据不丢失，且 Redis 的 AOF 会降低效率，不能支持太大的数据量。

（3）原生高可用

Redis 原生支持集群功能，可以实现主从复制、读写分离。而 Memcache 想要实现高可用，需要进行二次开发，例如客户端的双读双写和服务端的集群同步。

（4）存储的内容比较大

Memcache 的 Value 最大为 1MB。如果存储的 Value 很大，就只能使用 Redis。

什么时候更倾向于使用 Memcache 缓存呢？答案是纯 KV、数据量非常大、并发量非常大的业务使用 Memcache 更适合。具体原因得从 Memcache 与 Redis 的底层实现机制的差异说起。

（1）内存分配

Memcache 使用预分配内存池的方式管理内存，能够省去内存分配时间。Redis 则是临时申请内存空间，可能导致碎片。从这一点来看，Memcache 会更快一些。

（2）虚拟内存使用

Memcache 把所有的数据存储在物理内存里。Redis 有自己的 VM 机制，理论上能够存储比物理内存更多的数据，当数据超量时会引发 Swap，把冷数据刷到磁盘上。从这一点来看，数据量大时，Memcache 会更快一些。

（3）线程模型

Memcache 使用多线程，主线程监听，Worker 子线程接受请求执行读写。这个过程中可能存在锁冲突。Redis 使用单线程，虽无锁冲突，但难以利用多核的特性提升整体吞吐量。从这一点来看，Memcache 会更快一些。

16.3.2　进程内缓存

所谓进程内缓存，就是将一些数据缓存在站点或者服务的进程内。进程内缓存的实现载体，最简单的可以是一个带锁的 Map，或者使用第三方库，例如 Guava。

进程内缓存可以存储的数据类型多样，比如存储 JSON 数据、HTML 页面、对象等。与没有缓存相比，进程内缓存的好处是，数据读取不再需要访问后端，例如数据库，具体如图 16-19 所示。

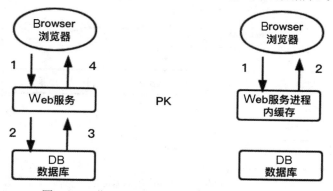

图 16-19　获取 DB 数据与进程内缓存数据的差异

与进程外缓存相比（例如 Redis/Memcache），进程内缓存省去了网络开销，所以一来节省了内网带宽，二来响应时延会更低。

进程内缓存有什么缺点？答：统一缓存服务虽然多一次网络交互，但仍是统一存储的，容易保证数据的一致性。而进程内缓存，数据缓存在站点和服务的多个节点内，数据存了多份，一致性比较难保障。

如何保证进程内缓存数据的一致性？主要有以下 3 种方案。

（1）方案一

可以通过单节点通知其他节点。如图 16-20 所示，写请求发生在 Web 服务 1，在修改完自己的内存数据与数据库中的数据之后，可以主动通知其他服务节点也修改内存的数据。

这种方案的缺点是，同一功能的一个集群的多个节点相互耦合在一起，特别是节点较多时，网状连接关系极其复杂。

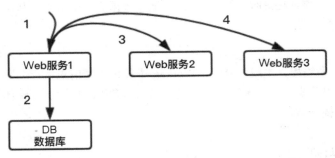

图 16-20　方案一：进程内缓存数据的一致性

（2）方案二

可以通过 MQ 通知其他节点。如图 16-21 所示，写请求发生在 Server1，在修改完自己的内存数据与数据库中的数据之后，通过 MQ 发布数据变化通知，其他 Server 节点订阅 MQ 消息，修改内存数据。

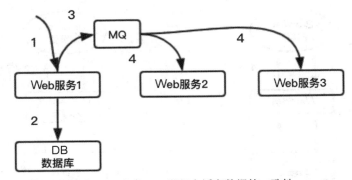

图 16-21　方案二：进程内缓存数据的一致性

这种方案虽然解除了节点之间的耦合，但引入了 MQ，使得系统更加复杂。

（3）方案三

方案一和方案二的节点数量越多，数据冗余份数越多，数据同时更新的原子性越难保证，一致性也就越难保证。

为了避免耦合，降低复杂性，干脆放弃"实时一致性"，每个节点启动一个 timer，定时从数据库拉取最新的数据，更新缓存。在有的节点更新数据库数据，而其他节点通过 timer 更新缓存数据之前会读到脏数据。

对于分布式架构设计，服务要做到无数据、无状态，可以看到，服务的进程内缓存实际上违背了分布式架构设计的无状态准则，故一般不推荐使用。

什么时候可以使用进程内缓存？这里简单列举几种情况。

（1）只读数据，可以考虑在进程启动时加载到内存。

（2）极其高并发的，透传后端压力极大的场景，可以考虑使用进程内缓存。例如，秒杀业务并发量极高，需要站点层挡住流量，可以使用内存缓存。

（3）一定程度上允许数据不一致业务。例如，一些计数场景、运营场景，页面对数据一致性要求较低，可以考虑使用进程内页面缓存。

16.3.3　Redis 单节点安装

Redis 是一个开源的使用 ANSIC 语言编写的、支持网络的、既可基于内存又可持久化的 Key-Value 数据库。

Redis 在企业开发中的作用通常是充当高速缓存，用于保护接口或者数据库。在高并发场景、分布式场景下也可以充当分布式锁，避免多个 JVM 进程在同一时间对同一资源进行修改，造成数据不一致。

因为 Redis 是现在互联网公司开发中经常使用的缓存技术，所以本章将重点分析 Redis 常见的操作命令和 Redis 常见的架构。

Redis 下载地址为 https://redis.io/download，读者可以根据需要选择安装不同的 Redis 版本，本书使用的 Redis 版本是 redis-5.0.3。

Redis 在企业应用中一般是在服务器部署安装。下面列出在 Linux 环境中下载和安装 Redis 需要用到的一些操作指令：

```
//下载 redis-5.0.3
wget http://download.redis.io/releases/redis-5.0.3.tar.gz
//解压 redis-5.0.3
tar xzf redis-5.0.3.tar.gz
//进入 redis-5.0.3 解压后的目录
cd redis-5.0.3
//编译 redis-5.0.3
make
```

解压后的 Redis 目录下包含 Redis 核心配置文件 redis.conf。因 Redis 默认并不是在后台运行的，如果需要将 Redis 进程后台运行，就需要修改 redis.conf 中的配置项 daemonize，该配置项 daemonize 的默认值为 no，修改配置项 daemonize 如图 16-22 所示。

```
# By default Redis does not run as a daemon. Use 'yes' if you need it.
# Note that Redis will write a pid file in /var/run/redis.pid when daemonized.
daemonize yes
```

图 16-22　修改 daemonize 配置项

修改完 Redis 配置项以后，使用下面的命令启动 Redis 服务端：

```
src/redis-server redis.conf
```

Redis 启动后如图 16-23 所示。

为了验证 Redis 服务启动正常，可以执行以下命令查看：

```
ps -ef | grep redis | grep -v grep
```

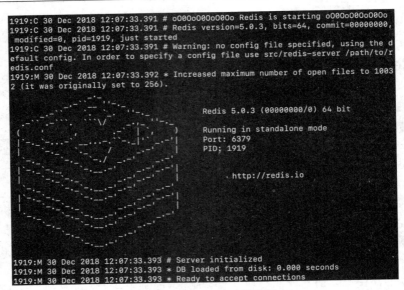

图 16-23　Redis 启动示意图

如果 Redis 服务正常启动，Redis 进程就会如图 16-24 所示。

```
501  1919   366   0 12:07下午 ttys000     0:00.41 src/redis-server *:6379
```

图 16-24　Redis 进程详情

Redis 安装文件中含有服务端启动程序，也有 Redis 客户端程序 redis-cli，因此可以通过 Redis 客户端连接到 Redis 服务端，用于验证 Redis 服务是否正常启动。客户端启动命令如下：

```
src/redis-cli -h 127.0.0.1 -p 6379
```

Redis 客户端成功与 Redis 服务端连接上，证明 Redis 服务正常启动。

16.3.4　Redis 持久化策略

Redis 在运行情况下，将数据维持在内存中，为了让这些数据在 Redis 重启/宕机之后仍然可用，Redis 分别提供了 RDB（Redis Database）和 AOF（Append Only File）两种持久化模式。

（1）RDB 持久化

在 Redis 运行时，RDB 程序将当前内存中的数据库快照保存到磁盘文件中，在 Redis 重新启动时，RDB 程序可以通过载入 RDB 文件来还原 Redis 中的数据。

RDB 的工作方式： 在指定的时间间隔内，执行指定次数的写操作，将 Redis 内存中的数据写入磁盘中保存起来，即生成一个 dump.rdb 文件。当 Redis 重新启动时，通过读取磁盘上的 dump.rdb 文件将磁盘中的数据恢复到内存中。

打开 Redis 目录下的 redis.conf 文件，找到 SNAPSHOTTING 相关默认配置项：

```
################################
SNAPSHOTTING  ################################
```

```
#
# Save the DB on disk:
#
#   save <seconds> <changes>
#
# Will save the DB if both the given number of seconds and the given
# number of write operations against the DB occurred.
#
# In the example below the behaviour will be to save:
# after 900 sec (15 min) if at least 1 key changed
# after 300 sec (5 min) if at least 10 keys changed
# after 60 sec if at least 10000 keys changed
#
# Note: you can disable saving completely by commenting out all "save" lines.
#
# It is also possible to remove all the previously configured save
# points by adding a save directive with a single empty string argument
# like in the following example:
#
#   save ""

save 900 1
save 300 10
save 60 10000
```

这里是配置 RDB 持久化规则的。下面对这里的配置项进行讲解。

```
save <指定时间间隔> <指定次数更新操作>
```

RDB 持久化的含义：在指定的时间间隔内，发生指定次数的更新操作，那么将进行持久化操作。

在 redis.conf 默认配置中，各配置项的含义如下：

```
# 900 秒内有 1 次更改即保存内存数据到磁盘
save 900 1
# 300 秒内有 10 次更改即保存内存数据到磁盘
save 300 10
# 60 秒内有 10000 次更改即保存内存数据到磁盘
save 60 10000
```

（2）Redis AOF 持久化

AOF 是默认不开启的。这种持久化方式是以日志的形式来记录每个写操作的，并追加到文件中。Redis 重启时，会根据日志文件的内容将保存的写操作执行一遍，完成 Redis 内存数据的恢复。

打开 Redis 配置文件 redis.conf，找到 APPEND ONLY MODE 相关配置项：

```
############################### APPEND ONLY MODE
###############################

# By default Redis asynchronously dumps the dataset on disk. This mode is
# good enough in many applications, but an issue with the Redis process or
```

```
# a power outage may result into a few minutes of writes lost (depending on
# the configured save points).
#
# The Append Only File is an alternative persistence mode that provides
# much better durability. For instance using the default data fsync policy
# (see later in the config file) Redis can lose just one second of writes in a
# dramatic event like a server power outage, or a single write if something
# wrong with the Redis process itself happens, but the operating system is
# still running correctly.
#
# AOF and RDB persistence can be enabled at the same time without problems.
# If the AOF is enabled on startup Redis will load the AOF, that is the file
# with the better durability guarantees.
#
# Please check http://redis.io/topics/persistence for more information.

appendonly no

# The name of the append only file (default: "appendonly.aof")

appendfilename "appendonly.aof"

# The fsync() call tells the Operating System to actually write data on disk
# instead of waiting for more data in the output buffer. Some OS will really flush
# data on disk, some other OS will just try to do it ASAP.
#
# Redis supports three different modes:
#
# no: don't fsync, just let the OS flush the data when it wants. Faster.
# always: fsync after every write to the append only log. Slow, Safest.
# everysec: fsync only one time every second. Compromise.
#
# The default is "everysec", as that's usually the right compromise between
# speed and data safety. It's up to you to understand if you can relax this to
# "no" that will let the operating system flush the output buffer when
# it wants, for better performances (but if you can live with the idea of
# some data loss consider the default persistence mode that's snapshotting),
# or on the contrary, use "always" that's very slow but a bit safer than
# everysec.
#
# More details please check the following article:
# http://antirez.com/post/redis-persistence-demystified.html
#
# If unsure, use "everysec".

# appendfsync always
appendfsync everysec
# appendfsync no
```

可以从 redis.conf 中看到，在默认情况下，Redis 没有开启 AOF 功能。如果想要开启 AOF 功能，那么可以将 appendonly 修改为 yes：

```
appendonly yes
```

appendfilename 配置项控制 AOF 持久化文件的名称。appendfsync 配置项用于指定日志更新的条件。

```
#每次发生数据变化会立刻写入磁盘中
# appendfsync always
#默认配置，每秒异步记录一次
appendfsync everysec
#不同步
# appendfsync no
```

16.3.5　Redis 主从复制模式

Redis 主从复制架构的特点：主节点负责接受写入数据的请求，从节点负责接受查询数据的请求，主节点定期把数据同步给从节点，以保证主从节点的一致性。

下面搭建 Redis 主从复制架构。

（1）创建 Redis 配置文件

进入 Redis 目录，复制原 redis.conf 为 redis6380.conf，操作如下：

```
###进入 redis-5.0.3 解压目录
cd redis-5.0.3
###复制一份新的配置文件
cp redis.conf redis6380.conf
```

（2）修改配置文件

在 redis6380.conf 中修改启动端口和主从关系：

```
###配置此 Redis 节点为 127.0.0.1 6379 节点的从节点
slaveof 127.0.0.1 6379
###配置启动端口为 6380
port 6380
```

（3）启动 Redis 主从服务

分别启动 Redis 主节点 127.0.0.1 6379 和从节点 127.0.0.1 6380，验证主节点和从节点的启动情况，如图 16-25 所示。

```
###启动 Redis 主节点 127.0.0.1 6379
src/redis-server redis.conf
###启动 Redis 从节点 127.0.0.1 6380
src/redis-server redis6380.conf
###查询 Redis 进程
ps -ef | grep redis | grep -v grep
```

```
MichaeldeMacBook-Pro:redis-5.0.3 michael$ ps -ef | grep redis | grep -v grep
  501  3864     1   0  9:44下午 ??         0:00.13 src/redis-server 127.0.0.1:6379
  501  3866     1   0  9:44下午 ??         0:00.06 src/redis-server 127.0.0.1:6380
```

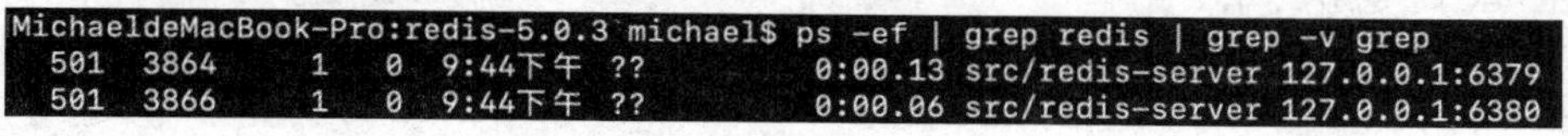

图 16-25　执行 ps -ef | grep redis | grep -v grep

（4）查看主从状态

登录 Redis 主节点，执行 info replication 命令，如图 16-26 所示，从图中可以看出当前节点是 master 节点：

```
###登录 Redis 主节点 127.0.0.1 6379 客户端
src/redis-cli -h 127.0.0.1 -p 6379
###Redis 主节点执行 info replication
info replication
```

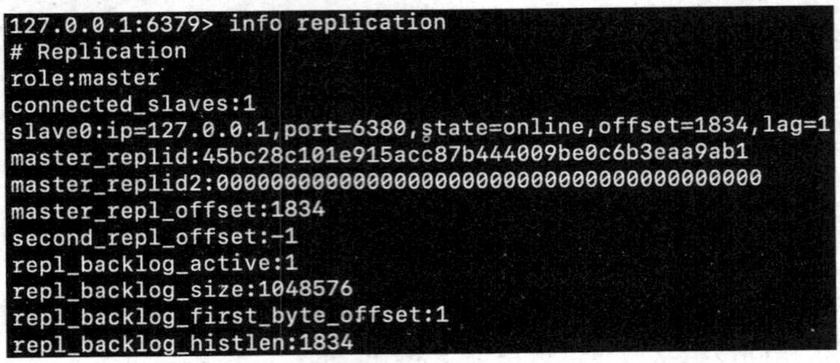

```
127.0.0.1:6379> info replication
# Replication
role:master
connected_slaves:1
slave0:ip=127.0.0.1,port=6380,state=online,offset=1834,lag=1
master_replid:45bc28c101e915acc87b444009be0c6b3eaa9ab1
master_replid2:0000000000000000000000000000000000000000
master_repl_offset:1834
second_repl_offset:-1
repl_backlog_active:1
repl_backlog_size:1048576
repl_backlog_first_byte_offset:1
repl_backlog_histlen:1834
```

图 16-26　Redis 主节点执行 info replication

登录 Redis 从节点，执行 info replication 命令，如图 16-27 所示，从图中可以看出当前节点是 slave 节点：

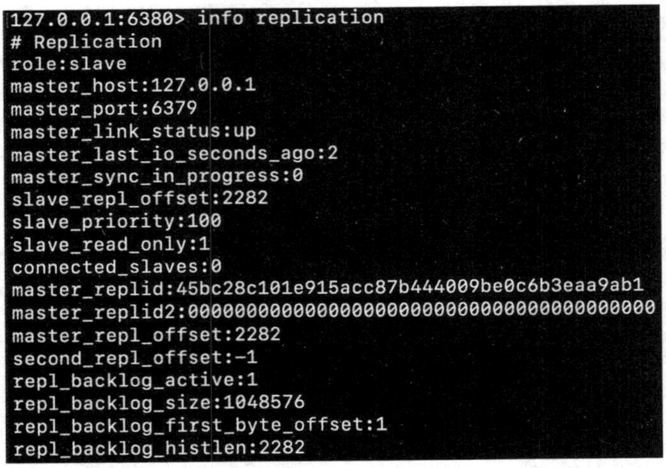

```
127.0.0.1:6380> info replication
# Replication
role:slave
master_host:127.0.0.1
master_port:6379
master_link_status:up
master_last_io_seconds_ago:2
master_sync_in_progress:0
slave_repl_offset:2282
slave_priority:100
slave_read_only:1
connected_slaves:0
master_replid:45bc28c101e915acc87b444009be0c6b3eaa9ab1
master_replid2:0000000000000000000000000000000000000000
master_repl_offset:2282
second_repl_offset:-1
repl_backlog_active:1
repl_backlog_size:1048576
repl_backlog_first_byte_offset:1
repl_backlog_histlen:2282
```

图 16-27　Redis 从节点执行 info replication

（5）Redis 主节点写入操作

登录 Redis 主节点，执行写入操作，执行结果如图 16-28 所示。

```
###登录 Redis 主节点客户端
src/redis-cli -h 127.0.0.1 -p 6379
###在 Redis 主节点写入
###写入 Hash master_slave 中 key-value 对 master : "127.0.0.1 6379"
HMSET master_slave master "127.0.0.1 6379"
###写入 Hash master_slave 中 key-value 对 slave  : "127.0.0.1 6380"
HMSET master_slave slave "127.0.0.1 6380"
```

```
127.0.0.1:6379> HMSET master_slave master "127.0.0.1 6379"
OK
127.0.0.1:6379> HMSET master_slave slave "127.0.0.1 6380"
OK
127.0.0.1:6379> HGETALL master_slave
1) "master"
2) "127.0.0.1 6379"
3) "slave"
4) "127.0.0.1 6380"
```

图 16-28　主节点写入和查询 Hash

（6）查询从节点的同步状态

登录从节点客户端，查询从节点的同步状态，如图 16-29 所示。

```
127.0.0.1:6380> HGETALL master_slave
1) "master"
2) "127.0.0.1 6379"
3) "slave"
4) "127.0.0.1 6380"
```

图 16-29　查询从节点的同步状态

从以上步骤可以看出，Redis 从节点 127.0.0.1 6380 虽然没有发生写入操作，但执行查询可以发现，Redis 主节点 127.0.0.1 6379 发生的写入操作已经同步到 Redis 从节点 127.0.0.1 6380。

Redis 主从架构有多种不同的拓扑结构，以下是一些常见的主从拓扑结构。

（1）Redis 一主一从拓扑结构

Redis 一主一从拓扑结构主要用于主节点故障转移到从节点。当主节点的写入操作并发高且需要持久化时，可以只在从节点开启 AOF（主节点不需要），这样既可以保证数据的安全性，又可以避免持久化对主节点性能的影响。Redis 一主一从拓扑结构如图 16-30 所示。

（2）Redis 一主多从拓扑结构

针对读取操作并发较高的场景，读取操作由多个从节点来分担，但节点越多，主节点同步到多节点的次数也越多，影响带宽，也对主节点的稳定性造成负担。Redis 一主多从拓扑结构如图 16-31 所示。

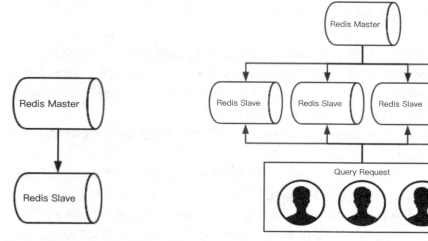

图 16-30　Redis 一主一从拓扑结构　　　　　图 16-31　Redis 一主多从拓扑结构

（3）Redis 树形拓扑结构

一主多从拓扑结构的缺点是主节点推送次数多、压力大，可用树形拓扑结构解决，主节点只负责推送数据到从节点 A，再由从节点 A 推送到从节点 B、C 和 D，减轻主节点推送的压力。

Redis 树形拓扑结构如图 16-32 所示。

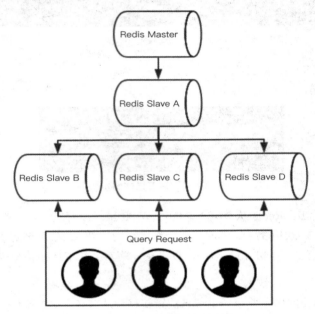

图 16-32　Redis 树形拓扑结构

主从复制架构虽然可以提高读并发，但这种架构也有如下一些缺点：

（1）在主从复制架构中，如果主节点出现问题，就不能提供服务，需人工修改重新设置主节点。

（2）在主从复制架构中，主节点单机写能力有限。

16.3.6　Redis 哨兵模式

在 Redis 主从架构中，当主节点 Master 出现故障后，Redis 新的主节点必须由开发人员手动修改。这显然不满足高可用的特性。因此，在 Redis 主从架构的基础上演变出了 Redis 哨兵机制。

哨兵机制（Sentinel）的高可用原理是：当主节点出现故障时，由 Redis 哨兵（Sentinel）自动完成故障发现和转移，并通知 Redis 客户端，实现高可用性。

Redis 哨兵进程用于监控 Redis 集群中 Master 主服务器的工作状态。在主节点 Master 发生故障的时候，可以实现 Master 和 Slave 服务器的自动切换，保证系统的高可用性。

Redis 哨兵是一个分布式系统，可以在一个架构中运行多个 Redis 哨兵进程，这些进程使用流言协议（Gossip Protocols）来接收关于 Master 主服务器是否下线的信息，并使用投票协议（Agreement Protocols）来决定是否执行自动故障迁移，以及选择某个 Slave 节点作为新的 Master 节点。

每个 Redis 哨兵进程会向其他 Redis 哨兵、Master 主节点、Slave 从节点定时发送消息，以确认被监控的节点是否"存活着"。如果发现对方在指定配置时间（可配置的）内未得到回应，就暂时认为被监控节点已宕机，也就是所谓的"主观下线"（Subjective Down，简称 SDOWN）。

　　与"主观下线"对应是"客观下线"。当"哨兵群"中的多数 Redis 哨兵进程在对 Master 主节点做出 SDOWN 的判断，并且通过 SENTINEL is-master-down-by-addr 命令互相交流之后，得出 Master Server 下线判断，此时认为主节点 Master 发生"客观下线"（Objectively Down，简称 ODOWN）。通过一定的选举算法，从剩下存活的从节点中选出一台晋升为 Master 主节点，然后自动修改相关配置，并开启故障转移（Failover）。

　　Redis 哨兵虽然由一个单独的可执行文件 redis-sentinel 控制启动，但实际上 Redis 哨兵只是一个运行在特殊模式下的 Redis 服务器，可以在启动一个普通 Redis 服务器时通过指定--sentinel 选项来启动 Redis 哨兵，Redis 哨兵的一些设计思路和 ZooKeeper 非常类似。

　　Redis 哨兵集群之间会互相通信，交流 Redis 节点的状态，做出相应的判断并进行处理。这里的"主观下线"和"客观下线"是比较重要的状态，这两个状态决定了是否进行故障转移，可以通过订阅指定的频道信息，当服务器出现故障时通知管理员。客户端可以将 Redis 哨兵看作是一个只提供了订阅功能的 Redis 服务器，客户端不可以使用 PUBLISH 命令向这个服务器发送信息，但是客户端可以用 SUBSCRIBE/PSUBSCRIBE 命令，通过订阅指定的频道来获取相应的事件提醒。

　　Redis 哨兵的拓扑结构如图 16-33 所示。

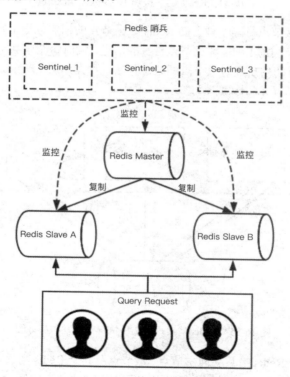

图 16-33　Redis 哨兵的拓扑结构

Redis 哨兵定时监控任务的原理如下：

（1）每个 Redis 哨兵节点每 10 秒会向主节点和从节点发送 info 命令获取拓扑结构图，Redis

哨兵配置时只要配置对主节点的监控即可，可以通过向主节点发送 info 命令获取从节点的信息，并且当有新的从节点加入时可以立刻感知到，如图 14-34 所示。

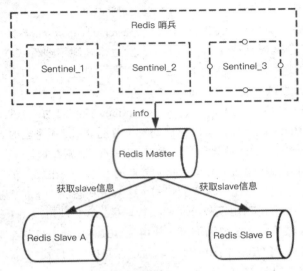

图 16-34　Redis 哨兵每隔 10 秒执行一次 info

（2）每个 Redis 哨兵节点每隔 2 秒会向 Redis 数据节点的指定频道上发送该 Redis 哨兵节点对于主节点的状态判断以及当前 Redis 哨兵节点自身的信息，同时每个哨兵节点会订阅该频道，用来获取其他 Redis 哨兵节点的信息及对主节点的状态判断，如图 16-35 所示。

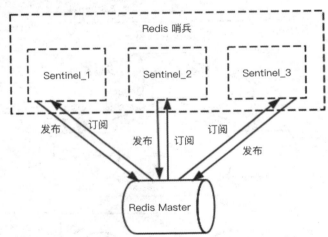

图 16-35　Redis 哨兵每隔 2 秒执行一次发布和订阅

（3）每隔 1 秒每个 Redis 哨兵会向主节点、从节点及其余 Redis 哨兵节点发送一次 Ping 命令，做一次心跳检测，这也是 Redis 哨兵用来判断节点是否正常的重要依据，如图 16-36 所示。

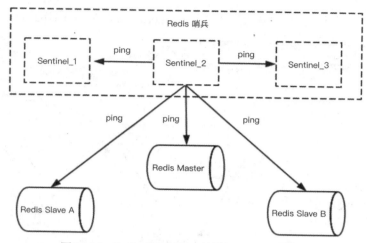

图 16-36　Redis 哨兵每隔 1 秒执行一次 Ping 命令

　　当主观下线的节点是主节点时，此时探测到主节点主观下线的 Redis 哨兵节点会通过指令 sentinel is-masterdown-by-addr 寻求其他 Redis 哨兵节点对主节点的状态做出判断，当超过 quorum（选举）个数时，Redis 哨兵节点认为该主节点确实有问题，这样就客观下线了，大部分哨兵节点都同意下线操作，即发生客观下线，如图 16-37 所示。

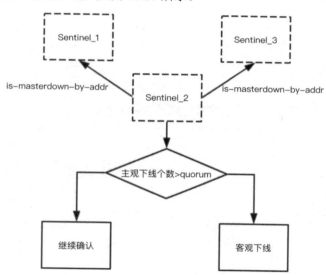

图 16-37　主观下线和客观下线

　　Redis 哨兵选举领导者的步骤如下：

　　（1）每个在线的哨兵节点都可以成为领导者，当此 Redis 哨兵（如图 16-37 所示的哨兵 2）确认主节点主观下线时，会向其他哨兵发送 is-master-down-by-addr 命令，征求判断并要求将自己设置为 Redis 哨兵集群的领导者，由领导者处理故障转移。

　　（2）当其他 Redis 哨兵收到 is-master-down-by-addr 命令时，可以同意或者拒绝此 Redis 哨兵成为领导者。

（3）当此 Redis 哨兵得到的票数大于等于 max(quorum, num(sentinels)/2+1)时，Redis 哨兵将成为 Redis 哨兵集群。如果没有超过，就继续选举。

Redis 哨兵选举领导者的过程如图 16-38 所示。

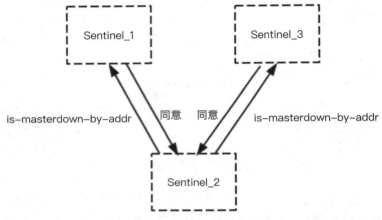

图 16-38　Redis 哨兵选举领导者

故障转移的步骤如下：

（1）将 Slave A 脱离原从节点，升级主节点。

（2）将从节点 Slave B 指向新的主节点。

（3）通知客户端主节点已更换。

（4）如果主节点故障恢复，就设置成为新的主节点的从节点。

故障转移过程（假设哨兵 2 成为领导者）如图 16-39 所示。

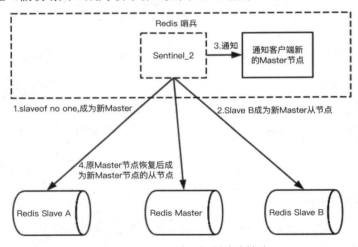

图 16-39　Redis 哨兵机制故障转移

经过故障转以后，Redis 哨兵架构的拓扑结构将发生变化，如图 16-40 所示。

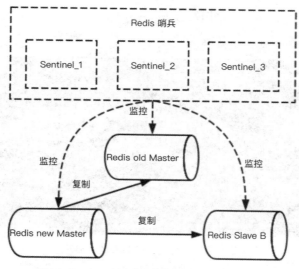

图 16-40　Redis 哨兵机制故障转移后的拓扑图

16.3.7　Redis 哨兵模式安装部署

本节按照图 16-33 所示的拓扑结构安装部署 Redis 哨兵模式。

（1）创建 Redis 主从节点配置文件

进入 Redis 目录，将 redis.conf 文件复制 3 份，分别命名为 redis6379.conf、redis6380.conf 和 redis6381.conf：

```
###创建Redis 127.0.0. 1 6379配置文件
cp redis.conf redis6379.conf
###创建Redis 127.0.0. 1 6380配置文件
cp redis.conf redis6380.conf
###创建Redis 127.0.0. 1 6381配置文件
cp redis.conf redis6381.conf
```

（2）修改各个 Redis 配置文件

修改 redis6379.conf 配置文件，配置启动端口为 6379：

```
port 6379
```

修改 redis6380.conf 配置文件，配置启动端口为 6380，并配置此节点为 127.0.0.1 6379 的从节点：

```
port 6380
slaveof 127.0.0.1 6379
```

修改 redis6381.conf 配置文件，配置启动端口为 6381，并配置此节点为 127.0.0.1 6379 的从节点：

```
port 6381
slaveof 127.0.0.1 6379
```

（3）分别启动 Redis 主从节点

分别启动 Redis 主节点 127.0.0.1 6379 和 Redis 从节点 127.0.0.1 6380 和 127.0.0.1 6381。

启动主节点 127.0.0.1 6379，如图 16-41 所示。

```
src/redis-server redis6379.conf
```

图 16-41　启动主节点 127.0.0.1 6379

启动从节点 127.0.0.1 6380，如图 16-42 所示。

```
src/redis-server redis6380.conf
```

图 16-42　启动从节点 127.0.0.1 6380

启动从节点 127.0.0.1 6381，如图 16-43 所示。

```
src/redis-server redis6381.conf
```

图 16-43　启动从节点 127.0.0.1 6381

验证 Redis 主节点和从节点的启动状况，如图 16-44 所示。

```
ps -ef | grep redis | grep -v grep
```

```
501  1661  796  0 12:01下午 ttys000   0:00.49 src/redis-server 127.0.0.1:6379
501  1666  858  0 12:04下午 ttys001   0:00.34 src/redis-server 127.0.0.1:6380
501  1679  875  0 12:08下午 ttys003   0:00.19 src/redis-server 127.0.0.1:6381
```

图 16-44　查看启动的 Redis 进程

下面验证主从节点之间的状态。使用客户端连接 127.0.0.1 6379 主节点执行 info 命令，如图 16-45 所示。

```
src/redis-cli -h 127.0.0.1 -p 6379
```

```
127.0.0.1:6379> info replication
# Replication
role:master
connected_slaves:2
slave0:ip=127.0.0.1,port=6380,state=online,offset=532,lag=1
slave1:ip=127.0.0.1,port=6381,state=online,offset=532,lag=1
master_replid:9d499822105c21c008589d51c5b64355678dfc9f
master_replid2:0000000000000000000000000000000000000000
master_repl_offset:532
second_repl_offset:-1
repl_backlog_active:1
repl_backlog_size:1048576
repl_backlog_first_byte_offset:1
repl_backlog_histlen:532
```

图 16-45　连接 127.0.0.1 6379 Master 节点执行 info 命令

使用客户端连接 127.0.0.1 6380 从节点执行 info 命令，如图 16-46 所示。

```
src/redis-cli -h 127.0.0.1 -p 6380
```

```
127.0.0.1:6380> info replication
# Replication
role:slave
master_host:127.0.0.1
master_port:6379
master_link_status:up
master_last_io_seconds_ago:5
master_sync_in_progress:0
slave_repl_offset:560
slave_priority:100
slave_read_only:1
connected_slaves:0
master_replid:9d499822105c21c008589d51c5b64355678dfc9f
master_replid2:0000000000000000000000000000000000000000
master_repl_offset:560
second_repl_offset:-1
repl_backlog_active:1
repl_backlog_size:1048576
repl_backlog_first_byte_offset:57
repl_backlog_histlen:504
```

图 16-46　连接 127.0.0.1 6380 Slave 节点执行 info 命令

使用客户端连接 127.0.0.1 6381 从节点执行 info 命令，如图 16-47 所示。

```
src/redis-cli -h 127.0.0.1 -p 6381
```

```
127.0.0.1:6381> info replication
# Replication
role:slave
master_host:127.0.0.1
master_port:6379
master_link_status:up
master_last_io_seconds_ago:3
master_sync_in_progress:0
slave_repl_offset:574
slave_priority:100
slave_read_only:1
connected_slaves:0
master_replid:9d499822105c21c008589d51c5b64355678dfc9f
master_replid2:0000000000000000000000000000000000000000
master_repl_offset:574
second_repl_offset:-1
repl_backlog_active:1
repl_backlog_size:1048576
repl_backlog_first_byte_offset:57
repl_backlog_histlen:518
```

图 16-47　连接 127.0.0.1 6381 Slave 节点执行 info 命令

（4）创建 Redis 哨兵配置文件

进入 Redis 目录，将 sentinel.conf 配置文件复制 3 份，分别命名为 sentinel26379.conf、sentinel26380.conf 和 sentinel26381.conf：

```
###创建 Redis 127.0.0. 1 6379 配置文件
cp sentinel.conf sentinel26379.conf
###创建 Redis 127.0.0. 1 6380 配置文件
cp sentinel.conf sentinel26380.conf
###创建 Redis 127.0.0. 1 6381 配置文件
cp sentinel.conf sentinel26381.conf
```

（5）修改 Redis 哨兵配置文件

修改 sentinel26379.conf 配置文件，配置启动端口为 26379，并配置监听 127.0.0.1 6379 主节点：

```
###配置哨兵端口号 26379
port 26379
###配置监听 Master 节点 127.0.0.1 6379
###最后一个参数 2 表示，当集群中有两个 Redis 哨兵认为 Master 下线，才能真正认为该 Master
###已经不可用了
sentinel monitor mymaster 127.0.0.1 6379 2
```

修改 sentinel26380.conf 配置文件，配置启动端口为 26380，并配置监听 127.0.0.1 6379 主节点：

```
###配置哨兵端口号 26380
port 26380
###配置监听 Master 节点 127.0.0.1 6379
###最后一个参数 2 表示，当集群中有两个 Redis 哨兵认为 Master 下线，才能真正认为该 Master
###已经不可用了
sentinel monitor mymaster 127.0.0.1 6379 2
```

修改 sentinel26381.conf 配置文件，配置启动端口为 26381，并配置监听 127.0.0.1 6379 主节点：

```
###配置哨兵端口号 26381
port 26381
###配置监听 Master 节点 127.0.0.1  6379
###最后一个参数 2 表示，当集群中有两个 Redis 哨兵认为 Master 下线，才能真正认为该 Master
###已经不可用了
sentinel monitor mymaster 127.0.0.1 6379 2
```

（5）分别启动 Redis 哨兵

```
src/redis-sentinel sentinel26379.conf
src/redis-sentinel sentinel26380.conf
src/redis-sentinel sentinel26381.conf
```

验证 Redis 哨兵启动，如图 16-48 所示。

```
ps -ef | grep sentinel | grep -v grep
```

```
501  1743    1   0  1:15下午 ??         0:02.91 src/redis-sentinel *:26379 [sentinel]
501  1767    1   0  1:22下午 ??         0:00.82 src/redis-sentinel *:26380 [sentinel]
501  1771    1   0  1:22下午 ??         0:00.79 src/redis-sentinel *:26381 [sentinel]
```

图 16-48　Redis 哨兵进程

（6）验证故障转移

停止 Redis 主节点 127.0.0.1 6379，用于模拟 Redis 主节点下线。从图 16-44 可知，Redis 主节点进程号是 1661，使用以下命令关闭 Redis 主节点所在的进程：

```
kill -9 1661
```

观察 3 个 Redis 哨兵节点日志输出，如图 16-49 所示。

```
1833:X 03 Jan 2019 13:54:57.202 # +sdown master mymaster 127.0.0.1 6379
1833:X 03 Jan 2019 13:54:57.283 # +odown master mymaster 127.0.0.1 6379 #quorum 2/2
1833:X 03 Jan 2019 13:54:57.283 # +new-epoch 1
1833:X 03 Jan 2019 13:54:57.283 # +try-failover master mymaster 127.0.0.1 6379
1833:X 03 Jan 2019 13:54:57.285 # +vote-for-leader 1d376b8a71e3c171ca0b1243d7a3275bfb6ce820 1
1833:X 03 Jan 2019 13:54:57.286 # c5334cbb5f902a4615d32fc54ea8cc08320a05f7 voted for c5334cbb5f902a4615d32fc54ea8cc08320a05f7 1
1833:X 03 Jan 2019 13:54:57.287 # a32ecd87d79db1c7bd6a0bc31e7875d517c32f2c voted for 1d376b8a71e3c171ca0b1243d7a3275bfb6ce820 1
1833:X 03 Jan 2019 13:54:57.360 # +elected-leader master mymaster 127.0.0.1 6379
1833:X 03 Jan 2019 13:54:57.360 # +failover-state-select-slave master mymaster 127.0.0.1 6379
1833:X 03 Jan 2019 13:54:57.463 # +selected-slave slave 127.0.0.1:6381 127.0.0.1 6381 @ mymaster 127.0.0.1 6379
1833:X 03 Jan 2019 13:54:57.463 * +failover-state-send-slaveof-noone slave 127.0.0.1:6381 127.0.0.1 6381 @ mymaster 127.0.0.1 6379
1833:X 03 Jan 2019 13:54:57.558 * +failover-state-wait-promotion slave 127.0.0.1:6381 127.0.0.1 6381 @ mymaster 127.0.0.1 6379
1833:X 03 Jan 2019 13:54:57.860 # +promoted-slave slave 127.0.0.1:6381 127.0.0.1 6381 @ mymaster 127.0.0.1 6379
1833:X 03 Jan 2019 13:54:57.860 # +failover-state-reconf-slaves master mymaster 127.0.0.1 6379
1833:X 03 Jan 2019 13:54:57.912 * +slave-reconf-sent slave 127.0.0.1:6380 127.0.0.1 6380 @ mymaster 127.0.0.1 6379
1833:X 03 Jan 2019 13:54:58.420 # -odown master mymaster 127.0.0.1 6379
1833:X 03 Jan 2019 13:54:58.872 * +slave-reconf-inprog slave 127.0.0.1:6380 127.0.0.1 6380 @ mymaster 127.0.0.1 6379
1833:X 03 Jan 2019 13:54:58.873 * +slave-reconf-done slave 127.0.0.1:6380 127.0.0.1 6380 @ mymaster 127.0.0.1 6379
1833:X 03 Jan 2019 13:54:58.927 # +failover-end master mymaster 127.0.0.1 6379
1833:X 03 Jan 2019 13:54:58.927 # +switch-master mymaster 127.0.0.1 6379 127.0.0.1 6381
1833:X 03 Jan 2019 13:54:58.927 * +slave slave 127.0.0.1:6380 127.0.0.1 6380 @ mymaster 127.0.0.1 6381
1833:X 03 Jan 2019 13:54:58.928 * +slave slave 127.0.0.1:6379 127.0.0.1 6379 @ mymaster 127.0.0.1 6381
1833:X 03 Jan 2019 13:55:28.968 # +sdown slave 127.0.0.1:6379 127.0.0.1 6379 @ mymaster 127.0.0.1 6381
```

图 16-49　Redis 故障转移

从 Redis 哨兵节点的日志输出可以看出，哨兵监控到了 Redis 主节点 127.0.0.1 6379 从 SDOWN 状态变成了 ODOWN 状态，并成功执行故障转换，新的主节点是 127.0.0.1 6381。

（7）重启旧的 Redis 主节点

执行以下命令重启 127.0.0.1 6379 这个 Redis 节点，这个节点会作为从节点加入其中：

```
src/redis-server redis6379.conf
```

（8）验证故障转移后的 Redis 拓扑结构

分别使用 Redis 客户端连接 127.0.0.1 6379、127.0.0.1 6380 和 127.0.0.1 6381 节点。

```
src/redis-cli -h 127.0.0.1 -p 6379
src/redis-cli -h 127.0.0.1 -p 6380
src/redis-cli -h 127.0.0.1 -p 6381
```

用 Redis 客户端连接新的 Redis 主节点 127.0.0.1 6381 执行 info 命令，如图 16-50 所示。

```
info replication
```

```
127.0.0.1:6381> info replication
# Replication
role:master
connected_slaves:2
slave0:ip=127.0.0.1,port=6380,state=online,offset=273174,lag=1
slave1:ip=127.0.0.1,port=6379,state=online,offset=273174,lag=1
master_replid:5e62a8ebd5ae5bfbba94e0f8631d786ffc498980
master_replid2:99cdb2f139437ee48b0fdcbd2a0a92729b9adb99
master_repl_offset:273174
second_repl_offset:16005
repl_backlog_active:1
repl_backlog_size:1048576
repl_backlog_first_byte_offset:1
repl_backlog_histlen:273174
```

图 16-50　新的 Redis 主节点执行 info replication

从 info replication 命令的输出可以看出，当前节点 127.0.0.1 6381 是主节点，且此节点含有两个从节点，分别是 127.0.0.1 6379 和 127.0.0.1 6380。

用 Redis 客户端连接新的 Redis 从节点 127.0.0.1 6379 执行 info 命令，如图 16-51 所示。

```
127.0.0.1:6379> info replication
# Replication
role:slave
master_host:127.0.0.1
master_port:6381
master_link_status:up
master_last_io_seconds_ago:0
master_sync_in_progress:0
slave_repl_offset:909026
slave_priority:100
slave_read_only:1
connected_slaves:0
master_replid:5e62a8ebd5ae5bfbba94e0f8631d786ffc498980
master_replid2:0000000000000000000000000000000000000000
master_repl_offset:909026
second_repl_offset:-1
repl_backlog_active:1
repl_backlog_size:1048576
repl_backlog_first_byte_offset:179940
repl_backlog_histlen:729087
```

图 16-51　Redis 从节点 127.0.0.1 6379 执行 info replication 命令

从图 16-51 可知，127.0.0.1 6379 节点是从节点，与之对应的主节点是 127.0.0.1 6381。

用 Redis 客户端连接新的 Redis 从节点 127.0.0.1 6380 执行 info 命令，如图 16-52 所示。

```
127.0.0.1:6380> info replication
# Replication
role:slave
master_host:127.0.0.1
master_port:6381
master_link_status:up
master_last_io_seconds_ago:0
master_sync_in_progress:0
slave_repl_offset:968218
slave_priority:100
slave_read_only:1
connected_slaves:0
master_replid:5e62a8ebd5ae5bfbba94e0f8631d786ffc498980
master_replid2:99cdb2f139437ee48b0fdcbd2a0a92729b9adb99
master_repl_offset:968218
second_repl_offset:16005
repl_backlog_active:1
repl_backlog_size:1048576
repl_backlog_first_byte_offset:1
repl_backlog_histlen:968218
```

图 16-52　Redis 从节点 127.0.0.1 6380 执行 info replication 命令

通过以上步骤可知，Redis 哨兵模式搭建成功，并且此哨兵模式可以实现自动故障转移。通过 Redis 哨兵实现的故障转移降低了开发人员对 Redis 的维护成本，同时增强了 Redis 的高可用性。

16.3.8　Redis 集群模式

Redis 集群是可以在多个 Redis 节点之间进行数据共享的架构。Redis 集群通过分区容错（Partition Tolerance）来提高可用性（Availability），即使集群中有一部分节点失效或者无法进行通信，集群也可以继续处理命令请求。

1. Redis 集群模式数据共享

Redis 集群需要注意如下几点：

（1）将数据切分到多个 Redis 节点。

（2）当集群中部分节点失效或者无法通信时，整个集群仍可以处理请求。

Redis 将数据进行分片，每个 Redis 集群包含 16384 个哈希槽（Hash Slot），Redis 中存储的每个 key 都属于这 16384 个哈希槽中的一个。通过公式计算每个 key 应该存放于具体哪个哈希槽：

```
### 其中 CRC16(key) 用于计算 key 的 CRC16 校验和
key 存放的哈希槽 = CRC16(key) % 16384
```

Redis 集群中的每个 Redis 节点负责处理一部分哈希槽。假设 1 个 Redis 集群包含 3 个 Redis 节点，则每个节点可能处理的哈希槽如下：

（1）Redis 节点 A 负责处理 0~5500 号哈希槽。

（2）Redis 节点 B 负责处理 5501~11000 号哈希槽。

（3）Redis 节点 C 负责处理 11001~16384 号哈希槽。

通过这种将哈希槽分布到不同 Redis 节点的做法使得用户可以很容易地向集群添加或者删除

Redis 节点。例如向 Redis 集群中加入节点 D，只需将节点 A、B 和 C 中的部分哈希槽移动到节点 D 即可。

2．Redis 集群中的主从复制

为了使 Redis 集群在出现问题时仍然可以正常运行，Redis 集群对节点使用了主从复制功能，即集群中的每个节点有一个主节点和若干个从节点。

一个 Redis 集群有 A、B 和 C 三个节点，当节点 B 下线时，整个集群将无法正常工作。如果在创建 Redis 集群的时候，为节点 B 创建了从节点 Slave_B，那么当主节点 B 下线时，集群就可以将 Slave_B 作为新的主节点，并让其替代主节点 B，这样整个集群就不会因为主节点 B 下线而无法正常工作了，即 Redis 集群拥有分区容错性。

但是如果 Redis 集群中的主节点 B 和其从节点 Slave_B 都下线，还是会导致 Redis 集群无法正常工作。

3．Redis 集群中的一致性问题

在分析 Redis 集群一致性问题前，先了解一下 CAP 原则。CAP 原则又称 CAP 定理，指的是在一个分布式系统中，一致性（Consistency）、可用性（Availability）、分区容错性（Partition Tolerance），三者不可兼得。Redis 集群模式也是一个分布式系统，因此也存在相应的问题。

从之前对 Redis 集群的分析中可知，Redis 集群对可用性和分区容错性有较好的支持。因此，在 Redis 集群模式下，数据的一致性存在一定的问题。Redis 集群不保证强一致性。

在 Redis 集群中，主从节点之间的复制是异步执行的，即主节点对命令的复制工作发生在返回命令回复给客户端之后，因为如果每次处理命令请求都需要等待复制操作完成，那么主节点处理命令请求的速度将极大地降低（必须在性能和一致性之间做出权衡）。这种情况下会存在数据一致性问题，即集群中部分节点短时间内获取不到最新的主节点新增的数据。

另一种存在数据一致性的情况是 Redis 集群出现网络分区。假设有这样一个 Redis 集群，集群中含有 A、A1、B、B1、C 和 C1 共 6 个节点，其中节点 A、B 和 C 是主节点，A1、B1 和 C1 是从节点，另有一个客户端 X。假设在某一时刻 Redis 集群发生网络分区，整个集群分为两方，多数的一方（Majority）包含节点 A、A1、B、B1 和 C1，少数的一方（Minority）包含主节点 C 和客户端 X。在网络分区期间，主节点 C 仍然能接收客户端 C 的请求，此时就会出现 Minority 和 Majority 数据一致性的问题。

如果网络分区持续时间较短，集群就会正常运行。

如果网络分区时间足够长，Minority 分区中的节点标记节点 C 为下线状态，并使用从节点 C1 替换原主节点 C。这将导致客户端 X 发送给原主节点 C 的写入数据丢失。

对于 Majority 一方，如果一个主节点未能在节点超时时间所设定的时限内重新联系上集群，那么集群会将这个主节点视为下线，并使用从节点来代替这个主节点继续工作。

对于 Minority 一方，如果一个主节点未能在节点超时时间所设定的时限内重新联系上集群，那么它将停止处理写命令，并向客户端报告错误。

4．Redis 集群架构

Redis 集群中所有的节点彼此之间互相通信，使用二进制协议优化传输速度和带宽。集群中过半数检测到某个节点失效时，集群会将这个节点标记为失败的（Fail）。Redis 客户端与 Redis 集群

中的节点直连，Redis 客户端只要连接到集群中的任一节点即可。Redis 集群的架构如图 16-53 所示。

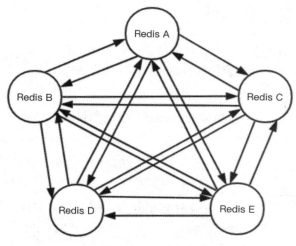

图 16-53　Redis 集群架构

5. Redis 集群容错

判断当前节点是否下线需要集群中所有的主节点参与。如果集群中半数以上的主节点与当前节点通信超时，就认为当前节点下线。如图 16-54 所示，当虚线部分通信超时个数大于集群中半数节点时，就认为 Redis A 节点下线。

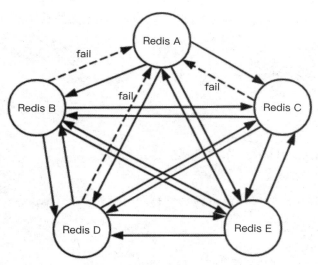

图 16-54　Redis 集群架构

以下两种情况任意一种发生时，整个集群不可用：

（1）某个主节点下线，并且这个主节点没有可用的从节点。

（2）集群中过半数以上的主节点下线，无论主节点是否有从节点。

16.3.9　Redis 集群环境搭建

本节将介绍 Redis 集群的搭建。本案例中启动 6 个 Redis 节点，这 6 个节点分为两种，其中 3 个是主节点，另外 3 个是主节点对应的从节点。具体环境搭建过程如下。

（1）创建 cluster 目录

进入 Redis 目录，创建一个新的目录 cluster，在这个目录中创建 Redis 集群所需的配置文件：

```
mkdir cluster
```

（2）创建 6 份配置文件

进入 cluster 目录后，将 redis.conf 文件复制 6 份，每份配置文件对应一个 Redis 节点：

```
cd cluster
cp ../redis.conf ./redis6001.conf
cp ../redis.conf ./redis6002.conf
cp ../redis.conf ./redis6003.conf
cp ../redis.conf ./redis6004.conf
cp ../redis.conf ./redis6005.conf
cp ../redis.conf ./redis6006.conf
```

（3）分别修改配置文件

分别修改 redis6001.conf~redis6006.conf 文件。每个配置文件具体修改如下：

```
###修改 redis6001.conf
vim redis6001.conf
###redis6001.conf 中做如下修改
###配置启动端口
port 6001
###开启集群配置
cluster-enabled yes
###集群的配置，配置文件首次启动自动生成
cluster-config-file nodes-6001.conf

###########################################

#修改 redis6002.conf
vim redis6002.conf
#redis6002.conf 中做如下修改
#配置启动端口
port 6002
#开启集群配置
cluster-enabled yes
#集群的配置，配置文件首次启动自动生成
cluster-config-file nodes-6002.conf

###########################################
```

```
#修改 redis6003.conf
vim redis6003.conf
#redis6003.conf 中做如下修改
#配置启动端口
port 6003
#开启集群配置
cluster-enabled yes
#集群的配置，配置文件首次启动自动生成
cluster-config-file nodes-6003.conf

##############################################

#修改 redis6004.conf
vim redis6004.conf
#redis6004.conf 中做如下修改
#配置启动端口
port 6004
#开启集群配置
cluster-enabled yes
#集群的配置，配置文件首次启动自动生成
cluster-config-file nodes-6004.conf

##############################################

#修改 redis6005.conf
vim redis6005.conf
#redis6005.conf 中做如下修改
#配置启动端口
port 6005
#开启集群配置
cluster-enabled yes
#集群的配置，配置文件首次启动自动生成
cluster-config-file nodes-6005.conf

##############################################

#修改 redis6006.conf
vim redis6006.conf
#redis6006.conf 中做如下修改
#配置启动端口
port 6006
#开启集群配置
cluster-enabled yes
#集群的配置，配置文件首次启动自动生成
cluster-config-file nodes-6006.conf
```

（4）编写启动脚本

当需要启动的节点较多时，可以使用 Shell 脚本管理。使用下面的命令创建两个 Shell 脚本，start-all.sh 用来启动 6 个 Redis 节点，stop-all.sh 用来停止 6 个 Redis 节点。

```
#当前所在目录是 cluster
#启动 6 个 Redis 节点
vim start-all.sh
../src/redis-server redis6001.conf
../src/redis-server redis6002.conf
../src/redis-server redis6003.conf
../src/redis-server redis6004.conf
../src/redis-server redis6005.conf
../src/redis-server redis6006.conf

###############################################

###停止 6 个 Redis 节点
vim stop-all.sh
../src/redis-cli -p 6001 shutdown
../src/redis-cli -p 6002 shutdown
../src/redis-cli -p 6003 shutdown
../src/redis-cli -p 6004 shutdown
../src/redis-cli -p 6005 shutdown
../src/redis-cli -p 6006 shutdown
```

（5）启动脚本

执行 start-all.sh 脚本启动 6 个节点：

```
start-all.sh
```

（6）查看 Redis 节点的启动情况

查看 6 个 Redis 节点的运行进程，如图 16-55 所示。

```
ps -ef | grep redis | grep -v grep
```

```
501   5901   1   0   8:03下午 ??        0:06.67 ../src/redis-server 127.0.0.1:6001 [cluster]
501   5932   1   0   8:10下午 ??        0:05.43 ../src/redis-server 127.0.0.1:6002 [cluster]
501   5934   1   0   8:10下午 ??        0:05.43 ../src/redis-server 127.0.0.1:6003 [cluster]
501   5936   1   0   8:10下午 ??        0:05.42 ../src/redis-server 127.0.0.1:6004 [cluster]
501   5938   1   0   8:10下午 ??        0:05.40 ../src/redis-server 127.0.0.1:6005 [cluster]
501   5940   1   0   8:10下午 ??        0:05.39 ../src/redis-server 127.0.0.1:6006 [cluster]
```

图 16-55　查看启动的 6 个 Redis 节点的进程

（7）构建集群

使用启动的 6 个 Redis 节点创建 Redis 集群。其中，--cluster-replicas 1 表示自动为每个主节点分配一个从节点。在这个案例中，有 6 个节点，因此这个 Redis 集群会生成 3 个主节点和3 个从节点。

```
../src/redis-cli --cluster create --cluster-replicas 1 127.0.0.1:6001
127.0.0.1:6002  127.0.0.1:6003 127.0.0.1:6004 127.0.0.1:6005 127.0.0.1:6006
```

执行以上命令，得到如下的输出：

```
>>> Performing hash slots allocation on 6 nodes...
Master[0] -> Slots 0 - 5460
Master[1] -> Slots 5461 - 10922
```

```
Master[2] -> Slots 10923 - 16383
Adding replica 127.0.0.1:6004 to 127.0.0.1:6001
Adding replica 127.0.0.1:6005 to 127.0.0.1:6002
Adding replica 127.0.0.1:6006 to 127.0.0.1:6003
>>> Trying to optimize slaves allocation for anti-affinity
[WARNING] Some slaves are in the same host as their master
M: 411cc025c8e6109e9cb600b68a533576b9cf6188 127.0.0.1:6001
   slots:[0-5460] (5461 slots) master
M: 4aa18df4f17af30e81364af5e762af15b28b0338 127.0.0.1:6002
   slots:[5461-10922] (5462 slots) master
M: 71c3e50c020a74fe6bb43523b84f9d879465d97e 127.0.0.1:6003
   slots:[10923-16383] (5461 slots) master
S: e063c5d4ace5b62816a108f28023a760b82ba494 127.0.0.1:6004
   replicates 411cc025c8e6109e9cb600b68a533576b9cf6188
S: d96b2dbf3abc2078e9dedad6be49c97672473696 127.0.0.1:6005
   replicates 4aa18df4f17af30e81364af5e762af15b28b0338
S: cf55560081b842bc7d2843ed17798082d2c875f4 127.0.0.1:6006
   replicates 71c3e50c020a74fe6bb43523b84f9d879465d97e
Can I set the above configuration? (type 'yes' to accept): yes
>>> Nodes configuration updated
>>> Assign a different config epoch to each node
>>> Sending CLUSTER MEET messages to join the cluster
Waiting for the cluster to join
...
>>> Performing Cluster Check (using node 127.0.0.1:6001)
M: 411cc025c8e6109e9cb600b68a533576b9cf6188 127.0.0.1:6001
   slots:[0-5460] (5461 slots) master
   1 additional replica(s)
S: cf55560081b842bc7d2843ed17798082d2c875f4 127.0.0.1:6006
   slots: (0 slots) slave
   replicates 71c3e50c020a74fe6bb43523b84f9d879465d97e
S: e063c5d4ace5b62816a108f28023a760b82ba494 127.0.0.1:6004
   slots: (0 slots) slave
   replicates 411cc025c8e6109e9cb600b68a533576b9cf6188
S: d96b2dbf3abc2078e9dedad6be49c97672473696 127.0.0.1:6005
   slots: (0 slots) slave
   replicates 4aa18df4f17af30e81364af5e762af15b28b0338
M: 4aa18df4f17af30e81364af5e762af15b28b0338 127.0.0.1:6002
   slots:[5461-10922] (5462 slots) master
   1 additional replica(s)
M: 71c3e50c020a74fe6bb43523b84f9d879465d97e 127.0.0.1:6003
   slots:[10923-16383] (5461 slots) master
   1 additional replica(s)
[OK] All nodes agree about slots configuration.
>>> Check for open slots...
>>> Check slots coverage...
[OK] All 16384 slots covered.
```

（8）以上输出中，M 代表主，S 代表从，从输出中可以看出，主节点 127.0.0.1 6001 覆盖了[0-5460] 这 5461 个哈希槽，主节点 127.0.0.1 6002 覆盖了[5461-10922]这 5462 个哈希槽，主节点 127.0.0.1 6003

覆盖了[10923-16383]这 5461 个哈希槽。

（9）集群启动后，127.0.0.1 6004、127.0.0.1 6005 和 127.0.0.1 6006 这 3 个节点成为集群中的从节点。

```
Can I set the above configuration? (type 'yes' to accept): yes
```

这一行是与用户交互的，输入 yes 的含义是在 nodes.conf 配置文件中保存更新的配置。集群启动后，生成 nodes-6001.conf~nodes-6006.conf 六个配置文件。

（10）检查集群状态

执行以下命令查看当前集群的状态，如图 16-56 所示。

```
../src/redis-cli --cluster info 127.0.0.1:6001
```

```
127.0.0.1:6001 (411cc025...) -> 0 keys | 5461 slots | 1 slaves.
127.0.0.1:6002 (4aa18df4...) -> 0 keys | 5462 slots | 1 slaves.
127.0.0.1:6003 (71c3e50c...) -> 0 keys | 5461 slots | 1 slaves.
[OK] 0 keys in 3 masters.
0.00 keys per slot on average.
```

图 16-56　检查集群状态

（11）在集群中添加节点

重复步骤（2）和（3），创建新的配置文件 redis6007.conf 和 redis6008.conf，并启动两个新的 Redis 节点 127.0.0.1 6007 和 127.0.0.1 6008，此时 Redis 进程如图 16-57 所示。

```
501 12847    1    0 11:15下午 ??    0:04.34 ../src/redis-server 127.0.0.1:6001 [cluster]
501 12849    1    0 11:15下午 ??    0:04.38 ../src/redis-server 127.0.0.1:6002 [cluster]
501 12851    1    0 11:15下午 ??    0:04.33 ../src/redis-server 127.0.0.1:6003 [cluster]
501 12853    1    0 11:15下午 ??    0:04.33 ../src/redis-server 127.0.0.1:6004 [cluster]
501 12855    1    0 11:15下午 ??    0:04.33 ../src/redis-server 127.0.0.1:6005 [cluster]
501 12857    1    0 11:15下午 ??    0:04.32 ../src/redis-server 127.0.0.1:6006 [cluster]
501 12864    1    0 11:18下午 ??    0:03.79 ../src/redis-server 127.0.0.1:6007 [cluster]
501 12866    1    0 11:18下午 ??    0:03.55 ../src/redis-server 127.0.0.1:6008 [cluster]
```

图 16-57　启动新的 Redis 节点

（12）将新节点加入集群

执行以下命令将 127.0.0.1 6007 节点加入 Redis 集群中。

```
../src/redis-cli --cluster add-node 127.0.0.1:6007 127.0.0.1:6001
```

执行以上命令得到如下输出：

```
>>> Adding node 127.0.0.1:6007 to cluster 127.0.0.1:6001
>>> Performing Cluster Check (using node 127.0.0.1:6001)
M: ccddaf23f65e1a12059fc65bfaff7b8e2e7cd675 127.0.0.1:6001
   slots:[0-5460] (5461 slots) master
   1 additional replica(s)
M: f0f2e40e6c45eb3feebc38339626a4aa94cbce5f 127.0.0.1:6002
   slots:[5461-10922] (5462 slots) master
   1 additional replica(s)
S: 9711e49639d8d9ef8149dc1bce1f9aabb20d4d1a 127.0.0.1:6006
   slots: (0 slots) slave
   replicates f0f2e40e6c45eb3feebc38339626a4aa94cbce5f
S: a59721da681cc9dbce00dc1a013361998951738b 127.0.0.1:6005
```

```
      slots: (0 slots) slave
      replicates ccddaf23f65e1a12059fc65bfaff7b8e2e7cd675
  S: 7fd22130bfc628da8d81f35972d2bb9466e3fbf4 127.0.0.1:6004
      slots: (0 slots) slave
      replicates 139b8552ca7569eb71119c7709b4252511e00f2d
  M: 139b8552ca7569eb71119c7709b4252511e00f2d 127.0.0.1:6003
      slots:[10923-16383] (5461 slots) master
      1 additional replica(s)
[OK] All nodes agree about slots configuration.
>>> Check for open slots...
>>> Check slots coverage...
[OK] All 16384 slots covered.
>>> Send CLUSTER MEET to node 127.0.0.1:6007 to make it join the cluster.
[OK] New node added correctly.
```

从输出结果中可知，127.0.0.1 6007 成功加入集群中。此时 127.0.0.1 6007 作为主节点，没有从节点。查询生成的 nodes-6007.conf 配置文件，其中包含 127.0.0.1 6007 这个主节点在集群中的 id 为 3a3387a7b0864fe60019283d417dceabed8cda4c。

使用下面的命令为其在集群中创建从节点，其中--cluster-master-id 参数指定当前节点所属的主节点，即 127.0.0.1 6007，命令如下：

```
../src/redis-cli --cluster add-node --cluster-slave --cluster-master-id
3a3387a7b0864fe60019283d417dceabed8cda4c 127.0.0.1:6008 127.0.0.1:6001
```

执行以上命令得到如下输出：

```
>>> Adding node 127.0.0.1:6008 to cluster 127.0.0.1:6001
>>> Performing Cluster Check (using node 127.0.0.1:6001)
M: ccddaf23f65e1a12059fc65bfaff7b8e2e7cd675 127.0.0.1:6001
    slots:[0-5460] (5461 slots) master
    1 additional replica(s)
M: f0f2e40e6c45eb3feebc38339626a4aa94cbce5f 127.0.0.1:6002
    slots:[5461-10922] (5462 slots) master
    1 additional replica(s)
S: 9711e49639d8d9ef8149dc1bce1f9aabb20d4d1a 127.0.0.1:6006
    slots: (0 slots) slave
    replicates f0f2e40e6c45eb3feebc38339626a4aa94cbce5f
S: a59721da681cc9dbce00dc1a013361998951738b 127.0.0.1:6005
    slots: (0 slots) slave
    replicates ccddaf23f65e1a12059fc65bfaff7b8e2e7cd675
M: 3a3387a7b0864fe60019283d417dceabed8cda4c 127.0.0.1:6007
    slots: (0 slots) master
S: 7fd22130bfc628da8d81f35972d2bb9466e3fbf4 127.0.0.1:6004
    slots: (0 slots) slave
    replicates 139b8552ca7569eb71119c7709b4252511e00f2d
M: 139b8552ca7569eb71119c7709b4252511e00f2d 127.0.0.1:6003
    slots:[10923-16383] (5461 slots) master
    1 additional replica(s)
[OK] All nodes agree about slots configuration.
```

```
>>> Check for open slots...
>>> Check slots coverage...
[OK] All 16384 slots covered.
>>> Send CLUSTER MEET to node 127.0.0.1:6008 to make it join the cluster.
Waiting for the cluster to join
>>> Configure node as replica of 127.0.0.1:6007.
[OK] New node added correctly.
```

再次检查 Redis 集群的状态，如图 16-58 所示。

```
127.0.0.1:6001 (ccddaf23...) -> 0 keys | 5461 slots | 1 slaves.
127.0.0.1:6002 (f0f2e40e...) -> 0 keys | 5462 slots | 1 slaves.
127.0.0.1:6007 (3a3387a7...) -> 0 keys | 0 slots | 1 slaves.
127.0.0.1:6003 (139b8552...) -> 0 keys | 5461 slots | 1 slaves.
[OK] 0 keys in 4 masters.
```

图 16-58 重新检查集群状态

此时，127.0.0.1 6007 成功加入集群中，并且有一个从节点，但 127.0.0.1 6007 并没有覆盖任何哈希槽。下面讲解为 127.0.0.1 6007 重新分配哈希槽的过程。

（13）重新分配哈希槽

执行以下命令对 Redis 集群中的 127.0.0.1 6007 主节点分配哈希槽。

```
../src/redis-cli --cluster reshard 127.0.0.1 6007
```

执行以上命令得到如下输出：

```
>>> Performing Cluster Check (using node 127.0.0.1:6007)
M: 3a3387a7b0864fe60019283d417dceabed8cda4c 127.0.0.1:6007
   slots: (0 slots) master
   1 additional replica(s)
M: f0f2e40e6c45eb3feebc38339626a4aa94cbce5f 127.0.0.1:6002
   slots:[5461-10922] (5462 slots) master
   1 additional replica(s)
S: 7fd22130bfc628da8d81f35972d2bb9466e3fbf4 127.0.0.1:6004
   slots: (0 slots) slave
   replicates 139b8552ca7569eb71119c7709b4252511e00f2d
M: 139b8552ca7569eb71119c7709b4252511e00f2d 127.0.0.1:6003
   slots:[10923-16383] (5461 slots) master
   1 additional replica(s)
M: ccddaf23f65e1a12059fc65bfaff7b8e2e7cd675 127.0.0.1:6001
   slots:[0-5460] (5461 slots) master
   1 additional replica(s)
S: 9711e49639d8d9ef8149dc1bce1f9aabb20d4d1a 127.0.0.1:6006
   slots: (0 slots) slave
   replicates f0f2e40e6c45eb3feebc38339626a4aa94cbce5f
S: 80651ab13a571a59dfec787394095dffa21afd1f 127.0.0.1:6008
   slots: (0 slots) slave
   replicates 3a3387a7b0864fe60019283d417dceabed8cda4c
S: a59721da681cc9dbce00dc1a013361998951738b 127.0.0.1:6005
   slots: (0 slots) slave
   replicates ccddaf23f65e1a12059fc65bfaff7b8e2e7cd675
[OK] All nodes agree about slots configuration.
```

```
>>> Check for open slots...
>>> Check slots coverage...
[OK] All 16384 slots covered.
How many slots do you want to move (from 1 to 16384)? 4096
```

最后需要用户指定 127.0.0.1 6007 这个 Redis 节点覆盖的哈希槽数量。因为整个集群中有 4 个主节点，且哈希槽的数量是 16384 个，所以给 127.0.0.1 6007 分配 4096 个哈希槽（取平均值）。输入 4096 后，得到如下输出：

```
What is the receiving node ID? 3a3387a7b0864fe60019283d417dceabed8cda4c
```

这里需要指定 127.0.0.1 6007 节点在集群中的 ID（同步骤（10）中的 cluster-master-id）。输入节点 ID 后，得到如下输出：

```
Please enter all the source node IDs.
  Type 'all' to use all the nodes as source nodes for the hash slots.
  Type 'done' once you entered all the source nodes IDs.
Source node #1: all
```

这里需要指定从其他主节点将哈希槽转移给当前主节点。这里输入 all 表示从全部的其余主节点中转移哈希槽给当前主节点。以下是输入 all 后的部分输出：

```
Ready to move 4096 slots.
  Source nodes:
    M: f0f2e40e6c45eb3feebc38339626a4aa94cbce5f 127.0.0.1:6002
       slots:[5461-10922] (5462 slots) master
       1 additional replica(s)
    M: 139b8552ca7569eb71119c7709b4252511e00f2d 127.0.0.1:6003
       slots:[10923-16383] (5461 slots) master
       1 additional replica(s)
    M: ccddaf23f65e1a12059fc65bfaff7b8e2e7cd675 127.0.0.1:6001
       slots:[0-5460] (5461 slots) master
       1 additional replica(s)
  Destination node:
    M: 3a3387a7b0864fe60019283d417dceabed8cda4c 127.0.0.1:6007
       slots: (0 slots) master
       1 additional replica(s)
  Resharding plan:
    Moving slot 5461 from f0f2e40e6c45eb3feebc38339626a4aa94cbce5f
    Moving slot 5462 from f0f2e40e6c45eb3feebc38339626a4aa94cbce5f
    Moving slot 5463 from f0f2e40e6c45eb3feebc38339626a4aa94cbce5f
    Moving slot 5464 from f0f2e40e6c45eb3feebc38339626a4aa94cbce5f
```

再次检查集群状态，如图 16-59 所示。

```
127.0.0.1:6001 (ccddaf23...) -> 0 keys | 4096 slots | 1 slaves.
127.0.0.1:6002 (f0f2e40e...) -> 0 keys | 4096 slots | 1 slaves.
127.0.0.1:6007 (3a3387a7...) -> 0 keys | 4096 slots | 1 slaves.
127.0.0.1:6003 (139b8552...) -> 0 keys | 4096 slots | 1 slaves.
[OK] 0 keys in 4 masters.
```

图 16-59　重新检查集群状态

从图 16-59 可知，新加入集群的节点 127.0.0.1 6007 获取了 4096 个哈希槽。Redis 集群环境搭建完成，删除节点与新增节点过程类似，此处不再赘述。

16.3.10　Redis 缓存穿透和雪崩

正常的缓存使用场景是，所有的查询请求先经过缓存，当缓存命中后，直接返回缓存中的数据；在缓存未命中的情况下，去数据库查询数据，并写入缓存。缓存的目的是为了尽可能将请求在缓存层处理，避免大量的请求进入存储层，达到保护存储层的效果，如图 16-60 所示。

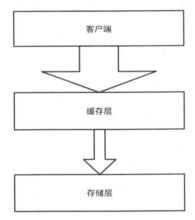

图 16-60　缓存架构模型

缓存穿透的含义：频繁查询根本不存在的数据，导致缓存层和存储层都不会命中，因这部分数据频繁查询，缓存不能有效命中，导致存储层负载加大，如图 16-61 所示。

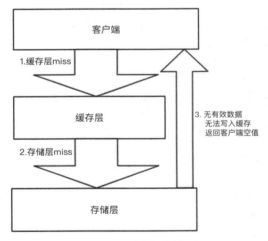

图 16-61　缓存架构模型

通常可以在应用程序中分别统计总调用数、缓存层命中数和存储层命中数。如果发现大量存储层空命中，就有可能出现缓存穿透问题。造成缓存穿透的原因有以下几点：

（1）应用程序自身的问题，如缓存设计或者数据存储问题。

（2）黑客恶意攻击、网络爬虫等。

下面分析常见的缓存穿透问题的解决办法。

（1）缓存空对象

在图 16-61 的设计中，由于存储层大量的请求不能命中，无法填充缓存层，因此造成了恶性循环。缓存空对象的方式就是在存储层未命中的情况下，仍然将空对象存储到缓存层中，之后再次访问这条数据将会在缓存层命中，有效保护了存储层。缓存空对象的架构设计如图 16-62 所示。

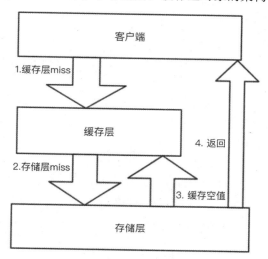

图 16-62　缓存空对象

缓存空对象的解决方案有两个问题：第一个问题是缓存空会存储更多的空对象，因此缓存层需要更多的存储空间，比较有效的办法是为这类数据设计合理的过期时间，节约缓存层的空间；第二个问题是缓存层和存储层会出现数据一致性问题，即在缓存有效期内，存储层的数据可能已经被更新，此时可以使用消息队列或者其他定时刷新缓存层的对象。下面是缓存空对象这种解决方案的伪代码：

```
/**
 * 根据 key 查询对象，缓存空对象
 */
public Object get(String key) {
    // 获取缓存中的数据
    Object cacheValue = cache.get(key);
    // 缓存为空
    if (cacheValue == null) {
        // 获取存储层数据
        Object storeValue = db.get(key);
        // 存储层未命中，设置空对象
        if (storeValue == null) {
            storeValue = new Blank();
        }
        // 存储层数据写入缓存
        cache.set(key, storeValue);
        // 如果 storeValue 为空对象 Blank 类型，设置超时时间为 600 秒
        if (storeValue instanceof Blank) {
```

```
            cache.expire(key, 60 * 10);
        }
        return storeValue;
    }
    // 若缓存非空，则直接返回
    return cacheValue;
}
```

（2）布隆过滤器拦截

布隆过滤器（Bloom Filter）是由布隆（Burton Howard Bloom）于 1970 年提出的。布隆过滤器实际上是由一个很长的二进制向量和一系列随机映射函数组成的，布隆过滤器可以用于检索一个元素是否在一个集合中。

布隆过滤器算法的核心思想是：使用 M 个 Hash 函数，通过每个 Hash 函数对每个 key 生成一个整数值。在初始状态下，需要一个长度为 N 的比特数组，比特数组每一位都是 0。当某个 key 加入布隆过滤器时，使用 M 个 Hash 函数计算出 M 个 Hash 值，并且根据 K 个 Hash 值将比特数组中对应位置的比特位设置为 1。当查询某个 key 是否在布隆过滤器中时，通过 M 个 Hash 函数计算出 M 个 Hash 值，并根据生成的 M 个 Hash 值查找比特数组中对应的比特位，只有当所有的 Hash 值对应的比特位都为 1 时，认为此 key 在布隆过滤器中，否则认为此 key 不在布隆过滤器中。

在初始状态下，布隆过滤器如图 16-63 所示，此时使用的比特位都为 0。

图 16-63　布隆过滤器初始状态

当 K1 加入布隆过滤器后，布隆过滤器的状态如图 16-64 所示。

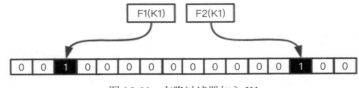

图 16-64　布隆过滤器加入 K1

当 K2 加入布隆过滤器后，布隆过滤器的状态如图 16-65 所示。

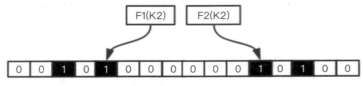

图 16-65　布隆过滤器加入 K2

按照 K1 和 K2 的添加步骤，依次将所有存储层已经存在的 key 以及存储层新增的 key 都加入布隆过滤器中。

当用户请求携带 Kn 经过布隆过滤器时，如图 16-66 所示。

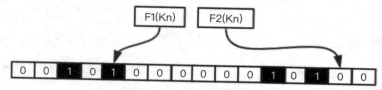

图 16-66　查询请求 Kn 经过布隆过滤器

由于 F2(Kn)对应的比特位为 0，此时认为 Kn 不在布隆过滤器中，因此可以在布隆过滤器这一层将请求拦截住，在一定程度上保护了存储层。

可以在应用层面使用 Google Guava 框架实现布隆过滤器，也可以利用 Redis 的 Bitmaps 实现布隆过滤器，GitHub 上已经开源了类似的方案，读者可以进行参考（https://github.com/erikdubbelboer/Redis-Lua-scaling-bloom-filter）。

缓存层承载着大量的请求，有效保护了存储层。但是如果缓存大量失效或者缓存整体不能提供服务，导致大量的请求到达存储层，就会使存储层负载增加。这就是缓存雪崩的场景，如图 16-67 所示。

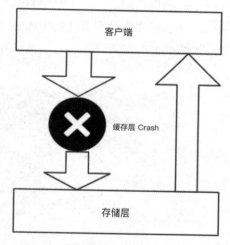

图 16-67　缓存雪崩

解决缓存雪崩可以从以下几点着手。

1. 保持缓存层的高可用性

使用 Redis 哨兵模式或者 Redis 集群部署方式，即便个别 Redis 节点下线，整个缓存层依然可以使用。除此之外，还可以在多个机房部署 Redis，这样即便是机房死机，依然可以实现缓存层的高可用。

2. 限流降级组件

无论是缓存层还是存储层都会有出错的概率，可以将它们视为资源。作为并发量较大的分布式系统，假如有一个资源不可用，可能会造成所有线程在获取这个资源时异常，造成整个系统不可用。降级在高并发系统中是非常正常的，比如在推荐服务中，如果个性化推荐服务不可用，就可以降级补充热点数据，不至于造成整个推荐服务不可用。

3. 缓存不过期

Redis 中保存的 key 永不失效,这样就不会出现大量缓存同时失效的问题。但是随之而来的是 Redis 需要更多的存储空间。

4. 优化缓存过期时间

在设计缓存时，可以为每一个 key 选择合适的过期时间，避免大量的 key 在同一时刻同时失效，造成缓存雪崩。

5. 使用互斥锁重建缓存

在高并发场景下，为了避免大量的请求同时到达存储层查询数据、重建缓存，可以使用互斥锁控制。例如根据 key 去缓存层查询数据，当缓存层为命中时，对 key 加锁，然后从存储层查询数据，将数据写入缓存层，最后释放锁。若其他线程发现获取锁失败，则让线程休眠一段时间后重试。对于锁的类型，如果是在单机环境下，那么可以使用 Java 并发包下的 Lock，如果是在分布式环境下，那么可以使用分布式锁（Redis 中的 SETNX 方法）。

在分布式环境下，使用 Redis 分布式锁实现缓存重建的伪代码如下所示：

```java
/**
 * 使用互斥锁重建缓存的伪代码
 */
public String get(String key) {
    // redis中查询 key 对应的 value
    String value = redis.get(key);
    // 缓存未命中
    if (value == null) {
        // 互斥锁
        String key_mutex = "mutex_lock" + key;
        // 互斥锁加锁成功
        if (redis.setnx(key_mutex, "1")) {
            try {
                // 设置互斥锁超时时间
                redis.expire(key_mutex, 3 * 60);
                // 从数据库查询数据
                value = db.get(key);
                // 数据写入缓存
                redis.set(key, value);

            } finally {
                //释放锁
                redis.delete(key_mutex);
            }
        } else {
            //加锁失败，线程休息 50ms 后重试
            Thread.sleep(50);
            return get(key);
        }
    }
}
```

　　这种方式重建缓存的优点是设计思路简单，对数据一致性有保障；缺点是代码复杂度增加，有可能会造成用户等待。假设在高并发下，缓存重建期间 key 是锁着的，如果当前并发 1000 个请求，其中 999 个都在阻塞，就会导致 999 个用户请求阻塞而等待。

6. 异步重建缓存

　　在这种方案下构建缓存采取异步策略，会从线程池中获取线程来异步构建缓存，从而不会让所有的请求直接到达存储层。该方案中每个 Redis key 维护逻辑超时时间，当逻辑超时时间小于当前时间时，说明当前缓存已经失效，应当进行缓存更新，否则说明当前缓存未失效，直接返回缓存中的 value 值。例如在 Redis 中将 key 的过期时间设置为 60 分，在对应的 value 中设置逻辑过期时间为 30 分。这样当 key 到了 30 分的逻辑过期时间，就可以异步更新这个 key 的缓存，但是在更新缓存的这段时间内，旧的缓存依然可用。这种异步重建缓存的方式可以有效地避免大量的 key 同时失效：

```
/**
 * 异步重建缓存的伪代码
 */
public String get(String key) {
    // 从缓存中查询 key 对应的 ValueObject 对象
    ValueObject valueObject = redis.get(key);
    // 缓存中对应的 value
    String value = valueObject.getValue();
    // 逻辑过期时间
    long logicTimeout = valueObject.getTimeout();
    // 当前 key 在逻辑上失效
    if (logicTimeout <= System.currentTimeMillis()) {
        // 异步更新缓存
        threadPool.execute(new Runnable() {
            public void run() {
                String mutex_lock = "mutex_lock" + key;
                // 加分布式锁成功
                            if (redis.setnx(mutex_lock, "1")) {
                                try {
                                    // 设置分布式锁的超时时间
                                    redis.expire(mutex_lock, 3 * 60);
                                    // 从存储层查询数据
                                    String dbValue = db.get(key);
                                    // 设置缓存
                                    redis.set(key, dbValue);
                                } finally {
                                    redis.delete(mutex_lock);
                                }
                            } else {
                                // TODO：等待锁或者什么都不做
                            }
            }
        });
    }
            return value;
        }
```

16.4 微服务解耦

16.4.1 服务解耦概述

微服务之间的调用，如果调用方关注执行的结果，我们一般会使用 HTTP 或者 RPC 等技术来实现同步调用。如果调用方不关心执行结果，却仍然使用同步 RPC 调用，就会引发上下游服务极大的耦合与瓶颈。这时，我们可以采用消息队列（Message Queue，MQ）来实现服务之间的异步调用。下面我们来看一些同步调用和异步调用的实例，帮助大家更加清楚地认识它们的区别。

（1）同步调用：用户登录实例

登录功能是每个网站或者 App 必备的功能，用户在登录页面填写用户名和密码，登录页面调用后台登录服务验证用户信息，如果登录信息正确，就允许用户登录，否则登录失败。很明显，登录页面实时依赖登录服务执行结果，这种场景下必须使用同步调用。用户登录同步调用和异步调用的具体流程如图 16-68 所示。

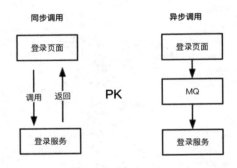

图 16-68 用户登录同步调用和异步调用

很显然，如果使用 MQ 实现异步登录功能，那么用户登录功能将会更加复杂，消息传递路径更长，延时也会增加，因为多了一个 MQ 组件。更为致命的是登录页面无法实时知道登录服务的执行结果。由此可知，并不是所有的业务场景都适合使用 MQ 来实现异步调用。MQ 适合在什么样的场景呢？这是我们接下来要讨论的话题。

（2）异步调用：用户发博客、发微信、发帖子、点赞和评论等功能

在什么场景下可以使用 MQ 实现异步调用？在什么场景下又必须使用同步调用呢？答案是：如果上游服务需要实时关注执行结果，就要使用"同步调用"，如果上游服务不关注执行结果，就可以使用 MQ 异步调用。例如用户发博客、发微信、点赞和评论等功能。用户发布一条博客或者帖子，发布服务将博客发布之后，直接告诉用户博客发布成功了，发布服务并不关心接下来的事情：系统要重新统计用户总共发布了多少条博客，统计用户的积分，统计用户目前的排名，统计用户星级，等等。也就是说，上游服务（发布服务）并不实时关心之后统计博客总数、计算用户积分、计算用户排名等一系列结果，这时 MQ 异步调用就派上用场了，如图 16-69 所示。

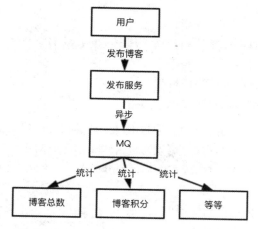

图 16-69　发布博客 MQ 实现异步调用

如果使用同步调用来实现用户发布博客的功能，那么会发生什么情况呢？我们看图 16-70。

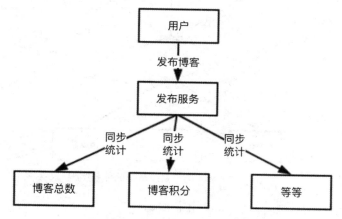

图 16-70　发布博客同步调用实现

使用同步调用实现发布博客的功能，问题是非常明显的：

（1）博客发布流程的执行时间增加了。

（2）下游服务宕机，如统计博客总数或者统计博客积分的服务出现宕机，可能导致博客发布服务受影响，上下游服务依赖严重。

（3）每当增加一个需要知道"博客发布成功"信息的下游时，博客发布服务就需要修改代码。

16.4.2　Kafka 介绍

Kafka 是一款开源的、轻量级的、分布式的、可分区和具有复制备份的（Replicated）、基于 ZooKeeper 协调管理的分布式流平台的功能强大的消息系统。与传统的消息系统相比，Kafka 能够很好地处理活跃的流数据，使得数据在各个子系统中高性能、低延迟地不停流转。据 Kafka 官方网站介绍，Kafka 定位就是一个分布式流处理平台。在官方看来，作为一个流式处理平台，必须具备以下 3 个关键特性。

（1）能够允许发布和订阅流数据。从这个角度来讲，平台更像一个消息队列（MQ）或者企业级消息系统。

（2）存储流数据时提供相应的容错机制。

（3）当流数据到达时能够被及时处理。

Kafka 能够很好地满足以上 3 个特性，通过 Kafka 能够很好地建立实时流式数据通道，由该通道可靠地获取系统或应用程序的数据，也可以通过 Kafka 方便地构建实时流数据应用来转换或对流式数据进行响应处理。特别是在 0.10 版本之后，Kafka 推出了 Kafka Streams，这让 Kafka 对流数据处理变得更加方便。

Kafka 消息系统基本的体系结构如图 16-71 所示。

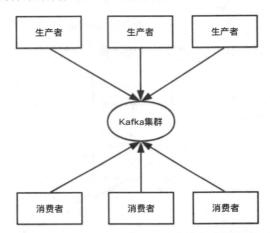

图 16-71　Kafka 消息系统基本的体系结构

生产者：负责生产消息，将消息写入 Kafka 集群。

消费者：从 Kafka 集群中拉取消息。

在对 Kafka 基本体系结构有了一定了解之后，我们对 Kafka 的基本概念进行详细阐述。

（1）主题

Kafka 将一组消息抽象归纳为一个主题（Topic），一个主题就是对消息的一个分类。生产者将消息发送到特定主题，消费者订阅主题或主题的某些分区进行消费。

（2）消息

消息是 Kafka 通信的基本单位，由一个固定长度的消息头和一个可变长度的消息体构成。在老版本中，每一条消息称为 Message，在由 Java 重新实现的客户端中，每一条消息称为 Record。

（3）分区和副本

Kafka 将一组消息归纳为一个主题，而每个主题又被分成一个或多个分区（Partition）。每个分区由一系列有序、不可变的消息组成，是一个有序队列。每个分区在物理上对应为一个文件夹，分区的命名规则为主题名称后接 "-" 连接符，之后接分区编号，分区编号从 0 开始，编号最大值为分区的总数减 1。每个分区又有一至多个副本（Replica），分区的副本分布在集群的不同代理上，以提高可用性。从存储角度上分析，分区的每个副本在逻辑上抽象为一个日志（Log）对象，即分区的副本与日志对象是一一对应的。每个主题对应的分区数可以在 Kafka 启动时所加载的配置文件中配置，也可以在创建主题时指定。当然，客户端还可以在主题创建后修改主题的分区数。分区使得 Kafka 在并发处理上变得更加容易。理论上来说，分区数越多，吞吐量越高，但这要根据集群的实际环境及业务场景而定。同时，分区也是 Kafka 保证消息被顺序消费以及对消息进行负载均衡的基础。Kafka 只能保证一个分区之内消息的有序性，并不能保证跨分区消息的有序性。每条消息被追加到相应的分区中，是按顺序写入磁盘的，因此效率高。同时与传统消息系统不同的是，Kafka 并不会立即删除已被消费的消息，由于磁盘的限制，消息不会一直被存储（事实上这是没有必要的），因此 Kafka 提供两种删除老数据的策略：

- 基于消息已存储的时间长度。
- 基于分区的大小。

（4）Leader 副本和 Follower 副本

由于 Kafka 副本的存在，因此需要保证一个分区的多个副本之间数据的一致性，Kafka 会选择该分区的一个副本作为 Leader 副本，而该分区其他副本作为 Follower 副本，只有 Leader 副本才负责处理客户端的读/写请求，Follower 副本从 Leader 副本同步数据。如果没有 Leader 副本，就需要所有的副本同时负责读/写请求处理，同时还得保证这些副本之间数据的一致性。假设有 n 个副本，就需要有 n×n 条通路来同步数据，这样数据的一致性和有序性就很难保证。引入 Leader 副本后，客户端只需要与 Leader 副本进行交互，这样数据的一致性及顺序性就有了保证。Follower 副本从 Leader 副本同步消息，对于 n 个副本只需 n-1 条通路即可，这样就使得系统更加简单而高效。Follower 副本与 Leader 副本的角色并不是固定不变的，如果 Leader 副本失效，那么将通过相应的选举算法从其他 Follower 副本中选出新的 Leader 副本。

（5）偏移量

任何发布到分区的消息会被直接追加到日志文件（分区目录下以".log"为文件名后缀的数据文件）的尾部，而每条消息在日志文件中的位置都会对应一个按序递增的偏移量。偏移量是一个分区下严格有序的逻辑值，它并不表示消息在磁盘上的物理位置。由于 Kafka 几乎不允许对消息进行随机读写，因此 Kafka 并没有提供额外索引机制存储偏移量，也就是说并不会给偏移量再提供索引。消费者可以通过控制消息偏移量来对消息进行消费，如消费者可以指定消费的起始偏移量。为了保证消息被顺序消费，消费者已消费的消息对应的偏移量也需要保存。需要说明的是，消费者对消息偏移量的操作并不会影响消息本身的偏移量。旧版消费者将消费偏移量保存到 ZooKeeper 中，而新版消费者将消费偏移量保存到 Kafka 内部的一个主题中。当然，消费者也可以自己在外部系统保存消费偏移量，而无须保存到 Kafka 中。

（6）日志段

一个日志又被划分为多个日志段（Log Segment），日志段是 Kafka 日志对象分片的最小单位。与日志对象一样，日志段也是一个逻辑概念，一个日志段对应磁盘上一个具体日志文件和两个索引文件。日志文件是以".log"为文件名后缀的数据文件，用于保存消息实际数据。两个索引文件分别以".index"和".timeindex"作为文件名后缀，分别表示消息偏移量索引文件和消息时间戳索引文件。

（7）代理

在 Kafka 基本体系结构中，我们提到了 Kafka 集群。Kafka 集群是由一个或多个 Kafka 实例构成的，我们将每一个 Kafka 实例称为代理（Broker），通常也称代理为 Kafka 服务器（Kafka Server）。在生产环境中，Kafka 集群一般包括一台或多台服务器，我们可以在一台服务器上配置一个或多个代理。每一个代理都有唯一的标识 ID，这个 ID 是一个非负整数。在一个 Kafka 集群中，每增加一个代理就需要为这个代理配置一个与该集群中其他代理不同的 ID，ID 值可以选择任意非负整数，只要保证它在整个 Kafka 集群中唯一，这个 ID 就是代理的名字，也就是在启动代理时配置的 broker.id 对应的值。

（8）生产者

生产者（Producer）负责将消息发送给代理，也就是向 Kafka 代理发送消息的客户端。

（9）消费者和消费组

消费者（Consumer）以拉取方式获取数据，它是消费的客户端。在 Kafka 中，每一个消费者都属于一个特定的消费组（Consumer Group），我们可以为每个消费者指定一个消费组，以 groupId 代表消费组名称，通过 group.id 配置项设置。如果不指定消费组，该消费者就属于默认消费组 test-consumer-group。同时，每个消费者也有一个全局唯一的 ID，通过配置项 client.id 指定，如果客户端没有指定消费者的 ID，Kafka 就会自动为该消费者生成一个全局唯一的 ID，格式为 ${groupId}-${hostName}-${timestamp}-${UUID 前 8 位字符}。同一个主题的一条消息只能被同一个消费组下某一个消费者消费，但不同消费组的消费者可同时消费该消息。消费组是 Kafka 用来实现对一个主题消息进行广播和单播的手段，实现消息广播只需指定各消费者均属于不同的消费组，消息单播则只需让各消费者属于同一个消费组。

（10）ISR

Kafka 在 ZooKeeper 中动态维护了一个 ISR（In-Sync Replica），即保存同步的副本列表，该列表中保存的是与 Leader 副本保持消息同步的所有副本对应的代理节点 ID。若一个 Follower 副本宕机或落后太多，则该 Follower 副本节点将从 ISR 列表中移除。

通过以上 Kafka 基本概念的介绍，我们可以对 Kafka 基本结构图进行完善，如图 16-72 所示。

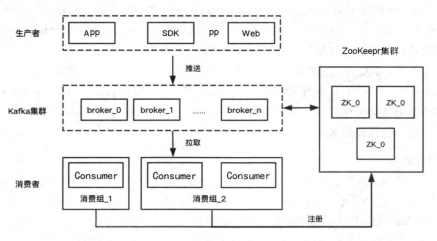

图 16-72　Kafka 消息系统基本的体系结构

16.4.3　Kafka 安装

利用 Kafka 实现异步调用之前，我们需要先学会如何安装 Kafka，具体步骤如下所示：

步骤01 由于 Kafka 是用 Scala 语言开发的，运行在 JVM 上，因此在安装 Kafka 之前需要先安装 JDK。JDK 的安装请参考 2.1 节。

步骤02 到官网（http://apache.fayea.com/kafka/2.1.0/kafka_2.12-2.1.0.tgz）下载 Kafka 安装包到本地，然后执行 tar 命令解压安装包到指定的目录。具体命令如下所示：

```
### 解压安装包
tar zxvf  kafka_2.12-2.1.0.tgz
```

步骤03 在 ZooKeeper 安装目录 zookeeper-3.4.12/bin 下启动 ZooKeeper 服务器（ZooKeeper 的安装具体见 7.2.3 节），具体命令如下所示：

```
### 启动 zk 服务器
sh zkServer.sh restart
```

步骤04 修改配置。修改 kafka_2.11-2.1.0/config 目录下的 server.properties 文件，为了便于后续集群环境搭建的配置，需要保证同一个集群下 broker.id 要唯一，因此这里手动配置 broker.id，直接保持与 ZooKeeper 的 myid 值一致，同时配置日志存储路径。server.properties 修改的配置如下：

```
### 指定代理的 id
broker.id=1
### 开启注释
listeners = PLAINTEXT://localhost:9092
```

步骤05 在 kafka_2.11-2.1.0 目录下执行命令，启动 Kafka 服务器，具体命令如下所示：

```
### 启动 Kafka
bin/kafka-server-start.sh config/server.properties &

### 命令格式
bin/kafka-server-start.sh [-daemon] server.properties [--override
property=value]*
```

这个命令后面可以有多个参数，[-daemon]是可选参数，该参数可以让当前命令以后台服务方式执行，第二个参数必须是 Kafka 的配置文件。后面还可以有多个--override 开头的参数，其中的 property 可以是 Broker Configs 中提供的所有参数。这些额外的参数会覆盖配置文件中的设置。

在 kafka_2.11-2.1.0/logs 目录下看 server.log 会看到 Kafka Server 启动日志。在 Kafka 启动日志中会记录 Kafka Server 启动时加载的配置信息。

步骤06 通过 ZooKeeper 客户端登录 ZooKeeper 查看目录结构，执行以下命令：

```
### 登录 ZooKeeper
➜ sh zkCli.sh -server server 1:2181
```

在 Kafka 启动之前，ZooKeeper 中只有一个 zookeeper 目录节点，Kafka 启动后目录节点如下：

```
### 查看 zookeeper 目录节点
[zk: localhost:2181(CONNECTED) 0] ls /
[cluster, controller_epoch, controller, brokers, zookeeper, admin,
isr_change_notification, consumers, log_dir_event_notification,
latest_producer_id_block, config]
```

执行以下命令，查看当前已启动的 Kafka 代理节点：

```
[zk: localhost:2181(CONNECTED) 1] ls /brokers/ids
[1]
```

输出信息显示当前只有一个 Kafka 代理节点，当前代理的 brokerId 为 1。至此，Kafka 安装配置介绍完毕。

16.4.4　Kafka 搭建集群环境

Kafka 服务启动时需要加载一个用于 Kafka 服务初始化相关配置的 server.properties 文件，当然文件名可以任意，一个 server.properties 对应一个 Kafka 服务实例。Kafka 伪分布式就是在一台机器上启动多个 Kafka 服务来达到多代理的效果，因此要保证 broker.id 和 port 端口在同一台机器的多个 server.properties 中唯一。

在上一节 Kafka 的基础配置之上，将 server.properties 文件复制一份并命名为 server-2.properties，在 server-2.properties 文件中修改配置如下：

```
broker.id=2
log.dirs=/tmp/kafka-logs/broker-2
listeners = PLAINTEXT://localhost:9093
```

由于代理默认端口是 9092，server.properties 没有设置端口就采用默认设置，因此在 server-2.properties 中把端口设置为 9093。这个端口可以自定义，只要新端口没有被占用即可。执行以下命令，分别启动 broker.id 为 1 和 2 的两个 Kafka 服务：

```
### 重启 broker.id 为 1 的服务
➡ bin/kafka-server-start.sh config/server.properties &
### 重启 broker.id 为 2 的服务
➡ bin/kafka-server-start.sh config/server-2.properties &
```

执行 jps 命令查看 Java 进程信息，打印输出如下信息：

```
50897 ZooKeeperMain
8435 QuorumPeerMain
24709 QuorumPeerMain
51545 Kafka
50361 Kafka
52332 Jps
412
```

从输出的进程信息可以看到有两个 Kafka 进程存在，即刚才启动的 broker.id 为 1 和 2 的两个代理。此时登录 ZooKeeper 客户端，查看 ZooKeeper 的/brokers/ids 目录，会看到该目录下有两个节点：

```
[zk: localhost:2181(CONNECTED) 7] ls /brokers/ids
[1, 2]
```

至此，一台机器上启动多个代理的伪分布式环境配置完毕。

16.4.5　Kafka Manager 的安装

在实际应用中，我们经常需要了解集群的运行情况，如查看集群中的代理列表、主题列表、消费组列表、每个主题对应的分区列表，通过简单的 Web 界面操作来创建一个主题，在代理负载不均衡时手动执行分区平衡操作，等等。为了方便对 Kafka 集群的监控及管理，目前已有开源的 Kafka 监控及管理工具，如 Kafka Manager、Kafka Web Console 等，读者也可以根据自己的业务需要进行定制开发。本节只简单讲解 Kafka Manager 的安装，安装步骤如下所示：

步骤01 到官网（地址：https://github.com/yahoo/kafka-manager/releases）下载 kafka-manager 的安装包，这里选择 kafka-manager-1.3.3.22 版本。使用 tar 命令解压安装包 kafka-manager-1.3.3.22：

```
### 解压安装包
➜ tar zxvf kafka-manager-1.3.3.22
```

步骤02 Kafka Manager 是用 Scala 语言开发的，通过 sbt(Simple Build Tool)构建，sbt 是对 Scala 或 Java 语言进行编译的一个工具，它类似于 Maven、Gradle。进入 Kafka Manager 源码目录，会有一个 .sbt 文件，执行以下命令进行 Kafka Manager 源码编译：

```
### 编译 Kafka Manager 源码
➜ ./sbt clean dist
```

Kafka Manager 由 Yahoo 公司开发，该工具可以方便地查看集群主题的分布情况，同时支持对多个集群的管理、分区平衡以及创建主题等操作。读者可访问 https://github.corn/yahoo/kafk:a-manager 进行深入学习与了解。

16.4.6　Kafka 常用命令

1. 查看命令行帮助

Kafka 所有的工具都可以在 bin/ 目录下找到，若没有参数运行，则每个工具都会打印所有可能的命令行选项的细节。例如在 bin 目录下执行如下命令：

```
### 直接执行 kafka-topics.sh 脚本，将打印该命令行的所有参数信息和详细解释
➜ bin kafka-topics.sh
Create, delete, describe, or change a topic.
Option                              Description
------                              -----------
--alter                             Alter the number of partitions,
                                    replica assignment, and/or
                                    configuration for the topic.
--config <String: name=value>      A topic configuration override for the
```

```
                                    topic being created or altered.The
                                    following is a list of valid
                                    configurations:
                                    cleanup.policy
                                    compression.type
                                    delete.retention.ms
                                    file.delete.delay.ms
                                    flush.messages
                                    flush.ms
                                    follower.replication.throttled.
                                     replicas
                                    index.interval.bytes
                                    leader.replication.throttled.replicas
                                    max.message.bytes
                                    message.downconversion.enable
                                    message.format.version
                                    message.timestamp.difference.max.ms
                                    message.timestamp.type
                                    min.cleanable.dirty.ratio
                                    min.compaction.lag.ms
                                    min.insync.replicas
                                    preallocate
                                    retention.bytes
                                    retention.ms
                                    segment.bytes
                                    segment.index.bytes
                                    segment.jitter.ms
                                    segment.ms
                                    unclean.leader.election.enable
                                  See the Kafka documentation for full
                                    details on the topic configs.
--create                          Create a new topic.
--delete                          Delete a topic
--delete-config <String: name>       A topic configuration override to be
                                    removed for an existing topic (see
                                    the list of configurations under the
                                    --config option).
--describe                        List details for the given topics.
--disable-rack-aware               Disable rack aware replica assignment
--exclude-internal                 exclude internal topics when running
                                    list or describe command. The
                                    internal topics will be listed by
                                    default
--force                           Suppress console prompts
--help                            Print usage information.
--if-exists                        if set when altering or deleting
                                    topics, the action will only execute
                                    if the topic exists
--if-not-exists                    if set when creating topics, the
                                    action will only execute if the
```

```
--list                                  topic does not already exist
                                         List all available topics.
--partitions <Integer: # of partitions> The number of partitions for the topic
                                         being created or altered (WARNING:
                                         If partitions are increased for a
                                         topic that has a key, the partition
                                         logic or ordering of the messages
                                         will be affected
...省略代码
```

2. 创建 topic 命令

Kafka 提供了一个 kafka-topics.sh 工具脚本用于对主题相关的操作，如创建主题、删除主题、修改主题分区数和副本分配、修改主题级别的配置信息、查看主题信息等操作。

Kafka 提供以下两种方式来创建一个主题。

（1）若代理设置了 auto.create.topics.enable=true，则该配置默认值为 true。当生产者向一个还未创建的主题发送消息时，会自动创建一个拥有 ${num.partitions} 个分区和 ${default.replication.factor} 个副本的主题。

（2）客户端通过执行 kafka-topics.sh 脚本创建一个主题。

下面我们采用第二种方式来创建主题，该主题拥有两个副本和 3 个分区，创建主题命令如下：

```
### 使用 kafka-topics.sh 工具创建 my-topic
➡ kafka-topics.sh --zookeeper localhost:2181 --create --topic topic-test
--partitions 3 --replication-factor 2
### 创建成功返回值
Created topic "topic-test".
```

登录 ZooKeeper 客户端查看所创建的主题元数据信息，topic-test 元数据信息如下：

```
### 查看 topic-test 的元数据
[zk: localhost:2181(CONNECTED) 1] ls /brokers/topics/topic-test/partitions
[0, 1, 2]
### 查看 topic 的详细信息
[zk: localhost:2181(CONNECTED) 2] get /brokers/topics/topic-test
{"version":1,"partitions":{"2":[1,2],"1":[2,1],"0":[1,2]}}
cZxid = 0x40000001d
ctime = Sat Jan 19 19:18:51 CST 2019
mZxid = 0x40000001d
mtime = Sat Jan 19 19:18:51 CST 2019
pZxid = 0x40000001f
cversion = 1
dataVersion = 0
aclVersion = 0
ephemeralOwner = 0x0
```

```
dataLength = 58
numChildren = 1
```

可以看到，该主题有 3 个分区和两个副本，分别分布在 3 个节点上。上述创建主题命令的各个参数说明如下：

zookeeper：必选参数，用于配置 Kafka 集群与 ZooKeeper 的链接地址，这里并不要求传递 ${zookeeper.connect}配置的所有链接地址。为了容错，建议多个 ZooKeeper 节点的集群至少传递两个 ZooKeeper 连接配置，多个配置之间以逗号隔开。

partitions：必选参数，用于设置主题分区数。Kafka 通过分区分配策略将一个主题的消息分散到多个分区并分别保存到不同的代理上，以此来提高消息处理的吞吐量。Kafka 的生产者和消费者可以采用多线程并行对主题消息进行处理，而每个线程处理的是一个分区的数据，因此分区实际上是 Kafka 并行处理的基本单位。分区数多一定程度上会提升消息处理的吞吐量，然而 Kafka 消息是以追加的形式存储在文件中的，这意味着分区越多，就需要打开更多的文件句柄，这样也会带来一定的开销。

replication-factor：必选参数，用来设置主题副本数。副本被分布在不同的节点上，副本数不能超过节点数，否则创建主题会失败。例如，3 个节点的 Kafka 集群最多只能有 3 个副本，若创建主题时指定的副本数大于 3，则会抛出以下错误提示：

```
error while executing topic command : replication factor: 4 larger than available
brokers: 3
```

我们还可以通过 config 参数来设置主题级别的配置，可以设置多组配置，具体格式为：

```
--config configl-name=configl-value -config config2-name=config2-value
```

创建一个名为 config-topic 的主题，设置该主题的 max.message.bytes 为 404800 字节，执行命令如下：

```
→ kafka-topics.sh --create --zookeeper localhost:2181 --replication-factor 2
--partitions 3 --topic config-topic --config max.message.bytes=404800
### 输出结果如下：
Created topic "config-topic".
```

在创建主题时，若指定 config 参数，则通过 ZooKeeper 客户端可以在/config/topics 节点下看到该主题所覆盖的配置，相关节点信息如下：

```
[zk: localhost:2181(CONNECTED) 6] get /config/topics/config-topic
{"version":1,"config":{"max.message.bytes":"404800"}}
cZxid = 0x400000029
ctime = Sat Jan 19 19:40:55 CST 2019
mZxid = 0x400000029
mtime = Sat Jan 19 19:40:55 CST 2019
pZxid = 0x400000029
cversion = 0
dataVersion = 0
aclVersion = 0
ephemeralOwner = 0x0
dataLength = 53
```

```
numChildren = 0
```

3. 查看 topic 命令

Kafka 提供了 list 和 describe 命令来查看主题信息，list 命令用于查询 Kafka 所有的主题名，describe 命令可以查看所有主题或某个特定主题的信息。

```
➜  kafka-topics.sh --list --zookeeper localhost:2181
### 输出所有的 topic
ay-topic - marked for deletion
config-topic
my-topic
test
test-topic
topic-test
```

当执行 describe 命令时，若指定 topic 参数，则查看特定主题的信息，若不指定 topic 参数，则查看所有主题信息。该命令会按主题名分组显示各主题的信息。执行以下命令查看 config-topic 主题的信息：

```
### 按主题名分组显示各主题的信息
➜  kafka-topics.sh --describe --zookeeper localhost:2181
Topic:ay-topic PartitionCount:1    ReplicationFactor:1
Configs:    MarkedForDeletion:true
    Topic: ay-topic Partition: 0    Leader: -1 Replicas: 0 Isr: 0
Topic:config-topic PartitionCount:3    ReplicationFactor:2
Configs:max.message.bytes=404800
    Topic: config-topic Partition: 0    Leader: 2    Replicas: 2,1    Isr: 2,1
    Topic: config-topic Partition: 1    Leader: 1    Replicas: 1,2    Isr: 1,2
    Topic: config-topic Partition: 2    Leader: 2    Replicas: 2,1    Isr: 2,1
Topic:my-topic PartitionCount:10    ReplicationFactor:1 Configs:
    Topic: my-topic Partition: 0    Leader: 0    Replicas: 0 Isr: 0
    Topic: my-topic Partition: 1    Leader: 0    Replicas: 0 Isr: 0
    Topic: my-topic Partition: 2    Leader: 0    Replicas: 0 Isr: 0
    Topic: my-topic Partition: 3    Leader: 0    Replicas: 0 Isr: 0
    Topic: my-topic Partition: 4    Leader: 0    Replicas: 0 Isr: 0
    Topic: my-topic Partition: 5    Leader: 0    Replicas: 0 Isr: 0
    Topic: my-topic Partition: 6    Leader: 0    Replicas: 0 Isr: 0
    Topic: my-topic Partition: 7    Leader: 0    Replicas: 0 Isr: 0
    Topic: my-topic Partition: 8    Leader: 0    Replicas: 0 Isr: 0
    Topic: my-topic Partition: 9    Leader: 0    Replicas: 0 Isr: 0
Topic:test PartitionCount:1    ReplicationFactor:1 Configs:
    Topic: test Partition: 0    Leader: 0    Replicas: 0 Isr: 0
Topic:test-topic    PartitionCount:1    ReplicationFactor:1 Configs:
    Topic: test-topic    Partition: 0    Leader: 0    Replicas: 0 Isr: 0
Topic:topic-test    PartitionCount:3    ReplicationFactor:2 Configs:
    Topic: topic-test    Partition: 0    Leader: 1    Replicas: 1,2    Isr: 1,2
    Topic: topic-test    Partition: 1    Leader: 2    Replicas: 2,1    Isr: 2,1
    Topic: topic-test    Partition: 2    Leader: 1    Replicas: 1,2    Isr: 1,2
```

从输出结果可以看到，已按主题分组显示，每组主题信息中第一行分别显示了主题名、主题分区总数、主题副本总数、创建主题时通过 config 参数所设置的配置，从第二行开始按主题分区编号排序，展示每个分区的 Leader 副本节点、副本列表 AR 及 Isr 列表信息。

若想查询正在进行同步的主题，则可以通过 describe 与 under-replicated-partitions 命令组合进行查询。处于该状态的主题可能正在进行同步操作，也有可能同步发生异常，即此时所查询到的主题分区的 Isr 列表长度小于 AR 列表长度。对于通过该命令查询到的分区要重点监控，因为这可能意味着集群某个代理已失效或者同步速度减慢等。当然，也可以指定 topic 参数以查询特定主题是否处于"underreplicated"状态。执行命令如下：

```
### 查看处于同步（under replicated）状态的主题
➡ kafka-topics.sh --describe --zookeeper localhost:2181
--under-replicated-partitions
```

通过 describe 与 unavailable-partitions 命令组合使用，可以查看没有 Leader 副本的主题。同样可以指定 topic 参数，查看某个特定主题的哪些分区的 Leader 已不可用。执行命令如下：

```
➡ kafka-topics.sh --describe --zookeeper localhost:2181
--unavailable-partitions
### 输出结果
    Topic: ay-topic Partition: 0    Leader: -1 Replicas: 0 Isr: 0
MarkedForDeletion: true
    Topic: my-topic Partition: 0    Leader: 0   Replicas: 0 Isr: 0
    Topic: my-topic Partition: 1    Leader: 0   Replicas: 0 Isr: 0
    Topic: my-topic Partition: 2    Leader: 0   Replicas: 0 Isr: 0
    Topic: my-topic Partition: 3    Leader: 0   Replicas: 0 Isr: 0
    Topic: my-topic Partition: 4    Leader: 0   Replicas: 0 Isr: 0
    Topic: my-topic Partition: 5    Leader: 0   Replicas: 0 Isr: 0
    Topic: my-topic Partition: 6    Leader: 0   Replicas: 0 Isr: 0
    Topic: my-topic Partition: 7    Leader: 0   Replicas: 0 Isr: 0
    Topic: my-topic Partition: 8    Leader: 0   Replicas: 0 Isr: 0
    Topic: my-topic Partition: 9    Leader: 0   Replicas: 0 Isr: 0
    Topic: test Partition: 0    Leader: 0   Replicas: 0 Isr: 0
    Topic: test-topic   Partition: 0    Leader: 0   Replicas: 0 Isr: 0
```

从上面输出的结果可以看出，ay-topic、my-topic、test 和 test-topic 主题的 Leader 没有副本或者 Leader 已不可用。

若想查看主题覆盖了哪些配置，则可以通过 describe 与 topics-with-overrides 命令组合查看，组合使用与只有 describe 命令的区别在于：topic-with-overrides 命令只显示 describe 命令执行的第一行信息。同样，也可以指定 topic 参数查看某个特定主题所覆盖的配置。执行以下命令：

```
### 查看主题所覆盖的配置
➡ kafka-topics.sh --describe --zookeeper localhost:2181
--topics-with-overrides
### 输出结果，由输出信息可知config-topic 主题的配置已被覆盖过
Topic:config-topic PartitionCount:3    ReplicationFactor:2
Configs:max.message.bytes=404800
```

4. 更新 topic 命令

我们可以通过 alter 命令对主题进行修改，包括修改主题级别的配置、增加主题分区、修

改副本分配方案、修改主题 offset 等。具体实例如下所示：

```
### 查看主题当前已覆盖的配置
➜ kafka-topics.sh --describe --zookeeper localhost:2181
--topics-with-overrides
  --topic config-topic
### 输出结果
Topic:config-topic PartitionCount:3    ReplicationFactor:2
Configs:max.message.bytes=404800

### 修改该 max.message.bytes 配置，使其值为 204800
➜ kafka-topics.sh --alter --zookeeper localhost:2181 --topic config-topic
--config max.message.bytes=204800

### 输出结果
WARNING: Altering topic configuration from this script has been deprecated and may
be removed in future releases.
      Going forward, please use kafka-configs.sh for this functionality
[2019-01-19 21:02:00,377] INFO Processing notification(s) to /config/changes
(kafka.common.ZkNodeChangeNotificationListener)
[2019-01-19 21:02:00,377] INFO Processing notification(s) to /config/changes
(kafka.common.ZkNodeChangeNotificationListener)
Updated config for topic "config-topic".
```

更新配置成功，同时输出信息提示通过该方式修改主题级别配置的相关命令已过期，在未来的版本该命令将被移除，推荐使用 kafka-configs.sh 脚本。

删除配置项 max.message.bytes 的设置，使其值恢复为默认值，操作命令如下：

```
### 删除 max.message.bytes 配置项信息
➜ kafka-topics.sh --alter --zookeeper localhost:2181 --topic config-topic
--delete-config max.message.bytes
### 查看配置项是否删除成功
➜ kafka-topics.sh --describe --zookeeper localhost:2181
--topics-with-overrides
  --topic config-topic
```

下面我们来看如何更新 topic 的分区数，Kafka 并不支持减少分区的操作，只能为一个 topic 增加分区。例如，主题"config-topic"目前有 3 个分区，如果将其分区设置为 5 个，操作命令如下：

```
➜ kafka-topics.sh --alter --zookeeper localhost:2181 --topic config-topic
--partitions 5
```

增加分区命令执行成功后，可以看到集群各节点${log.dir}目录下所分配的分区目录文件均已成功创建。同时，登录 ZooKeeper 客户端查看分区元数据信息如下：

```
[zk: localhost:2181(CONNECTED) 9] ls /brokers/topics/config-topic/partitions
[0, 1, 2, 3, 4]
```

通过以上元数据信息显示，可以看到主题 config-topic 分区数已增加到 5 个，同时各分区副本进行了重新分配。

5．删除 topic 命令

删除 Kafka 主题一般有以下两种方式。

（1）手动删除各节点${log.dir}目录下该主题分区的文件夹，同时登录 ZooKeeper 客户端删除待删除主题对应的节点，主题元数据保存在/brokers/topics 和/config/topics 目录下。

（2）执行 kafka-topics.sh 脚本进行删除，若希望通过该脚本彻底删除主题，则需要保证在启动 Kafka 时所加载的 server.properties 文件中配置 delete.topic.enable=true，该配置默认为 false，否则执行该脚本并未真正删除主题，而是在 ZooKeeper 的/admin/delete_topics 目录下创建一个与待删除主题同名的节点，将该主题标记为删除状态。

```
### 删除主题 config-topic
➜ kafka-topics.sh --delete --zookeeper localhost:2181 --topic config-topic
### 输出结果
[2019-01-19 21:24:37,946] INFO [GroupCoordinator 1]: Removed 0 offsets
associated
with deleted partitions: config-topic-0, config-topic-1, config-topic-4,
config-topic-2, config-topic-3. (kafka.coordinator.group.GroupCoordinator)
Topic config-topic is marked for deletion.
Note: This will have no impact if delete.topic.enable is not set to true.
```

从执行结果可知，当 delete.topic.enable 设置为 false 时，只是标记 topic 为删除状态，主题在${log.dir}目录下对应的分区文件及在 ZooKeeper 中的相应节点并未被删除，而是在/ad.min/delete_topics 目录下创建一个待删除主题命名的节点，以作标记。若希望彻底删除主题，则需要通过手动删除相应文件及节点。当该配置为 true 时，则会将该主题对应的所有文件目录及元数据信息删除。

6．生产者常用命令

Kafka 提供 kafka-console-producer.sh 脚本启动一个生产者进程，运行该脚本时可以传递相应配置以覆盖默认配置，该脚本提供 3 个命令参数用于设置配置项的方式：

producer.config：用于加载一个生产者级别相关配置的配置文件，如 producer.properties。

producer-property：通过该命令参数可以直接在启动生产者命令行时设置生产者级别的配置，在命令行中设置的参数将会覆盖所加载配置文件中的参数设置。

property：该命令可以设置消息消费者相关的配置。

该脚本还支持其他命令参数，包括配置消息序列化类、配置消息确认方式、配置消息失败重试次数等，这里不一一列举。我们来看具体实例。

```
### 启动一个向主题 topic-test 发送消息的生产者
➜ kafka-console-producer.sh --broker-list localhost:9092 --topic topic-test
```

该命令执行后，控制台等待客户端输入消息。由于没有指定消息 Key 与消息净荷（Payload）之间的分隔符，默认是以制表符分隔的。若希望修改分隔符，则通过配置项 key.separator 指定。例如，执行以下命令启动一个生产者，同时指定启用消息的 Key 配置，并指定 Key 与消息实际数据之间以空格作为分隔符。

```
➜ kafka-console-producer.sh --broker-list localhost:9092 --topic topic-test
--property parse.key=true --property key.separator=' '
```

在控制台分别输入一批消息，消息 Key 与消息实际数据之间以空格分隔。然后执行以下命令，验证消息是否发送成功：

```
### 查看某个主题各分区对应的消息偏移量
→ kafka-run-class.sh kafka.tools.GetOffsetShell --broker-list
localhost:9092 --topic topic-test --time -1
```

该命令用于查看某个主题各分区对应的消息偏移量。

partitions：指定一个或多个分区，多个分区之间以逗号分隔，若不指定，则默认查看该主题所有分区。

time：表示查看在指定时间之前的数据，支持-1（latest）、-2（earliest）两个时间选项，默认取值为-1。执行以上命令输出结果信息如下（共 3 列，分别表示主题名、分区编号、消息偏移量）：

```
topic-test:0:1
topic-test:1:0
topic-test:2:2
```

开启自动创建主题配置项 auto.create.topics.enable=true，当生产者向一个还不存在的主题发送消息时，Kafka 会自动创建该主题。具体实例如下所示：

```
kafka-console-producer.sh --broker-list localhost:9092 --topic
auto-create-topic
```

生产者启动成功后，在控制台输入以下信息并按回车键，模拟生产者向主题发送消息：

```
I love you
```

此时控制台输出以下信息：

```
....省略内容
[2019-01-19 22:50:08,670] WARN [Producer clientId=console-producer] Error while
fetching metadata with correlation id 1 : {auto-create-topic-0001=LEADER_NOT_
AVAILABLE} (org.apache.kafka.clients.NetworkClient)
....省略内容
```

输出以上警告信息是由于当向该主题发送消息时该主题不存在，因此获取不到该主题对应的元数据信息，此时就会创建一个新主题，该主题有 ${num.partitions} 个分区和 ${default.replication.factor}个副本。

7．消费者常用命令

Kafka 以 Pull 的方式获取消息，同时 Kafka 采用了消费组的模式，每个消费者都属于某一个消费组。在创建消费者时，若不指定消费者的 groupId，则该消费者属于默认消费组。消费组是一个全局的概念，因此在设置 group.id 时，要确保该值在 Kafka 集群中唯一。

同一个消费组下的各个消费者在消费消息时是互斥的，也就是说，对于一条消息而言，就同一个消费组下的消费者来讲，只能被同组下的某一个消费者消费，但不同消费组的消费者能消费同一条消息。正因如此，我们很方便通过消费组来实现消息的单播与广播。这里所说的单播与广播是相对消费者消费消息而言的。我们来看一些具体实例。

```
### 启动一个向主题 topic-test 发送消息的生产者，并发送一些数字：2、4、5...
→ kafka-console-producer.sh --broker-list localhost:9092 --topic topic-test
>2
>4
>5
>6
>7
>8
>

### 另外开启一个命令行窗口，启动消费者，消费主题 topic-test 的消息
→ kafka-console-consumer.sh -bootstrap-server localhost:9092 --topic
topic-test
 --from-beginning
2
5
6
7
8
```

Kafka 提供了一个查看某个消费组的消费者的消费偏移量的 kafka-consumer-offset-checker.sh 脚本。通过该脚本可以查看某个消费组消费消息的情况，该脚本调用的是 kafka.tools.ConsumerOffsetChecker，不过在 0.9.0 版本之后不建议使用该脚本，而建议使用 kafka-consumer-groups.sh，该脚本调用的是 kafka.admin.ConsumerGroupCommando。下面我们来看消费偏移量的用法。

```
### 启动消费者，该消费者消费主题 topic-test 的消息，同时该消费者隶属于消费组
consumer-offset-test
→ kafka-console-consumer.sh --bootstrap-server localhost:9092
--topic topic-test --consumer-property group.id=consumer-offset-test

### 查看消费组 consumer-offset-test 对主题 topic-test 的消费情况
→ bin kafka-consumer-groups.sh --bootstrap-server localhost:9092 --describe
--group consumer-offset-test

### 输出详细的消费结果
Consumer group 'consumer-offset-test' has no active members.

TOPIC           PARTITION   CURRENT-OFFSET   LOG-END-OFFSET   LAG
CONSUMER-ID     HOST            CLIENT-ID
topic-test      0      4         4              0        -     -     -
topic-test      1      3         3              0        -     -     -
topic-test      2      4         4              0        -     -     -
```

describe：可以查看某个消费组当前的消费情况。

16.4.7　Spring Boot 集成 Kafka

Kafka 提供了以下 4 类核心 API：

- Producer APL：提供生产消息相关的接口，可以通过实现 Producer API 提供的接口来自定义 Producer、自定义分区分配策略等。
- Consumer API：提供消费消息相关接口，包括创建消费者、消费偏移量管理等。
- Streams API：用来构建流处理程序的接口，通过 Streams API 让流处理相关的应用场景变得更加简单。
- Connect API：Kafka 在 0.9.0 版本后提供了一种方便 Kafka 与外部系统进行数据流连接的连接器（Connect），实现将数据导入 Kafka 或从 Kafka 中导出到外部系统。Connect API 提供了相关实现的接口，不过很多时候并不需要编码来实现 Connect 的功能，只需要简单的几个配置就可以应用 Kafka Connect 与外部系统进行数据交互。

接下来，我们开始学习如何在 Spring Boot 中整合 Kafka 并使用 Kafka 提供的 API 接口实现简单的功能，具体步骤如下所示：

步骤01　使用 Spring Boot 快速搭建项目 springboot-kafka-book，具体内容参考 2.2 节。

步骤02　添加 Kafka 依赖包，具体代码如下所示：

```
<dependency>
    <groupId>org.springframework.kafka</groupId>
    <artifactId>spring-kafka</artifactId>
</dependency>
```

注　意

本书使用的 spring-kafka 依赖包版本是 2.2.3.RELEASE，笔者服务器上部署的 Kafka 版本是 kafka_2.11-2.1.0。在使用 Kafka 时，注意 Kafka 客户端（kafka-client）的版本要和 Kafka 服务器的版本一一对应，否则消息发送会失败。

Spring 官方网站上给出了 spring-kafka 和 kafka-client 版本的对应关系，具体如表 16-1 所示。

表 16-1　kafka-clients 与 spring-kafka 版本的对应关系

spring-kafka 版本	Kafka 版本	kafka-clients 版本
2.2.x	3.1.x	2.0.0、2.1.0
2.1.x	3.0.x	1.0.x、1.1.x、2.0.0
2.0.x	3.0.x	0.11.0.x、1.0.x
1.3.x	2.3.x	0.11.0.x、1.0.x
1.2.x	2.2.x	0.10.2.x
1.1.x	2.1.x	0.10.0.x、0.10.1.x
1.0.x	2.0.x	0.9.x.x
N/A*	1.3.x	0.8.2.2

更多详细内容可参考 Spring 官网（http://spring.io/projects/spring-kafka）。

步骤03 在项目的 application.properties 配置文件中添加配置，具体代码如下所示：

```
### kafka consumer 配置
### 指定 kafka 代理地址，可以多个
spring.kafka.bootstrap-servers=localhost:9092
### 指定 listener 容器中的线程数，用于提高并发量
spring.kafka.listener.concurrency= 3
### 指定默认消费者 group id
spring.kafka.consumer.group-id=default-consumer
### 指定默认 topic id
spring.kafka.template.default-topic=default-topic


### kafka producer 配置
### 指定 kafka 代理地址，可以多个
spring.kafka.producer.bootstrap-servers=localhost:9092
```

步骤04 使用命令行创建主题 spring-kafka-topic，具体代码如下所示：

```
### 创建主题 spring-kafka-topic，该主题有 3 个分区，两个副本
→  kafka-topics.sh --zookeeper localhost:2181 --create --topic
spring-kafka-topic --partitions 3 --replication-factor 2
```

步骤05 在目录/src/main/java/com/example/demo/controller 下创建类 KafkaController.java，具体代码如下所示：

```java
package com.example.demo.controller;
import org.springframework.kafka.core.KafkaTemplate;
import org.springframework.ui.Model;
import org.springframework.web.bind.annotation.RequestMapping;
import org.springframework.web.bind.annotation.RestController;
import javax.annotation.Resource;
/**
 * 描述：Kafka 控制层
 * @date 2019-01-17
 * @author ay
 */
@RestController
@RequestMapping("/kafka")
public class KafkaController {

    @Resource
    private KafkaTemplate kafkaTemplate;

    @RequestMapping("/sendMsg")
    public void sendMessage(Model model){
        System.out.println("product seed message: hello, ay");
        kafkaTemplate.send("spring-kafka-topic", "hello, ay");
        System.out.println("send message success!!!");
    }
}
```

```
    }
```

KafkaTemplate：该类是 Spring 为我们提供的用于发送消息到 Kafka 的工具类。查看 KafkaTemplate 类的源码，看看该类为我们提供的接口，具体源码如下：

```
ListenableFuture<SendResult<K, V>> sendDefault(V data);

ListenableFuture<SendResult<K, V>> sendDefault(K key, V data);

ListenableFuture<SendResult<K, V>> sendDefault(Integer partition,
K key, V data);

ListenableFuture<SendResult<K, V>> sendDefault(Integer partition, Long
timestamp,
 K key, V data);

ListenableFuture<SendResult<K, V>> send(String topic, V data);

ListenableFuture<SendResult<K, V>> send(String topic, K key, V data);

ListenableFuture<SendResult<K, V>> send(String topic, Integer partition,
K key, V data);

ListenableFuture<SendResult<K, V>> send(String topic, Integer partition,
 Long timestamp, K key, V data);

ListenableFuture<SendResult<K, V>> send(ProducerRecord<K, V> record);

ListenableFuture<SendResult<K, V>> send(Message<?> message);
```

Send()方法的参数的具体含义如表 16-2 所示。

表 16-2　send()方法的参数的具体含义

参数名称	参数描述
topic	主题名称
partition	指定发送到哪个分区 ID，分区的 ID 从 0 开始
timestamp	时间戳，一般默认为当前时间戳
key	消息的键
data	消息的数据
ProducerRecord	消息对应的封装类，包含上述字段
Message<?>	Spring 自带的 Message 封装类，包含消息及消息头

步骤06　在目录 src/main/java/com/example/demo/controller 下创建类 KafkaConsumer.java，具体代码如下所示：

```
package com.example.demo.consumer;
import org.apache.kafka.clients.consumer.ConsumerRecord;
```

```java
import org.springframework.kafka.annotation.KafkaListener;
import org.springframework.stereotype.Component;
/**
 * 描述：消费者类
 * @author ay
 * @date 2019-01-17
 */
@Component
public class KafkaConsumer {

    @KafkaListener(topics={"spring-kafka-topic"},groupId="spring-kafka-
consumer")
    public void comsumer(ConsumerRecord<?, ?> record) {
        System.out.println("consumer message:" + record.value());
    }

}
```

@KafkaListener：该注解用于监听消费指定的主题。KafkaListener 注解可配置的属性如表 16-3 所示。

表 16-3　KafkaListener 可配置的属性列表

参数名称	参数描述
id	消费者的 ID，当 GroupId 没有被配置的时候，默认 ID 为 GroupId
containerFactory	配置监听容器工厂，也就是 ConcurrentKafkaListenerContainerFactory，配置 BeanName
topics	需要监听的 Topic，可监听多个
topicPartitions	可配置更加详细的监听信息，如监听某个 Topic 中的指定分区，或者从 offset 为 200 的偏移量开始监听
errorHandler	监听异常处理程序，配置 BeanName
groupId	消费组 ID
idIsGroup	ID 是否为 GroupId
clientIdPrefix	消费者 ID 前缀
beanRef	真实监听容器的 BeanName，需要在 BeanName 前加 "__"

@KafkaListener 注解并不局限于这个监听容器是单条数据消费还是批量消费，区分单数据还是多数据消费只需要配置注解的 containerFactory 属性即可。下面介绍这个监听方法能够接收什么参数，如表 16-4 所示。

表 16-4　KafkaListener 可配置的属性列表

参数名称	参数描述
data	对于 data 值的类型其实并没有限定，根据 KafkaTemplate 所定义的类型来决定。data 为 List 集合的则用作批量消费
ConsumerRecord	具体消费数据类，包含 Headers 信息、分区信息、时间戳等
Acknowledgment	用作 Ack 机制的接口
Consumer	消费者类，使用该类可以手动提交偏移量、控制消费速率等

步骤**07**　代码开发完成之后，重启项目，在浏览器中输入请求地址：
http://localhost:8080/kafka/sendMsg，在控制台可看到如下打印信息：

```
product seed message: hello, ay
send message success!!!
consumer message:hello, ay
```

步骤**08**　至此，Spring Boot 已集成 Kafka 并实现简单的实例。更多复杂的操作，读者可到
Kafka 的官网学习，官网地址：http://kafka.apache.org/。

16.5　分布式服务 Session

16.5.1　Session 与 Cookie

　　HTTP 是一种无状态协议，服务器没有办法仅仅从网络连接上就知道访问者的身份，为了解决这个问题，就诞生了 Cookie 技术。Cookie 实际上是一小段文本信息。客户端请求服务器，如果服务器需要记录该用户的状态，就使用 Response 向客户端浏览器颁发一个 Cookie。客户端浏览器会把 Cookie 保存起来。当浏览器再请求该网站时，浏览器把请求的网址连同该 Cookie 一同提交给服务器。服务器检查该 Cookie，以此来辨认用户的状态。服务器还可以根据需要修改 Cookie 的内容。实际上就是颁发一个通行证，每人一个，无论谁访问都必须携带自己的通行证。这样服务器就能从通行证上确认客户的身份了。这就是 Cookie 的工作原理。

　　Cookie 可以让服务端程序跟踪每个客户端的访问，但是每次客户端的访问都必须携带这些 Cookie，如果 Cookie 很多，就无形增加了客户端与服务端的数据传输量，而 Session 的出现正是用来解决这个问题的。

　　同一个客户端和服务端交互时，不需要每次都传回所有的 Cookie 值，只要传回一个 ID，这个 ID 是客户端第一次访问服务器的时候生成的，而且每个客户端是唯一的。这样每个客户端就有了一个唯一的 ID，客户端只要传回这个 ID 就行了，这个 ID 通常是 NANE 为 JSESIONID 的一个 Cookie。

　　Session 是服务器上的一种用来存放用户数据的类 HashTable 结构。浏览器第一次发送请求时，服务器自动生成一个 HashTable 和一个 Session ID 来唯一标识这个 HashTable，并将其通过响应发送到浏览器。浏览器第二次发送请求会将前一次服务器响应的 Session ID 放在请求中一并发送到服务器上，服务器从请求中提取出 Session ID，并和保存的所有 Session ID 进行对比，找到这个用户对应的 HashTable。

16.5.2　Session 一致性问题

　　在单机情况下，每次 HTTP 连接请求都能够正确路由到存储 Session 的对应 Web 服务器。但是在分布式情况下，如果每台服务器都把 Session 保存在自己的内存中，不同服务器之间就会造成数据不一致问题。比如，请求落到不同服务器需要重复登录的情况。

如图 16-73 所示，用户登录信息的 Session 都记录在第二台 Web 服务上，反向代理如果将请求路由到其他两台 Web 服务上，就可能找不到相关信息，而导致用户需要重新登录。

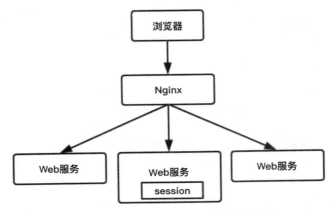

图 16-73　分布式 Session 不一致的情况

16.5.3　Session 同步

在 16.5.2 节中，我们已经明白 Session 不一致问题是如何发生的，接下来看几种具体的解决方案。

（1）Session 同步法

总体思路如图 16-74 所示，Web 服务之间相互同步 Session，这样每个 Web 服务之间都包含全部的 Session。缺点也是很明显的，Session 的同步需要数据传输，占内网带宽，有一定的时间延迟。

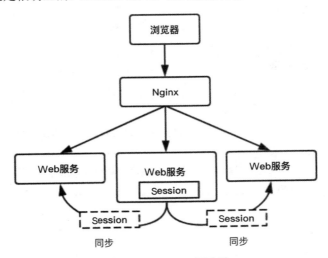

图 16-74　Session 同步法

（2）基于 Nginx 的 ip_hash 策略

每个用户请求按访问 IP 的 Hash 结果分配，这样每个访客固定访问一个后端服务器，可以解决 Session 的问题，如图 16-75 所示。

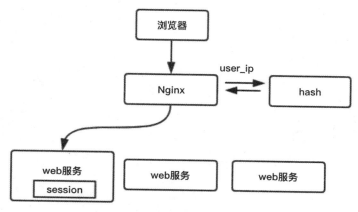

图 16-75　基于 Nginx 的 ip_hash 策略

使用基于 Nginx 的 ip_hash 策略，只需要更改 Nginx 配置，不需要修改应用代码，而且能够保持多台 Web 服务的负载是均衡的，同时可支持 Web 服务水平扩展。缺点是：如果 Web 服务重启，Session 就会丢失，产生业务影响，例如部分用户需要重新登录；如果 Web 服务进行水平扩展，根据用户 IP 重新 Hash 后，Session 就会重新分布，导致一部分用户路由到不正确的 Session。

（3）Session 集中统一管理

通过缓存或者数据库来存入和读取 Session 信息，集群应用共享，达到 Session 统一管理的目标，具体原理如图 16-76 所示。

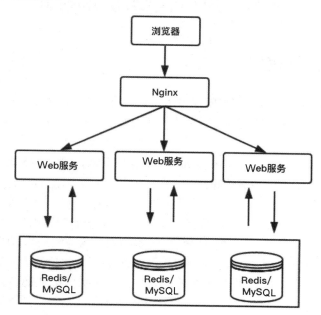

图 16-76　Session 集中统一管理

这种方法是目前企业中最为常用的一种方法，Web 服务重启或者扩容都不会导致 Session 丢失。如果 Session 有高可用的需求，那么只需要在存储层（Redis 或 MySQL）实现高可用即可。

第 **17** 章

分布式微服务测试

本章主要介绍微服务测试，包括：Spring Boot 单元测试、Mockito/PowerMockito 测试框架、H2 内存型数据库、REST API 测试以及性能测试等。

17.1　分布式微服务测试

17.1.1　微服务测试概述

软件测试的目的是保证程序员编写的程序达到预期的结果，保证发布的产品是产品经理（产品设计人员）的真实意愿表现。这些都需要软件测试来监督实现，避免将有缺陷的软件发布到生产环境。

软件测试种类很多，粗略的划分为：单元测试、集成测试、端到端测试。从其他的角度来说，还有回归测试、自动化测试、性能测试等。当项目进行服务化改造之后，尤其是进行了微服务设计之后，测试的工作就更加困难了。很多项目都是以独立服务的形式发布的，这些服务的发布如何保证已经进行了充分的测试？测试的入口应该在哪里？是直接进行集成测试，还是做端到端的用户体验测试？好像都不太合适。按照分层测试的思想，于是就有了服务测试的话题。微服务的测试理论和其他的测试大体是类似的，其中比较特殊的是，如何提供方便快捷的服务测试入口。

目前常见的微服务设计都会采用分布式服务框架，这些框架从通信协议上可分为以下两种：

（1）公共标准的 HTTP 协议

以 HTTP 协议的微服务接口，比如使用 Spring Boot 开发的服务，这样的服务测试工具应该有很多，Postman、Swagger 都是常用的工具。如果想为测试人员做点事情，就可以根据服务注册中心做一个所有服务的列表。

（2）基于私有的 RPC 调用协议

以私有协议暴露的服务测试相对比较麻烦。最初为了打通服务接口和测试人员之间的屏障，为了能让测试人员方便地测试 RPC 协议的服务接口，我们为每个服务接口写了一个客户端，将其转换为 HTTP 协议暴露，这是一种解决办法。但是，这样无形中增加了很多工作量，而且测试服务的质量还依赖于客户端编写的质量，明显是费力不讨好的工作。

于是程序员就想办法改变这种微服务测试苦难的现状。如何构建一个项目，它能提供所有服务的客户端，新开发一个服务只需要做极少的工作就能生成一个服务的测试客户端，快速地将接口提交测试？这是我们下面讨论的问题。

17.1.2　微服务测试

微服务设计的项目一般都是基于分布式服务的注册和发现机制的，所有的服务都是在一个注册中心集中存储的。而且一般的分布式服务框架都支持丰富的服务调用方式，例如基于 Spring XML 配置、Spring 注解以及 API 等调用方式，为我们编写公共的服务测试工具提供了便利的条件。

我们设计的服务测试工具在整个分布式服务架构中所扮演的角色如图 17-1 所示。

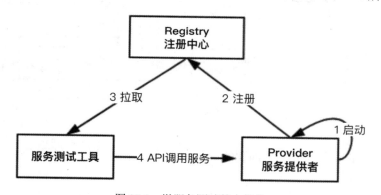

图 17-1　微服务测试基本架构

根据上述服务测试工具的定位，我们开始设计该测试工具，主要的宗旨是：简化测试人员的工作，简化服务开发人员的工作，保证测试质量。下面简单描述微服务测试工具的设计思路，主要分为如下几步：

步骤01　从服务注册中心获取所有的服务接口，并将这些接口可视化地展示给测试人员，测试人员可以选择需要测试的服务接口，如图 17-2 所示。

序号	项目	服务接口类	接口方法数	服务号	操作
1	商品服务	com.ay.product.ProductService	3	1.0.0	测试
2	商品服务	com.ay.product.PriceService	1	1.0.0	测试
3	商品服务	com.ay.product.ShopService	5	1.0.0	测试
4	用户服务	com.ay.user.UserService	2	1.0.0	测试
5	用户服务	com.ay.user.AddressService	3	1.0.0	测试

图 17-2　服务接口页面展示

步骤02 将服务的每个接口以一种易读易用的方式暴露给测试人员，比如将接口的请求参数转化为 XML 或者 JSON 的形式展示给测试人员，方便他们填写测试用例。

步骤03 将测试人员提交的请求参数转换为请求对象，以便使用统一的 API 接口调用到后端服务。

步骤04 发起服务调用，使用 API 的方式来调用服务是因为我们做的工具是统一的服务调用入口，能够根据请求参数动态地调用不同的服务。

步骤05 将服务的响应参数再次转换为 XML 或者 JSON 格式展示给测试人员查看，这时可以顺便返回调用耗时等附加数据，帮助测试人员判断服务的效率等情况。

服务测试流程具体如图 17-3 所示。

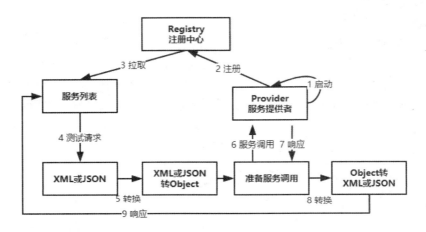

图 17-3　服务测试流程

微服务测试的宗旨是尽可能地简化服务测试过程。其中还有一些服务测试基础功能之外的拓展功能：

（1）请求参数的自动化生成，例如请求流水号、请求时间、手机号、身份证号等，减少测试人员填写参数的时间。

（2）后台保存服务测试的请求参数和响应参数，方便回归测试。

（3）实现回归测试，在服务代码有变动之后，可根据保存的请求参数进行回归测试，并且可以和之前的响应参数进行对比，以便验证是否影响当前测试服务接口。

（4）服务的并发测试，在提交测试请求的时候可以指定每个服务测试请求的测试次数，这时后台会模拟多线程调用服务，可实现对服务接口的并发测试。

（5）多个测试环境自由切换，通过选择不同环境的注册中心来实现其他环境的测试。

（6）服务测试出现异常的时候，将异常堆栈信息直接展示给测试人员，方便排查问题。

（7）实现定时回归测试，有时我们的测试环境需要保持一定的稳定性，因为经常会有别的系统发起联调测试。定时回归测试既能及时发现后端系统对服务的影响，又能保证服务持续稳定地对外提供服务。

（8）开发公共的 Mock 测试服务，避免后端未开发完成的服务耽误服务的测试。

17.2 Spring Boot 单元测试

项目在投入生产之前，需要进行大量的单元测试，Spring Boot 作为分布式微服务架构的脚手架，我们非常有必要了解 Spring Boot 如何进行单元测试，具体步骤如下所示：

步骤01 快速搭建 Spring Boot 项目，项目名为 spring-boot-test，具体步骤见 2.2 节的内容。

步骤02 spring-boot-test 项目创建完成后，在项目的 pom.xml 配置文件中，可以看到 Spring Boot 已经默认为我们添加了 spring-boot-starter-test 插件，具体代码如下所示：

```
<dependency>
    <groupId>org.springframework.boot</groupId>
    <artifactId>spring-boot-starter-test</artifactId>
    <scope>test</scope>
</dependency>
```

spring-boot-starter-test 插件依赖 spring-boot-test、junit、assertj、mockito、hamcrest 等测试框架和类库。

步骤03 开发用户接口 UserService 和实现类 UserServiceImpl。UserService 接口代码如下所示：

```
/**
 * 描述：用户接口
 * @author ay
 * @date 2019-03-11
 */
public interface UserService {
    AyUser findUser(String id);
}
```

UserServiceImpl 实现类代码如下所示：

```
/**
 * 描述：用户服务
 * @author ay
 * @date 2019-03-11
 */
@Component
public class UserServiceImpl implements UserService{
    @Override
    public AyUser findUser(String id) {
        AyUser ayUser = new AyUser();
        ayUser.setId(1);
        ayUser.setName("ay");
        return ayUser;
    }
```

```
    }
```

用户实体类代码如下所示：

```
/**
 * 描述：用户实体类
 * @author ay
 * @date 2019-03-11
 */
public class AyUser {
    private Integer id;
    private String name;
    //...省略 set、get 方法
}
```

步骤04 Spring Boot 的测试类主要放置在/src/test/java 目录下。项目创建完成后，Spring Boot
会自动为我们生成测试类 DemoApplicationTests.java。其类名是根据项目名称 + ApplicationTests 生
成的。测试类的代码如下：

```
@RunWith(SpringRunner.class)
@SpringBootTest
public class DemoApplicationTests {
    @Resource
    private UserService userService;
    @Test
    public void contextLoads() {}

    @Test
    public void testFindUser(){
        AyUser ayUser = userService.findUser("1");
        Assert.assertNotNull("user is null",ayUser);
    }
}
```

@RunWith(SpringRunner.class)： @RunWith(Parameterized.class) 参 数 化 运 行 器， 配 合
@Parameters 使用 JUnit 的参数化功能。查源码可知，SpringRunner 类继承自 SpringJUnit4ClassRunner
类，此处表明使用 SpringJUnit4ClassRunner 执行器。此执行器集成了 Spring 的一些功能，如果只
是简单的 JUnit 单元测试，那么该注解可以去掉。

@SpringBootTest：此注解能够测试 SpringApplication，因 为 Spring Boot 程序的入口是
SpringApplication， 基本上所有配置都会通过入口类去加载，而该注解可以引用入口类的配置。

@Test：JUnit 单元测试的注解，注解在方法上表示一个测试方法。

当我们执行 DemoApplicationTests.java 中的 contextLoads 方法的时候，大家可以看到控制台打
印的信息和执行入口类中的 SpringApplication.run()方法打印的信息是一致的。由此便知，
@SpringBootTest 是引入了入口类的配置。

在 DemoApplicationTests.java 类中添加测试用例 testFindUser，并在方法上添加@Test 注解，
运行测试用例，通过使用 JUnit 框架提供的 Assert.assertXXX()断言方法来验证期望值与实际值是否
一致。如果不一致，就打印错误信息 "user is null"，这就是单元测试的基本做法。

JUnit 框架提供的 Assert 断言一方面需要提供错误信息，另一方面期望值与实际值到底谁在前、谁在后，很容易犯错。好在 Spring Boot 已经为我们考虑到这些因素，它依赖于 AssertJ 类库，弥补了 JUnit 框架在断言方面的不足之处。我们可以轻松地将 JUnit 断言修改为 AssertJ 断言，具体代码如下所示：

```
@Test
public void testFindUser(){
    boolean success = false;
    int num = 10;
    AyUser ayUser = userService.findUser("1");
    //JUnit 断言
    Assert.assertNotNull("user is null",ayUser);
    //AssertJ 断言
    Assertions.assertThat(ayUser).isNotNull();
    //JUnit 断言
    Assert.assertTrue("result is not true", success);
    //AssertJ 断言
    Assertions.assertThat(success).isTrue();
    //JUnit 断言
    Assert.assertEquals("num is not equal 10", 10, num);
    //AssertJ 断言
    Assertions.assertThat(num).isEqualTo(10);
}
```

17.3　Mockito/PowerMockito 测试框架

17.3.1　Mockito 概述

Mockito 用于生成模拟对象，简单来说就是"假对象"的模拟工具。对于某些不容易构造（如 HttpServletRequest）或者不容易获取的复杂对象（如 JDBC 中的 ResultSet 对象），用一个虚拟的对象（Mock 对象）来创建以便完成测试。Mock 最大的功能是帮你把单元测试的耦合分解开，如果你的代码对另一个类或者接口有依赖，它能够帮你模拟这些依赖，并帮你验证所调用的依赖的行为。我们先来看一个传统的测试用例调用流程图，如图 17-4 所示。

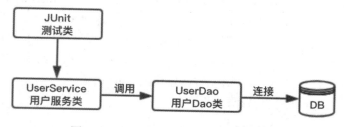

图 17-4　JUnit 传统的测试用例调用流程

从图 17-4 可知，当想要测试用户服务类 UserService 的某些接口时，需要依赖 UserDao 对象来完成相关测试，而 UserDao 对象还需要连接数据库。在某些情况下，我们无法连接数据库，比如无网络的情况下，测试用例就无法正常执行。清楚了传统 JUnit 测试用例的局限性，我们再来看一下 Mockito 如何规避这些缺点，如图 17-5 所示。

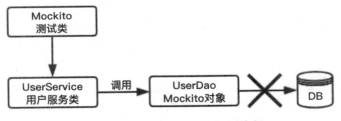

图 17-5　Mockito 测试用例调用流程

从图 17-5 可知，利用 Mockito 框架提供的强大模拟对象功能模拟出 UserDao 对象，并去掉 UserDao 与 DB 连接的关系，可以快速地开发出独立、稳定的测试用例，该测试用例不会因为 DB 异常而导致运行失败。JUnit 和 Mockito 两者的定位不同，所以项目中通常的做法是联合 JUnit + Mockito 来进行测试。

17.3.2　Mockito 简单实例

在 17.3.1 节中，我们简单了解了 Mockito 的概念和优点。本节我们列举几个简单的实例来体验一下 Mockito。

实例一：

```
@Test
public void testMockito_1() {
    List mock = mock(List.class);
    when(mock.get(0)).thenReturn("ay");
    when(mock.get(1)).thenReturn("al");
    //测试通过
    Assertions.assertThat(mock.get(0)).isEqualTo("ay");
    //测试不通过
    Assertions.assertThat(mock.get(1)).isEqualTo("xx");
}
```

上面的实例中，使用 Mockito 模拟 List 的对象，拥有 List 的所有方法和属性。when(xxxx).thenReturn(yyyy)指定当执行了这个方法的时候，返回 thenReturn 的值，相当于对模拟对象的配置过程，为某些条件给定一个预期的返回值。Mockito 通过 when(xxx).thenReturn(yyy) 这样的语法来定义对象方法和参数（输入），然后在 thenReturn 中指定结果（输出），此过程称为 stub 打桩。一旦这个方法被 stub 了，就会一直返回这个 stub 的值。

stub 打桩时，需要注意以下几点：

（1）对于 static 和 final 方法，Mockito 无法对其进行 when(…).thenReturn(…)操作。

（2）当我们连续两次为同一个方法使用 stub 的时候，它只会使用最新的一次。

实例二：

首先，开发 AyUser 实体、UserDao、UserService 接口、UserServiceImpl 实现类，具体代码如下所示：

```java
/**
 * 描述：用户实体类
 * @author ay
 * @date 2019-03-11
 */
public class AyUser {
    private Integer id;
    private String name;

    public AyUser(Integer id, String name) {
        this.id = id;
        this.name = name;
    }

    public AyUser(){}

    //省略 set、get 代码
}

/**
 * 描述：UserDao
 * @author ay
 * @date 2019-03-13
 */
@Component
public class UserDao {
    public AyUser findUser(Integer userId){
        AyUser user = null;//查询数据库
        return user;
    }

    public boolean deleteUser(Integer userId){
        //操作数据库
        return true;
    }
}

/**
 * 描述：用户接口
 * @author ay
 * @date 2019-03-11
 */
public interface UserService {
    //查询用户
    AyUser findUser(Integer id);
    //删除用户
```

```
        boolean deleteUser(Integer id);
}

/**
 * 描述：用户服务
 * @author ay
 * @date 2019-03-11
 */
@Component
public class UserServiceImpl implements UserService{

    @Resource
    private UserDao userDao;

    @Override
    public AyUser findUser(Integer id) {
        AyUser ayUser = userDao.findUser(id);
        return ayUser;
    }

    @Override
    public boolean deleteUser(Integer id) {
        boolean isSuccess = userDao.deleteUser(id);
        return isSuccess;
    }
}
```

然后，开发测试用例，具体代码如下所示：

```
@Test
public void testMockito_2(){
    UserService userService = mock(UserServiceImpl.class);
    when(userService.findUser(1)).thenReturn(new AyUser(1, "ay"));
    //通过 mock 查询出模拟用户对象
    AyUser ayUser = userService.findUser(1);
    //删除用户
    boolean isSuccess = userService.deleteUser(ayUser.getId());

    Assertions.assertThat(isSuccess).isFalse();
}
```

在 testMockito_2 测试用例方法中，mock 出对象 UserServiceImpl，当查询用户的时候返回 mock 对象 new AyUser(1,"ay")，最后删除用户对象。本节列举的实例非常简单，更多 Mockito 资料请参考官方文档（https://static.javadoc.io/org.mockito/mockito-core/2.25.0/org/mockito/Mockito.html）。读者可根据官方文档编写出适合自己业务需求的测试用例。同时，在之后的工作中，知道还有这样一款测试框架用来模拟依赖，简化单元测试中复杂的依赖关系。

17.3.3　PowerMock 概述

EasyMock 和 Mockito 都因为可以极大地简化单元测试的书写过程而被许多人应用在自己的工作中，这两种 Mock 工具都不能够实现对静态函数、构造函数、私有函数、Final 函数以及系统函数的模拟，但是这些方法往往是我们在大型系统中需要的功能。

PowerMock 是在 EasyMock 和 Mockito 的基础上扩展来的，通过定制类加载器等技术，PowerMock 实现了之前提到的所有模拟功能，使其成为分布式微服务架构必备的单元测试工具。

17.3.4　PowerMockito 简单实例

PowerMock 有两个重要的注解：

（1）@RunWith(PowerMockRunner.class)

（2）@PrepareForTest({ YourClassWithEgStaticMethod.class })

如果你的测试用例里没有使用 @PrepareForTest 注解，那么可以不用加 @RunWith(PowerMockRunner.class)注解，反之亦然。当你需要使用 PowerMock 强大的功能（Mock 静态函数、final 函数、私有方法等）时，就需要加@PrepareForTest 注解。使用 PowerMock 之前，需要在项目的 pom.xml 文件中添加依赖信息，具体代码如下所示：

```
<properties>
        <org.powermock.version>1.7.0</org.powermock.version>
</properties>

<dependency>
    <groupId>org.powermock</groupId>
    <artifactId>powermock-api-mockito</artifactId>
    <scope>test</scope>
    <version>${org.powermock.version}</version>
</dependency>
<dependency>
    <groupId>org.powermock</groupId>
    <artifactId>powermock-module-junit4</artifactId>
    <scope>test</scope>
    <version>${org.powermock.version}</version>
</dependency>
```

接下来，我们来看具体实例。

```
/**
 * 描述：PowerMockio
 * @author ay
 * @date 2019-05--2
 */
public class PowerMockioTest {
```

```java
        Logger logger = LoggerFactory.getLogger(PowerMockioTest.class);

    @Test
    public void testFindUser() throws Exception{
        //mock 对象
        UserService userService = PowerMockito.spy(new UserService());

        //设置 MAX_TIME = 100
        Whitebox.setInternalState(userService, "MAX_TIME", new
AtomicInteger(100));
        String name = "ay";
        //模拟 调用 getUserFromDB 方法，返回 new User(1, "ay")对象
        PowerMockito.when(userService.getUserFromDB()).thenReturn(new User(1,
"ay"));
        Assert.assertEquals(userService.findUser("ay").getName(), "ay");
        //设置 MAX_TIME = 130
        Whitebox.setInternalState(userService, "MAX_TIME", new
AtomicInteger(130));
        try{
            //调用 findUser 方法
            PowerMockito.when(userService, "findUser", name);
        }catch (Exception e){
            logger.error(e.getMessage());
        }

    }
}


/**
 * 描述：用户服务
 * @author ay
 * @date 2019-05-01
 */
class UserService{

    //日志
    Logger logger = LoggerFactory.getLogger(UserService.class);

    //当前调用次数
    public AtomicInteger MAX_TIME;

    public User findUser(String name) throws Exception{
        //findUser 方法一天只能调用 120 次
        if(MAX_TIME.get() > 120){
            throw new Exception("系统繁忙");
        }
        //模拟从数据库中查询到的数据
        User user = getUserFromDB();
        Integer maxTime = MAX_TIME.getAndIncrement();
        //记录日志
```

```
        logger.info("the current time is :" + maxTime);
        return user;
    }

    public AtomicInteger getMAX_TIME() {
        return MAX_TIME;
    }

    public void setMAX_TIME(AtomicInteger MAX_TIME) {
        this.MAX_TIME = MAX_TIME;
    }

    public User getUserFromDB(){
        return new User(1, "al");
    }
}

class User{

    private Integer id;
    private String name;

    public Integer getId() {
        return id;
    }

    public void setId(Integer id) {
        this.id = id;
    }

    public String getName() {
        return name;
    }

    public void setName(String name) {
        this.name = name;
    }

    public User(Integer id, String name) {
        this.id = id;
        this.name = name;
    }
}
```

上述实例中，PowerMockito.spy 用来模拟对象，Whitebox.setInternalState 用来模拟给对象设置值，PowerMockito.when 用来模拟方法内部的逻辑。

17.4 H2 内存型数据库

17.4.1 H2 概述

H2 是一个开源的、内存型嵌入式（非嵌入式设备）数据库引擎，它是一个用 Java 开发的类库，可直接嵌入应用程序中，与应用程序一起打包发布，不受平台限制。更多 H2 资料请参考官方文档（http://www.h2database.com/html/tutorial.html）。

17.4.2 Spring Boot 集成 H2

步骤01 创建 Spring Boot 项目，项目名为 spring-boot-h2，具体参考 2.2 节的内容。

步骤02 在 spring-boot-h2 项目的 pom.xml 文件中添加 H2 的依赖，具体代码如下所示：

```xml
<dependency>
    <groupId>com.h2database</groupId>
    <artifactId>h2</artifactId>
    <scope>runtime</scope>
</dependency>
<dependency>
    <groupId>org.springframework.boot</groupId>
    <artifactId>spring-boot-starter-data-jpa</artifactId>
</dependency>
<dependency>
    <groupId>org.projectlombok</groupId>
    <artifactId>lombok</artifactId>
</dependency>
```

spring-boot-starter-data-jpa 依赖：Spring Data JPA 是 Spring Data 的一个子项目，它通过提供基于 JPA 的 Repository，极大地减少了 JPA 作为数据访问方案的代码量。通过 Spring Data JPA 框架，开发者可以省略实现持久层业务逻辑的工作，唯一要做的只是声明持久层的接口，其他都交给 Spring Data JPA 来帮你完成。

Lombok 依赖：Lombok 能以简单的注解形式来简化 Java 代码，提高开发人员的开发效率。例如，开发中经常需要写 JavaBean，需要花时间去添加相应的 getter/setter 方法，也许还要去写构造器、equals 等方法。这些显得很冗长，也没有太多技术含量，一旦修改属性，就容易出现忘记修改对应方法的失误。

Lombok 能通过注解的方式，在编译时自动为属性生成构造器、getter/setter、equals、hashcode、toString 等方法。在源码中没有 getter 和 setter 方法，但是在编译生成的字节码文件中有 getter 和 setter 方法。这样就省去了手动重建这些代码的麻烦，使代码看起来更简洁些。

步骤03 在/resources 目录下创建配置文件 application-test.properties，并添加如下配置：

```
### 是否生成 DDL 语句
spring.jpa.generate-ddl=false
### 是否打印 SQL 语句
spring.jpa.show-sql=true
### 自动生成 DDL，由于指定了具体的 DDL，因此此处设置为 none
spring.jpa.hibernate.ddl-auto=none

### 使用 H2 数据库
spring.datasource.platform=h2
### H2 驱动
spring.datasource.driverClassName =org.h2.Driver
### 指定生成数据库的 Schema 文件位置
spring.datasource.schema=classpath:/db/schema.sql
### 指定插入数据库语句的脚本位置
spring.datasource.data=classpath:/db/data.sql
```

步骤04　在 resources/db 目录下创建 data.sql 文件和 schema.sql 文件，schema.sql 用于定义数据库表的结构，data.sql 为数据库表的初始化数据，具体代码如下所示：

schema.sql 文件内容如下所示：

```
CREATE TABLE 'ay_user' (
  'id' bigint(11) unsigned NOT NULL AUTO_INCREMENT,
  'name' varchar(11) DEFAULT NULL,
  'url' varchar(200) DEFAULT NULL,
  PRIMARY KEY ('id')
) ENGINE=InnoDB DEFAULT CHARSET=utf8;
```

data.sql 文件内容如下所示：

```
INSERT INTO ay_user (id, name,url) VALUES (1, 'ay','https://huangwenyi.com');
INSERT INTO ay_user (id, name,url) VALUES (2, 'al','https://al.com');
```

在上述代码中，我们创建了用户表 ay_user，同时往表里插入了两条数据。随着项目启动，数据初始化到内存中，停止项目，数据消失。

步骤05　开发 UserRepository 和 User 类，具体代码如下所示：

```
/**
 * 描述：UserRepository
 * @author ay
 * @date 2019-03-13
 */
@Repository
public interface UserRepository extends JpaRepository<User, Long> {
    User findByName(String name);
}

/**
 * 描述：用户实体类
 * @author ay
 * @date 2019-03-13
```

```
    */
@Entity
@Table(name = "ay_user")
@Data
public class User {
    @Id
    @GeneratedValue(strategy = GenerationType.IDENTITY)
    private Long id;
    private String name;
    private String url;
}
```

在上述代码中，我们创建了 ay_user 表对应的实体类 User，同时开发了 UserRepository 类，用来与 H2 数据库交互，查询数据。在类中定义了 findByName 方法，作用是通过用户名查询用户。

步骤06 在测试类中开发测试用例，具体代码如下所示：

```
@RunWith(SpringRunner.class)
@SpringBootTest
@TestPropertySource("classpath:application-test.properties")
public class DemoApplicationTests {
    @Test
    public void contextLoads() {}
    @Resource
    private UserRepository userRepository;

    @Test
    public void testSave() throws Exception {
        User user = new User();
        user.setName("ay");
        user.setUrl("https://huangwenyi.com");
        User result = userRepository.save(user);
        Assertions.assertThat(result).isNotNull();
    }

    @Test
    public void testFindOne() throws Exception{
        User user = userRepository.findById(1L).get();
        Assertions.assertThat(user).isNotNull();
        Assertions.assertThat(user.getId()).isEqualTo(1);
    }

    @Test
    public void testFindByName() throws Exception{
        User user = userRepository.findByName("ay");
        Assertions.assertThat(user).isNotNull();
        Assertions.assertThat(user.getName()).isEqualTo("ay");
    }
}
```

@TestPropertySource：该注解可以用来指定读取的配置文件，目前该测试类读取的配置文件为

application-test.properties。

　　testSave 方法：测试用户保存是否成功。

　　testFindOne 方法：测试通过用户 ID 查询用户。

　　testFindByName 方法：测试通过用户名查询用户。

步骤07 逐个执行测试用例，查看测试结果。

17.5　REST API 测试

17.5.1　Postman 概述

　　Postman 是一款功能强大的网页调试和模拟发送 HTTP 请求的 Chrome 插件，支持几乎所有类型的 HTTP 请求，操作简单且方便。

17.5.2　Postman 简单使用

　　接下来，我们学习如何通过 Postman 测试 REST API，具体步骤如下：

步骤01 创建 Spring Boot 项目，项目名称为 spring-boot-postman，具体参考 2.2 节的内容。

步骤02 下载 Postman 软件，下载地址为 https://www.getpostman.com/，具体如图 17-6 所示。下载完成后，按照默认设置安装即可。

图 17-6　Postman 下载页面

步骤03 安装完成后打开软件，界面如图 17-7 所示。

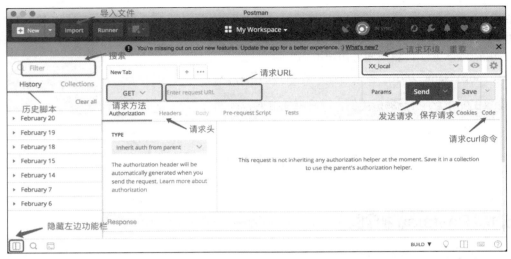

图 17-7　Postman 界面

左侧功能栏：History 为近期发起请求的历史记录，Collections 集合用于管理需要调用的请求集合，也可以新建文件夹，用于放置不同请求的文件集合。

主界面：可以选择 HTTP 请求的方法，填写 URL、参数，实现 Cookie 管理、脚本保存和另存为等功能。在主界面的右上侧，可以设置不同的环境变量，满足不同环境的测试需求，这个功能在真实的项目中频繁被使用。

步骤04 创建 AyController 控制层类，具体代码如下：

```java
/**
 * 描述：控制层
 * @author ay
 * @date 2019-03-17
 */
@RestController
@Controller
public class AyController {

    @RequestMapping("/say")
    public String say(Model model){
        return "hello ay";
    }


    @PostMapping("/save")
    public String save(Model model, @RequestBody User user){
        System.out.println(model);
        return "save" + user.name + "success";
    }


    class User{
        private String name;
        //省略 set、get 方法
```

```
    }
}
```

步骤05　使用 Postman 发起 POST 和 GET 请求，具体如图 17-8 和图 17-9 所示。

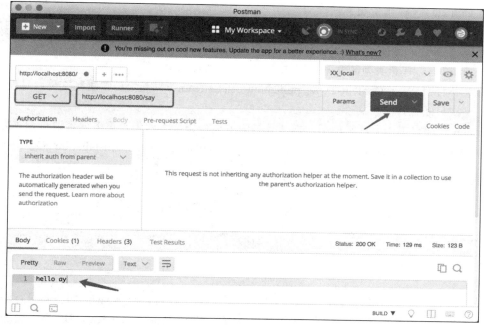

图 17-8　GET 请求实例

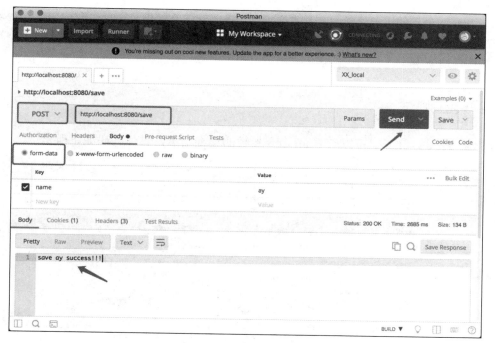

图 17-9　POST 请求实例

Authorization：身份验证，主要用来填写用户名和密码，以及一些验签字段。

form-data：对应信息头 multipart/form-data，它将表单数据处理为一条消息，以标签为单元用分隔符分开。既可以上传"键-值对"（Key-Value Pair），又可以上传文件，当上传的字段是文件时，会有 Content-Type 来说明文件类型。

x-www-form-urlencoded：对应信息头 application/x-www-from-urlencoded，会将表单内的数据转换为"键-值对"，比如 name=ay。

raw：可以上传任意类型的文本，比如 TEXT、JSON、XML 等。

binary：对应信息头 Content-Type:application/octet-stream，只能上传二进制文件，且没有"键-值对"，一次只能上传一个文件。

Postman 软件在工作中经常使用，本节只是简单地带领读者入门，更多内容请查询官方文档，地址为：https://learning.getpostman.com/docs/postman/launching_postman/installation_and_updates/。

17.6　性能测试

17.6.1　ab 概述

ab 是 Apache 自带的压力测试工具。ab 非常实用，它不仅可以对 Apache 服务器进行网站访问压力测试，也可以对其他类型的服务器进行压力测试，比如 Nginx、Tomcat、IIS 等。分布式服务架构都需要服务具有三高特性（高性能、高可用和高并发）。

大型互联网项目的用户流量大，基本要求微服务具有三高特性。因此，我们需要一些测试服务性能的工具来检验微服务的性能，而 Apache 的 ab 工具就是一款性能测试的利器，在大型互联网项目中被广泛地使用。

17.6.2　ab 测试

执行命令：ab --help，可以查看 ab 命令参数的详细信息，具体代码如下所示：

```
➜ ab --help
ab: wrong number of arguments
Usage: ab [options] [http[s]://]hostname[:port]/path
Options are:
    -n requests     Number of requests to perform
    -c concurrency  Number of multiple requests to make at a time
    -t timelimit    Seconds to max. to spend on benchmarking
                    This implies -n 50000
    -s timeout      Seconds to max. wait for each response
                    Default is 30 seconds
... 省略代码
```

- -n: 执行的请求个数，默认执行一个请求。

- -c: 一次产生的请求个数（并发数），默认是一次一个。
- -t: 测试所进行的最大秒数。它可以使对服务器的测试限制在固定的总时间内，默认没有时间限制。

ab 命令提供的参数很多，一般我们使用 -c 和 -n 参数基本上就够用了，例如：

```
→ ab -n 4 -c 2 https://www.baidu.com/
This is ApacheBench, Version 2.3 <$Revision: 1807734 $>
Copyright 1996 Adam Twiss, Zeus Technology Ltd, http://www.zeustech.net/
Licensed to The Apache Software Foundation, http://www.apache.org/
Benchmarking www.baidu.com (be patient).....done
Server Software:        BWS/1.1
Server Hostname:        www.baidu.com
Server Port:            443
SSL/TLS Protocol:       TLSv1.2,ECDHE-RSA-AES128-GCM-SHA256,2048,128
TLS Server Name:        www.baidu.com

Document Path:          /
Document Length:        227 bytes

Concurrency Level:      2
Time taken for tests:   0.246 seconds
Complete requests:      4
Failed requests:        0
Total transferred:      3572 bytes
HTML transferred:       908 bytes
Requests per second:    16.24 [#/sec] (mean)
Time per request:       123.115 [ms] (mean)
Time per request:       61.558 [ms] (mean, across all concurrent requests)
Transfer rate:          14.17 [Kbytes/sec] received

Connection Times (ms)
              min  mean[+/-sd] median   max
Connect:       78   93   10.0     98    101
Processing:    22   25    4.0     24     31
Waiting:       22   25    4.0     24     31
Total:        101  118   11.9    123    129

Percentage of the requests served within a certain time (ms)
  50%    123
  66%    123
  75%    129
  80%    129
  90%    129
  95%    129
  98%    129
  99%    129
 100%    129 (longest request)
```

从输出的信息可以看出，百度网站首页的吞吐量为 16.2 次/s，平均响应时间是 123.115ms。

上述只是一个简单的实例，具体性能测试需要根据业务需求具体分析。

17.6.3　其他性能测试工具

（1）Apache JMeter

Apache JMeter 是 Apache 组织开发的基于 Java 的压力测试工具，用于对软件做压力测试，它最初被设计用于 Web 应用测试，后来扩展到其他测试领域。它可以用于测试静态和动态资源，例如静态文件、Java 小服务程序、CGI 脚本、Java 对象、数据库、FTP 服务器等。JMeter 可以用于对服务器、网络或对象模拟巨大的负载，在不同压力类别下测试它们的强度和分析整体性能。另外，JMeter 能够对应用程序做功能/回归测试，通过创建带有断言的脚本来验证你的程序返回了期望的结果。为了拥有最大限度的灵活性，JMeter 允许使用正则表达式创建断言。

（2）LoadRunner

LoadRunner 是一种预测系统行为和性能的负载测试工具。通过模拟上千万用户实施并发负载及实时性能监测的方式来确认和查找问题，LoadRunner 能够对整个企业架构进行测试。企业使用 LoadRunner 能最大限度地缩短测试时间，优化性能和加速应用系统的发布周期。LoadRunner 适用于各种体系架构的自动负载测试，能预测系统行为并评估系统性能。

（3）MySQLslap

MySQLslap 是 MySQL 自带的一款性能压测工具，通过模拟多个并发客户端访问 MySQL 来执行压力测试，同时提供了详细的数据性能报告。此工具可以自动生成测试表和数据，并且可以模拟读、写、混合读写、查询等不同的使用场景，也能够很好地对比多个存储引擎在相同环境的并发压力下的性能差异。

使用 mysqlslap –help 命令查询命令的详情：

```
➜  mysqlslap --help
mysqlslap  Ver 8.0.11 for osx10.13 on x86_64 (Homebrew)
Copyright (c) 2005, 2018, Oracle and/or its affiliates. All rights reserved.

Oracle is a registered trademark of Oracle Corporation and/or its
affiliates. Other names may be trademarks of their respective
owners.

Run a query multiple times against the server.

Usage: mysqlslap [OPTIONS]

Default options are read from the following files in the given order:
/etc/my.cnf /etc/mysql/my.cnf /usr/local/etc/my.cnf ~/.my.cnf
The following groups are read: mysqlslap client
The following options may be given as the first argument:
--print-defaults        Print the program argument list and exit.
--no-defaults           Don't read default options from any option file,
                        except for login file.
--defaults-file=#       Only read default options from the given file #.
```

```
--defaults-extra-file=# Read this file after the global files are read.
--defaults-group-suffix=#
                          Also read groups with concat(group, suffix)
--login-path=#            Read this path from the login file.
 -?, --help              Display this help and exit.
 -a, --auto-generate-sql
                          Generate SQL where not supplied by file or command line.
//省略大量代码

--commit=#               Commit records every X number of statements.
-C, --compress           Use compression in server/client protocol.
-c, --concurrency=name
```

实例一：

```
   → mysqlslap -h127.0.0.1 -uroot -p123456 --concurrency=100 --iterations=1
--auto-generate-sql --auto-generate-sql-load-type=mixed
--auto-generate-sql-add-autoincrement --engine=innodb --number-of-queries=5000
   mysqlslap: [Warning] Using a password on the command line interface can be
insecure.
   Benchmark
       Running for engine innodb
### 100 个客户端（并发）同时运行平均需要花费 2.084 秒
       Average number of seconds to run all queries: 2.084 seconds
       Minimum number of seconds to run all queries: 2.084 seconds
       Maximum number of seconds to run all queries: 2.084 seconds
### 总共 100 个客户端（并发）运行
       Number of clients running queries: 100
### 每个客户端（并发）平均运行 50 次查询
### --concurrency=100, --number-of-queries=5000；5000/100=50)
       Average number of queries per client: 50
```

- -h、-u、-p: 分别是数据库的用户名、密码以及 Host 地址。
- --concurrency: 并发数量。
- --iterations: 要运行这些测试多少次。
- --auto-generate-sql: 用系统自己生成的 SQL 脚本来测试。
- --auto-generate-sql-load-type: 要测试的类型（Read、Write、Update、Mixed）。
- --engines: 要测试的引擎，可以有多个，用分隔符隔开，如--engines=myisam,innodb。
- --number-of-queries: 总共要运行多少次查询。每个客户运行的查询数量可以用查询总数/并发数来计算。

从上面的实例中可以看出，一共使用了 100 个并发客户端，每个客户端并发执行了 50 个请求，一共需要 2.084s，平均每个请求需要 2084ms/5000，即 0.4168ms。数据库服务器处理请求的吞吐量为 5000 次/2.084s，即 2399 次/s。

实例二：

```
   → mysqlslap -h127.0.0.1 -uroot -p123456 --concurrency=100 --iterations=1
```

```
--create-schema=sys --query='select * from host_summary;' --engine=innodb
--number-of-queries=5000
    mysqlslap: [Warning] Using a password on the command line interface can be
insecure.
    Benchmark
        Running for engine innodb
### 运行所有语句的最小秒数
        Average number of seconds to run all queries: 15.984 seconds
###运行所有语句的最小秒数
        Minimum number of seconds to run all queries: 15.984 seconds
###运行所有语句的最大秒数
        Maximum number of seconds to run all queries: 15.984 seconds
        Number of clients running queries: 100
        Average number of queries per client: 50
```

- --query：自定义的测试语句。
- --create-schema：用来指定测试库名称。

从上面的实例中可以看出，一共使用了 100 个并发客户端，每个客户端并发执行了 50 个请求，一共需要 15.984s，平均每个请求需要 15984ms/5000，即 3.1968ms。数据库服务器处理请求的吞吐量为 5000 次/15.984s，即 312.81 次/s。

（4）Sysbench

Sysbench 是一款开源的多线程性能测试工具，可以进行 CPU/内存/线程/IO/数据库等方面的性能测试。它主要进行以下几个方面的测试。

- CPU：处理器性能。
- Threads：线程调度器性能。
- Mutex：互斥锁性能。
- Memory：内存分配及传输速度。
- FileIO：文件 IO 性能。
- OLTP：数据库性能（OLTP 基准测试）。

第18章

分布式微服务架构经典案例

本章主要介绍微服务架构案例：分布式微服务框架 Dubbo、Spring Boot + Spring Cloud 解决方案、Spring Boot + Kubernetes + Docker 解决方案等，同时介绍 Spring Cloud 的概念、Spring Cloud 的生态、Dubbo 原理、Kubernetes 的概念、Kubernetes 的原理与使用等。

18.1　微服务架构案例

18.1.1　微服务架构概述

软件架构历经从水平分层架构、SOA 架构、RPC 架构、分布式框架到目前的分布式微服务架构的持续演化之路。微服务架构中的重要组成部分仍然是以分布式系统设计的原则、经验以及常用的分布式基础设施和中间件为基础的，抛开分布式架构中的这些技术，空谈微服务架构是没有任何意义的。

对于微服务架构这种基础平台，其研发成本高、开发周期长，而且平台可持续升级的可能性较低，因此目前很少有公司会自己进行研发。好在目前一些大型的公司已经帮我们造好了"轮子"，我们可以直接使用它。目前有以下 4 种经典的微服务架构开源平台。

（1）从 RPC 框架进化而来的 IceGrid 微服务架构平台。

（2）基于 REST 接口演化的 Spring Cloud 微服务架构平台。

（3）基于容器技术而诞生的 Kubernetes（简称 k8s）微服务架构平台。

（4）阿里巴巴的分布式服务框架 Dubbo。

上述 4 种经典微服务架构平台各自能提供完备的微服务架构框架与管理工具，在技术上各有千秋，从总体上来看，Google 出品的 Kubernetes 平台是当之无愧的微服务架构之王。

18.1.2　微服务架构平台选择

想要在公司搭建和推广微服务架构平台，就必须对其思想和优缺点进行全面了解。下面简单提供几点建议：

（1）Kubernetes 是基于容器技术的，如果团队对容器技术没有什么经验，就排除 Kubernetes，否则优先选择它。

（2）如果系统的性能要求很高，同时很多高频流程中涉及大量微服务的调用，以及微服务之间存在大量调用，这种情况下就优先考虑以 RPC 二进制方式通信的微服务平台 Ice，其次是 Kubernetes，最后是 Spring Cloud。

（3）如果系统更多的是自己内部开发的各种服务之间的远程调用，很少使用中间件，只需要高性能的通信及水平扩展能力，Ice 可能就是最佳选择，其次是 Spring Cloud，最后才是 Kubernetes。因为 Kubernetes 没有提供一个 RPC 框架，在这种情况下，反而增加了系统的复杂性。

（4）如果有项目是用多个语言协同开发的，在这种情况下，就优先选择 Kubernetes 架构与 Ice。

18.1.3　微服务接口类型

在微服务架构中，按照调用客户端的不同可以划分为前置服务接口、第三方接口及基础核心类接口 3 种。

（1）前置服务接口

前置服务接口主要面向前端服务和 App 调用，所以它的接口设计应该以页面展示的便利性为第一目标，即大部分情况下采用 JSON 方式传递参数与返回值，并且考虑在调用逻辑出错的情况下，告诉客户端错误码和异常原因。这类微服务返回值的结构体如下所示：

```
public class Result {
        //状态码：200成功、400异常等
    private int code;
        //信息
    private String message = "";
    //请求返回的数据
    private Object data;
}
```

（2）第三方接口（对外开放接口）

第三方接口（比如七牛云存储接口）主要面向第三方系统，所以特别需要注意安全问题，因此接口设计中必须要有安全措施，比较常见的方案是在调用参数中增加 Token，并考虑参数加密的问题，同时建议接口类微服务在实现过程中重视日志的输出问题，以方便接口联调，以及方便在运行期间排查接口故障，在日志中应该记录入口参数、关键逻辑分支、返回结果等重要信息。

（3）基础核心类接口

基础核心类接口主要被其他内部微服务调用，在这类微服务的接口设计中主要考虑效率和调用的方便性。建议设计得与普通 Java 类的接口看起来一样，这样可以避免将很多复杂 Bean 对象作为参数和返回值时增加调用者的负担和降低接口性能。

在微服务设计中,我们还需要考虑接口兼容性问题。举例说明,对于如下微服务接口设计:

```
public void doBusiness(paraml,paramS,param3);
```

如果参数的个数存在增加的可能性,考虑到接口的兼容性和可扩展性,最好改为如下设计:

```
public class BusinessBean {
  private String paraml;
  private String param2;
  private String param3;
  private String param4;
}
public void doBusiness(BusinessBean bean);
```

当接口需要添加其他的参数时,只需要在 BusinessBean 实体类增加参数,旧接口无须重新编译,且支持向后兼容。

微服务接口的 3 种类型,具体使用场景如图 18-1 所示。

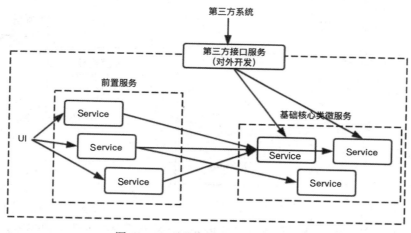

图 18-1 3 种微服务接口的使用场景

18.2 分布式服务框架 Dubbo

18.2.1 Dubbo 概述

Dubbo 是阿里巴巴公司开源的一个高性能的优秀服务框架,使得应用可通过高性能的 RPC 实现服务的输出和输入功能,可以和 Spring 框架无缝集成。

Dubbo 是一款高性能、轻量级的开源 Java RPC 框架,它提供了三大核心能力:面向接口的远程方法调用、智能容错和负载均衡以及服务自动注册和发现。

远程方法调用:提供对多种基于长连接的 NIO 框架抽象封装,包括多种线程模型、序列化以及"请求-响应"模式的信息交换方式。

集群容错：提供基于接口方法的透明远程过程调用，包括多协议支持、软负载均衡、失败容错、地址路由、动态配置等集群支持。

自动注册/发现：基于注册中心目录服务，使服务消费方能动态地查找服务提供方，使地址透明，使服务提供方可以平滑地增加或减少机器。

18.2.2　Dubbo 原理

Dubbo 的底层框架原理如图 18-2 所示。

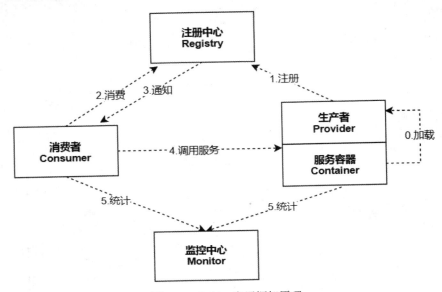

图 18-2　Dubbo 底层框架原理

Registry 是服务注册与发现的注册中心，Provider 是暴露服务的服务提供方，Consumer 是调用远程服务的服务消费方，Monitor 是统计服务的调用次数和调用时间的监控中心，Container 服务运行容器。Dubbo 简单的调用关系如下：

（0）服务容器（Container）负责启动、加载、运行服务提供者（Provider）。

（1）服务提供者（Provider）在启动时，向注册中心（Registry）注册自己提供的服务。

（2）服务消费者（Consumer）在启动时，向注册中心（Registry）订阅自己所需的服务。

（3）注册中心（Registry）返回服务提供者地址列表给消费者（Consumer），如果有变更，注册中心（Registry）将基于长连接推送变更数据给消费者（Consumer）。

（4）服务消费者（Consumer）从提供者地址列表中，基于软负载均衡算法选一台提供者进行调用，如果调用失败，就再选另一台调用。

（5）服务消费者（Consumer）和提供者（Provider），在内存中累计调用次数和调用时间，定时每分钟发送一次统计数据到监控中心（Monitor）。

18.3　Spring Boot + Spring Cloud 解决方案

18.3.1　Spring Boot 概述

　　Spring Boot 是目前流行的微服务框架，是微服务架构中的脚手架，倡导"约定优先于配置"，其设计目的是用来简化新 Spring 应用的初始化搭建以及开发过程。Spring Boot 是一个典型的"核心+插件"的系统架构，提供了很多核心的功能，比如自动化配置、提供 Starter 简化 Maven 配置、内嵌 Servlet 容器、应用监控等功能，让我们可以快速构建应用程序。

18.3.2　Spring Cloud 概述

　　Spring Cloud 是一系列框架的有序集合，如服务发现与注册、配置中心、消息总线、负载均衡、断路器、数据监控等。它简化了分布式系统基础设施的开发。Spring Cloud 并没有重复制造轮子，它只是将目前各家公司开发的比较成熟、经得起实际考验的服务框架组合起来，通过 Spring Boot 风格进行再封装，屏蔽掉了复杂的配置和实现原理，最终给开发者留出了一套简单易懂、易部署和易维护的分布式系统开发工具包。

　　以下为 Spring Cloud 的核心功能：

- 分布式/版本化配置。
- 服务注册和发现。
- 路由。
- 服务和服务之间的调用。
- 负载均衡。
- 断路器。
- 分布式消息传递。

　　以上只是 Spring Cloud 体系的一部分，Spring Cloud 共集成了 19 个子项目，里面都包含一个或者多个第三方的组件或者框架。Spring Cloud 工具框架如下所示：

　　Spring Cloud Config：配置中心，利用 Git 集中管理程序的配置。

　　Spring Cloud Netflix：集成众多 Netflix 的开源软件。

- Eureka: 服务治理组件，包括服务注册中心、服务注册与发现机制的实现。另外，还提供查看所有注册的服务的界面。
- Zuul: 网关组件，所有的客户端请求通过网关访问后台的服务。它可以使用一定的路由配置来判断某一个 URL 由哪个服务来处理，并从 Eureka 中获取注册的服务来转发请求。
- Ribbon: 客户端负载均衡的服务调用组件，Zuul 网关将请求发送给某一服务时，如果服务启动了多个实例，就会通过 Ribbon 按照一定的负载均衡策略来发送给某一个服务实例。
- Hystrix: 监控和断路器。只需要在服务接口上添加 Hystrix 标签，就可以实现对这个接口的监控和断路器功能。

- Hystrix Dashboard：监控面板，提供了一个界面，可以监控各个服务上的服务调用所消耗的时间等。
- Feign：基于 Ribbon 和 Hystrix 的声明式服务调用组件。

Spring Cloud Bus：消息总线，利用分布式消息将服务和服务实例连接在一起，用于在一个集群中传播状态的变化。

Spring Cloud Cluster：基于 ZooKeeper、Redis、Hazelcast、Consul 实现的领导选举和平民状态模式的抽象和实现。

Spring Cloud for Cloud Foundry：利用 Pivotal Cloud Foundry 集成你的应用程序。

Spring Cloud Cloud Foundry Service Broker：为建立管理云托管服务的服务代理提供了一个起点。

Spring Cloud Consul：基于 Hashicorp Consul 实现的服务发现和配置管理。

Spring Cloud Security：在 Zuul 代理中为 OAuth2 Rest 客户端和认证头转发提供负载均衡。

Spring Cloud Sleuth：Spring Cloud 应用的分布式追踪系统，与 Zipkin、Htrace、ELK 兼容。

Spring Cloud Stream：基于 Redis、Rabbit、Kafka 实现的消息微服务，简单声明模型用于在 Spring Cloud 应用中收发消息。

Spring Cloud Task：短生命周期的微服务，为 Spring Boot 应用简单声明添加功能和非功能特性。

Spring Cloud ZooKeeper：服务发现和配置管理基于 Apache ZooKeeper。

Spring Cloud for Amazon：Web Services 快速和亚马逊网络服务集成。

Spring Cloud Connectors：便于 PaaS 应用在各种平台上连接到后端。

Spring Cloud Starters：项目已经终止并且在 Angel.SR2 后的版本和其他项目合并。

Spring Cloud CLI：用于在 Groovy 中快速创建 Spring Cloud 组件应用的 Spring Boot CLI 插件。

……

Spring Cloud 服务架构原理图如图 18-3 所示。

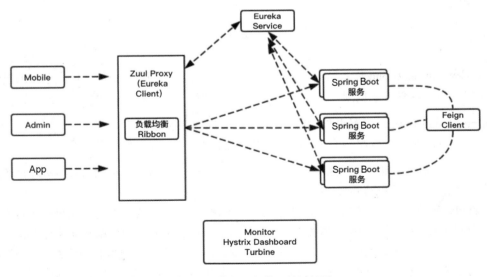

图 18-3　3 种微服务接口使用场景

从图 18-3 的架构图中可以看出 Spring Cloud 核心组件配合的运行流程：

（1）请求统一通过 API 网关（Zuul）来访问内部服务。

（2）网关接收到请求后，从注册中心（Eureka）获取可用服务。

（3）由 Ribbon 进行均衡负载后，分发到后端具体的实例。负载均衡不是一个独立的组件，它运行在网关、服务调用等地方。每当需要访问服务的时候，就会通过 Ribbon 获取某一个服务的实例去调用。Ribbon 从 Eureka 注册中心获得服务和实例的列表，而不是发送每个请求的时候从注册中心获得。

（4）微服务之间通过 Feign 进行通信处理业务，我们也可以使用 RestTemplate 来进行服务间调用。无论什么方式，只要使用服务注册，就会默认使用 Ribbon 负载均衡。

（5）Hystrix 负责处理服务超时熔断，每个服务都可以开启监控功能，开启监控的服务会提供一个 Servlet 接口/hystrix.stream，如果需要监控这个服务的某一个方法的运行统计，就在这个方法上加一个@HystrixCommand 的标签。

（6）在 Hystrix Dashboard 上输入这个服务的监控 URL：http://serviceIp:port/hystrix.stream，就能够以图表的方式查看运行监控信息。

（7）Turbine 监控服务间的调用和熔断相关指标。如果要把所有服务的监控信息聚合在一起统一查看，就需要使用 Turbine 来聚合所需要的服务的监控信息。

18.3.3　微服务、Spring Boot、Spring Cloud 的关系

微服务是一种架构的理念，提出了微服务的设计原则，从理论上为具体的技术落地提供了指导思想。Spring Boot 是一套快速配置脚手架，可以基于 Spring Boot 快速开发单个微服务。Spring Cloud 是一个基于 Spring Boot 实现的服务治理工具包，专注于快速、方便集成的单个微服务个体，Spring Cloud 关注全局的服务治理框架。

18.3.4　Spring Cloud 与 Dubbo 的优劣

（1）整体架构

Spring Cloud 和 Dubbo 二者模式接近，都需要服务提供方、注册中心和服务消费方。业务部署方式相同，都需要前置一个网关来隔绝外部直接调用原子服务的风险。Dubbo 需要自己开发一套 API 网关，而 Spring Cloud 则可以通过 Zuul 配置完成网关定制。使用方式上 Spring Cloud 略胜一筹。

（2）核心要素

Spring Cloud 更胜一筹，在开发过程中只要整合 Spring Cloud 的子项目就可以顺利地完成各种组件的融合，而 Dubbo 却需要通过实现各种 Filter 来进行定制，开发成本和技术难度略高。

Dubbo 只是实现了服务治理，而 Spring Cloud 子项目分别覆盖了微服务架构下的众多部件，而服务治理只是其中的一个方面。

（3）协议

Dubbo 默认协议采用单一长连接和 NIO 异步通信，适合小数据量、高并发的服务调用，以及

服务消费者机器数远大于服务提供者机器数的情况。Spring Cloud 使用 HTTP 协议的 REST API。Dubbo 支持各种通信协议，而且消费方和服务方使用长连接方式交互，通信速度上略胜 Spring Cloud，如果对于系统的响应时间有严格要求，长连接就更合适。

（4）服务依赖

Dubbo 服务依赖略重，需要有完善的版本管理机制，但是程序入侵少。而 Spring Cloud 通过 Json 交互，省略了版本管理的问题，但是具体字段含义需要统一管理，自身 Rest API 方式交互，为跨平台调用奠定了基础。

总体来说，Spring Cloud 是替代 Dubbo 的一种好方案，Spring Cloud 是基于 REST 通信接口的微服务架构，而 Dubbo 以 RPC 通信为基础。对于性能要求不是很高的 Java 互联网业务平台，采用 Spring Cloud 是一个门槛相对较低的解决方案。

18.4　Spring Boot + Kubernetes + Docker 解决方案

18.4.1　Docker 概述

Docker 是一个开源的应用容器引擎，基于 Go 语言并遵从 Apache 2.0 协议开源。Docker 可以让开发者打包其应用程序到一个轻量级、可移植的容器中，然后发布到任何流行的 Linux 机器上，也可以实现虚拟化。容器是完全使用沙箱机制的，相互之间不会有任何接口，更重要的是容器性能开销极低。作为一种新兴的虚拟化方式，Docker 跟传统的虚拟化方式相比具有众多的优势：

- 高效地利用系统资源。
- 快速的启动时间。
- 一致的运行环境。
- 持续交付和部署。
- 迁移简单。
- 容易维护和扩展。

这里简单描述什么是沙箱机制。在默认情况下，一个应用程序是可以访问机器上的所有资源的，比如 CPU、内存、文件系统、网络等。但是这是不安全的，如果随意操作资源，就有可能破坏其他应用程序正在使用的资源，或者造成数据泄漏。为了解决这个问题，一般有下面两种解决方案：

（1）为程序分配一个限定权限的账号，利用操作系统的权限管理机制进行限制。
（2）为程序提供一个受限的运行环境，这就是沙箱机制。

如上所述，沙箱就是一个限制应用程序对系统资源访问的运行环境。更多 Docker 的知识，请参考第 9 章的内容。

18.4.2　Kubernetes 概述

Kubernetes（k8s）是 Google 在 2014 年发布的一个开源项目。最初，Google 开发了一个叫 Borg 的系统（现在命名为 Omega）来调度庞大数量的容器和工作负载。在积累多年的经验后，Google 决定重写这个容器管理系统，并将其贡献到开源社区，让全世界都能受益。这个项目就是 Kubernetes。简单地讲，Kubernetes 是 Google Omega 的开源版本。

从 2014 年第一个版本发布以来，Kubernetes 迅速获得开源社区的追捧，包括 Red Hat、VMware 以及 Canonical 在内的很多有影响力的公司加入开发和推广的阵营。目前，Kubernetes 已经成为发展最快、市场占有率最高的容器编排引擎产品。

Kubernetes（k8s）是自动化容器操作的开源平台，这些操作包括部署、调度和节点集群间扩展。如果你曾经用过 Docker 容器技术部署容器，那么可以将 Docker 看成 Kubernetes 内部使用的低级别组件。Kubernetes 不仅支持 Docker，还支持 Rocket，这是另一种容器技术。

Kubernetes 提供如下功能：

（1）自动化容器的部署和复制。

（2）随时扩展或收缩容器规模。

（3）将容器组织成组，并且提供容器间的负载均衡。

（4）轻松升级应用程序容器的新版本。

（5）提供容器弹性，如果容器失效，就替换它。

18.4.3　Kubernetes 的基本概念

学习 Kubernetes 之前，需要先学习 Kubernetes 的几个重要概念，它们是组成 Kubernetes 集群的基石。

（1）Cluster

Cluster 是计算、存储和网络资源的集合，Kubernetes 利用这些资源运行各种基于容器的应用。

（2）Master

Master 是 Cluster 的大脑，它的主要职责是决定将应用放在哪里运行。Master 运行在 Linux 操作系统上，可以是物理机或者虚拟机。为了实现高可用，可以运行多个 Master。

（3）Node

Node 的职责是运行容器应用。Node 由 Master 管理，Node 负责监控并汇报容器的状态，同时根据 Master 的要求管理容器的生命周期。Node 运行在 Linux 操作系统上，可以是物理机或者虚拟机。

（4）Pod

Pod 是 Kubernetes 的最小工作单元。每个 Pod 包含一个或多个容器。Pod 中的容器会作为一个整体被 Master 调度到一个 Node 上运行。Pod 中的所有容器使用同一个网络命名空间（Namespace），即相同的 IP 地址和 Port 空间。它们可以直接用 Localhost 通信。同样的，这些容器可以共享存储，当 Kubernetes 挂载 Volume 到 Pod 时，本质上是将 Volume 挂载到 Pod 中的每一个容器。

Pod 有以下两种使用方式：

- one-container-per-pod：将单个容器简单封装成 Pod，是 Kubernetes 最常见的模型。记住，Kubernetes 管理的是 Pod 而不是容器。
- many-container-per-pod：将联系非常紧密且需要直接共享资源的容器封装到 Pod。

一个 Pod 部署多个容器的例子如图 18-4 所示。

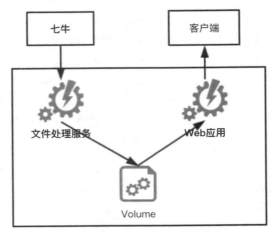

图 18-4 　many-container-per-pod 场景

文件处理服务会定期从七牛存储系统中拉取文件，将其存放在共享的 Volume 中。Web 应用从 Volume 读取文件，响应客户端的请求。这两个容器是紧密协作的，它们一起为客户端提供最新的数据。同时，它们也通过 Volume 共享数据，所以放入一个 Pod 是合适的。

（5）Controller

Kubernetes 是通过 Controller 来管理 Pod 的。Controller 中定义了 Pod 的部署特性，比如有几个副本、在什么样的 Node 上运行等。为了满足不同的业务场景，Kubernetes 提供了多种 Controller，包括 Deployment、ReplicaSet、DaemonSet、StatefuleSet、Job 等。

- Deployment 是最常用的。Deployment 可以管理 Pod 的多个副本，并确保 Pod 按照期望的状态运行。
- ReplicaSet 实现了 Pod 的多副本管理。使用 Deployment 时会自动创建 ReplicaSet，也就是说 Deployment 是通过 ReplicaSet 来管理 Pod 的多个副本的，我们通常不需要直接使用 ReplicaSet。
- DaemonSet 用于每个 Node 最多只运行一个 Pod 副本的场景。正如其名称所揭示的，DaemonSet 通常用于运行 Daemon。
- StatefuleSet 能够保证 Pod 的每个副本在整个生命周期中的名称是不变的，而其他 Controller 不提供这个功能。当某个 Pod 发生故障需要删除并重新启动时，Pod 的名称会发生变化，同时 StatefuleSet 会保证副本按照固定的顺序启动、更新或者删除。
- Job 用于运行结束就删除的应用，而其他 Controller 中的 Pod 通常是长期持续运行的。

（6）Service

Kubernetes Service 定义了外界访问一组特定 Pod 的方式。Service 有自己的 IP 和端口，Service 为 Pod 提供了负载均衡。Kubernetes 运行容器（Pod）与访问容器（Pod）这两项任务分别由 Controller

和 Service 执行。

（7）Namespace

Namespace 可以将一个物理的 Cluster 逻辑上划分成多个虚拟的 Cluster，每个 Cluster 就是一个 Namespace。不同 Namespace 里的资源是完全隔离的。Kubernetes 默认创建了 3 个 Namespace，具体如图 18-5 所示。

```
$ kubectl get namespace
NAME            STATUS      AGE
default         Active      4m33s
kube-public     Active      4m30s
kube-system     Active      4m33s
```

图 18-5　Kubernetes 默认创建的 3 个 Namespace

- default：创建资源时如果不指定，就会放到这个 Namespace 中。
- kube-system：Kubernetes 自己创建的系统资源将放到这个 Namespace 中。
- kube-public：此命名空间下的资源可以被所有人访问（包括未认证用户）。

如果有多个用户或项目组使用同一个 Kubernetes Cluster，如何将他们创建的 Controller、Pod 等资源分开呢？答案就是 Namespace。

18.4.4　Kubernetes 的使用

理解了 Kubernetes 的基本概念，接下来简单使用 Kubernetes。要搭建一个可运行的 Kubernetes Cluster 不太容易，好在 Kubernetes 官网已经为大家准备好了现成的最小可用系统，具体使用步骤如下所示：

步骤01　打开链接：https://kubernetes.io/docs/tutorials/kubernetes-basics/，可看到如图 18-6 所示的教程。

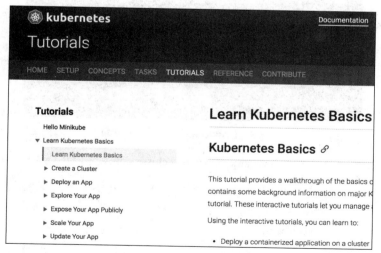

图 18-6　Kubernetes 教程地址

步骤 02 单击教程菜单 Create a Cluster → Interactive Tutorial - Creating a Cluster，打开 Kubernetes 操作界面，左边是操作说明，右边是命令行窗口，具体如图 18-7 所示。

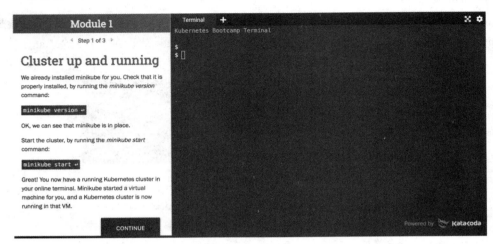

图 18-7 Kubernetes 操作界面

步骤 03 在命令行窗口中执行 minikube start 命令，然后执行 kubectl get nodes 命令，这样就 创建了一个单节点的 Kubernetes 集群，可以看到集群中唯一节点是 minikube，如图 18-8 所示。

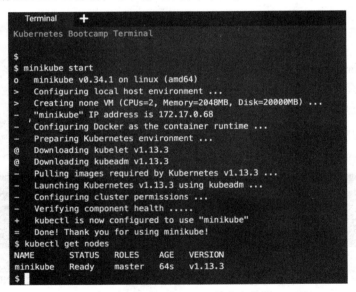

图 18-8 创建 Kubernetes 单节点集群

步骤 04 在命令行窗口输入 hostname 和 kubectl cluster-info，查看集群信息，如图 18-9 所示。

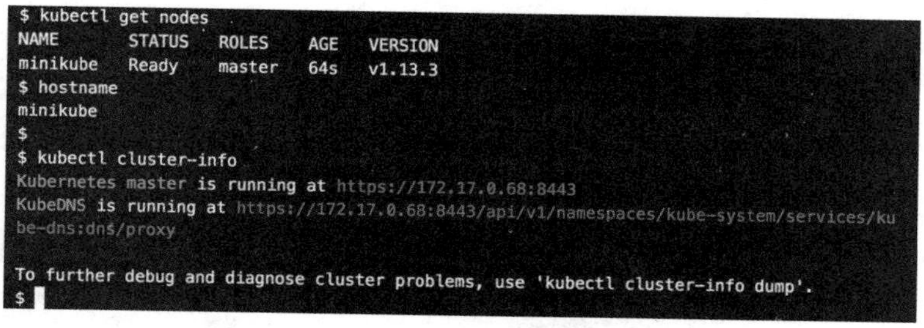

```
$ kubectl get nodes
NAME       STATUS   ROLES    AGE   VERSION
minikube   Ready    master   64s   v1.13.3
$ hostname
minikube
$
$ kubectl cluster-info
Kubernetes master is running at https://172.17.0.68:8443
KubeDNS is running at https://172.17.0.68:8443/api/v1/namespaces/kube-system/services/ku
be-dns:dns/proxy

To further debug and diagnose cluster problems, use 'kubectl cluster-info dump'.
$
```

图 18-9　Kubernetes 集群信息

步骤05 使用如下命令部署应用：

```
$ kubectl run kubernetes-bootcamp
--image=docker.io/jocatalin/kubernetes-bootcamp:v1
--port=8080
###命令执行后输出的结果
kubectl run --generator=deployment/apps.v1 is DEPRECATED and will be removed in
a future version. Use kubectl run --generator=run-pod/v1 or kubectl create instead.
deployment.apps/kubernetes-bootcamp created
```

这里我们通过 kubectl run 部署了一个应用，命名为 kubernetes-bootcamp，Docker 镜像通过 --image 指定，--port 设置应用对外服务的端口。运行 kubectl get pods 命令查看 Pod 部署情况。

```
$ kubectl get pods
NAME                                   READY   STATUS    RESTARTS   AGE
kubernetes-bootcamp-6c5cfd894b-5tmll   1/1     Running   0          3m34s
```

kubernetes-bootcamp-6c5cfd894b-5tmll 就是应用的 Pod。

步骤06 将容器的 8080 端口映射到节点的端口。默认情况下，所有 Pod 只能在集群内部访问。要访问应用只能直接访问容器的 8080 端口。

```
### 将容器的 8080 端口映射到节点的端口
$ kubectl expose deployment/kubernetes-bootcamp
--type="NodePort"
--port 8080
### 命令执行后输出的结果
service/kubernetes-bootcamp exposed
```

执行命令 kubectl get services，可以查看应用被映射到节点的哪个端口：

```
$ kubectl get services
NAME                  TYPE        CLUSTER-IP       EXTERNAL-IP   PORT(S)          AGE
kubernetes            ClusterIP   10.96.0.1        <none>        443/TCP          30m
kubernetes-bootcamp   NodePort    10.107.222.145   <none>        8080:32152/TCP   2m45s
```

kubernetes 是默认的 Service。kubernetes-bootcamp 是我们应用的 Service，8080 端口已经映射到 32152 端口，端口号是随机分配的，可以执行如下命令访问应用：

```
### minikube 为 hostname，32152 为端口
$ curl minikube:32152
### 命令执行后输出的结果
```

```
Hello Kubernetes bootcamp! |
Running on: kubernetes-bootcamp-6c5cfd894b-ghv4v | v=1
```

步骤07 默认情况下应用只会运行一个副本，可以通过 kubectl get deployments 查看副本数：

```
### 查看应用副本
$ kubectl get deployments
NAME                READY   UP-TO-DATE   AVAILABLE   AGE
kubernetes-bootcamp 1/1     1            1           6m12s
```

执行如下命令将副本数增加到 3 个：

```
###将副本数量增加到 3 个
$ kubectl scale deployments/kubernetes-bootcamp --replicas=3
deployment.extensions/kubernetes-bootcamp scaled
### 查询副本的数量
$ kubectl get deployments
NAME                READY   UP-TO-DATE   AVAILABLE   AGE
kubernetes-bootcamp 3/3     3            3           10m
### 查看 Pod 的数量，此时 Pod 的数量增加到 3 个
$ kubectl get pods
NAME                                READY   STATUS    RESTARTS   AGE
kubernetes-bootcamp-6c5cfd894b-5xj8n 1/1    Running   0          60s
kubernetes-bootcamp-6c5cfd894b-8gz28 1/1    Running   0          60s
kubernetes-bootcamp-6c5cfd894b-ghv4v 1/1    Running   0          11m
```

步骤08 通过 curl 访问应用，可以看到每次请求发送到不同的 Pod，3 个副本轮流处理，这样就实现了负载均衡。

```
$ curl minikube:32152
Hello Kubernetes bootcamp! |
Running on: kubernetes-bootcamp-6c5cfd894b-5xj8n | v=1
$ curl minikube:32152
Hello Kubernetes bootcamp! |
Running on: kubernetes-bootcamp-6c5cfd894b-8gz28 | v=1
$ curl minikube:32152
Hello Kubernetes bootcamp! |
Running on: kubernetes-bootcamp-6c5cfd894b-ghv4v | v=1
```

要减少 Pod 数量也很方便，执行下列命令：

```
### 将 Pod 的数量减少到两个
$ kubectl scale deployments/kubernetes-bootcamp --replicas=2
deployment.extensions/kubernetes-bootcamp scaled
### 查询应用部署情况
$ kubectl get deployments
NAME                READY   UP-TO-DATE   AVAILABLE   AGE
kubernetes-bootcamp 2/2     2            2           19m
### 查询应用 Pod 部署情况，可以看到有一个 Pod 处于 Terminating 状态
$ kubectl get pods
NAME                                READY   STATUS    RESTARTS   AGE
kubernetes-bootcamp-6c5cfd894b-5xj8n 1/1    Running   0          8m43s
```

```
kubernetes-bootcamp-6c5cfd894b-8gz28   1/1   Terminating   0       8m43s
kubernetes-bootcamp-6c5cfd894b-ghv4v   1/1   Running       0       19m
```

步骤09 当前应用使用的 Image 版本为 v1，执行如下命令将其升级到 v2：

```
$ kubectl set image deployments/kubernetes-bootcamp
kubernetes-bootcamp=jocatalin/kubernetes-bootcamp:v2
### 命令执行后输出的结果
deployment.extensions/kubernetes-bootcamp image updated
### 查看 Pod 的部署情况
$ kubectl get pods
NAME                                    READY   STATUS        RESTARTS   AGE
kubernetes-bootcamp-5bf4d5689b-vs8bx    1/1     Running       0          7s
kubernetes-bootcamp-5bf4d5689b-z4xjv    1/1     Running       0          5s
kubernetes-bootcamp-6c5cfd894b-5xj8n    1/1     Terminating   0          15m
kubernetes-bootcamp-6c5cfd894b-ghv4v    1/1     Terminating   0          25m
### 查看 Pod 的部署情况
$ kubectl get pods
NAME                                    READY   STATUS     RESTARTS   AGE
kubernetes-bootcamp-5bf4d5689b-vs8bx    1/1     Running    0          41s
kubernetes-bootcamp-5bf4d5689b-z4xjv    1/1     Running    0          39s
```

通过 kubectl get pods 可以观察滚动更新的过程，v1 版本的 Pod 被逐个删除，同时启动了新的 v2 版本的 Pod。更新完成后访问新版本应用：

```
### curl 命令访问应用，可以看到当前的镜像是 v2 版本的
$ curl minikube:32152
Hello Kubernetes bootcamp! |
Running on: kubernetes-bootcamp-5bf4d5689b-vs8bx | v=2
### curl 命令访问应用，可以看到当前的镜像是 v2 版本的
$ curl minikube:32152
Hello Kubernetes bootcamp! |
Running on: kubernetes-bootcamp-5bf4d5689b-vs8bx | v=2
```

步骤10 回滚 v2 版本的镜像到 v1 版本的镜像：

```
### 回滚
$ kubectl rollout undo deployments/kubernetes-bootcamp
deployment.extensions/kubernetes-bootcamp rolled back
### 查看 Pod 部署情况
$ kubectl get pods
NAME                                    READY   STATUS        RESTARTS   AGE
kubernetes-bootcamp-5bf4d5689b-vs8bx    1/1     Terminating   0          13m
kubernetes-bootcamp-5bf4d5689b-z4xjv    1/1     Terminating   0          13m
kubernetes-bootcamp-6c5cfd894b-vtnpn    1/1     Running       0          8s
kubernetes-bootcamp-6c5cfd894b-xwj9f    1/1     Running       0          9s
### 验证版本已经回退到 v1
$ curl minikube:32152
Hello Kubernetes bootcamp! |
Running on: kubernetes-bootcamp-6c5cfd894b-vtnpn | v=1
```

至此，我们已经学会简单搭建 Kubernetes 集群、部署应用、应用镜像升级、Pod 的扩容与缩容

以及版本回滚等操作。Kubernetes 命令行操作不仅有这些，更多的操作可参考官方文档。

18.4.5　Kubernetes 的架构

我们可以通过 kubeadm 部署三节点的 Kubernetes 集群，具体架构如图 18-10 所示。

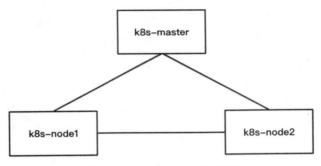

图 18-10　Kubernetes 集群架构

k8s-master 是 Master，k8s-node1 和 k8s-node2 是 Node，节点的操作系统选择 Linux 操作系统即可。搭建如图 18-10 所示的架构时，需要在所有节点上安装 kubelet、kubeadm 和 kubectl。

- kubelet 运行在 Cluster 集群的所有节点上，负责启动 Pod 和容器。
- kubeadm 用于初始化 Cluster 集群。
- kubectl 是 Kubernetes 命令行工具。通过 Kubectl 可以部署和管理应用，查看各种资源，创建、删除和更新各种组件。

我们可以使用 kubeadm 初始化 Cluster 集群中的 k8s-master 节点，具体步骤参考官方文档：https://kubernetes.io/docs/setup/independent/create-cluster-kubeadm。

k8s-master 是 Kubernetes Cluster 的核心，运行 Daemon 服务包括：kube-apiserver、kube-scheduler、kube-controller-manager、etcd 和 Pod 网络（例如 Flannel）。k8s-master 具体的架构如图 18-11 所示。

API Server：API Server 提供 HTTP/HTTPS RESTful API，即 Kubernetes API。API Server 是 Kubernetes Cluster 集群的前端接口，各种客户端工具以及 Kubernetes 其他组件可以通过它管理集群的各种资源。

Scheduler：Scheduler 在调度时会充分考虑 Cluster 集群的拓扑结构，负责决定将 Pod 放在哪个 Node 上运行。Scheduler 会充分考虑当前各个节点的负载，以及应用对高可用、性能、数据亲和性的需求。

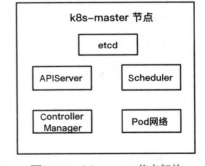

图 18-11　k8s-master 节点架构

Controller Manager：Controller Manager 由多种 Controller 组成，包括 Replication Controller、Endpoints Controller、Namespace Controller、Service Accounts、Controller 等。Controller Manager 负责管理 Cluster 集群的各种资源，保证资源处于预期的状态。不同的 Controller 管理不同的资源。例如，Replication Controller 管理 Deployment、StatefulSet、DaemonSet 的生命周期，Namespace

Controller 管理 Namespace 资源。

Etcd：负责保存 Kubernetes Cluster 集群的配置信息和各种资源的状态信息。当数据发生变化时，etcd 会快速地通知 Kubernetes 相关组件。

Pod 网络：Pod 要能够相互通信，Kubernetes Cluster 必须部署 Pod 网络，Flannel 是其中一个可选方案。

了解了 k8s-master 的架构，接下来介绍 Node 节点的架构，具体如图 18-12 所示。

kubelet：kubelet 是 Node 节点的 agent，当 Scheduler 确定在某个 Node 上运行 Pod 后，会将 Pod 的具体配置信息（image、volume 等）发送给该节点的 kubelet，kubelet 根据这些信息创建和运行容器，并向 Master 报告运行状态。

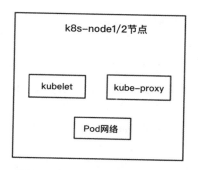

图 18-12　k8s-node1/2 节点架构

kube-proxy：Service 在逻辑上代表后端的多个 Pod，外界通过 Service 访问 Pod。每个 Node 都会运行 kube-proxy 服务，它负责将访问 Service 的 TCP/UPD 数据流转发到后端的容器。如果有多个副本，kube-proxy 就会实现负载均衡。

三节点的 Kubernetes 集群整体架构如图 18-13 所示。

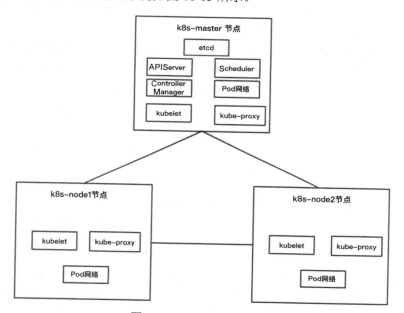

图 18-13　k8s 集群整体架构

因为 k8s-master 上也可以运行应用，即 k8s-master 也是一个 Node，所以 k8s-master 上也有 kubelet 和 kube-proxy。

当我们在 k8s 集群中部署一个的应用时（两个 Pod），具体的流程如下：

（1）kubectl 发送部署请求到 API Server。

（2）API Server 通知 Controller Manager 创建一个 Deployment 资源。

（3）Scheduler 执行调度任务，将两个副本 Pod 分发到 k8s-node1 和 k8s-node2。

（4）k8s-node1 和 k8s-node2 上的 kubectl 在各自的节点上创建并运行 Pod（kubectl 创建 Deployment，Deployment 创建 ReplicaSet，ReplicaSet 创建 Pod）。

（5）应用的配置和当前的状态信息保存在 etcd 中，执行 kubectl get pod 时 API Server 会从 etcd 中读取这些数据。

（6）Pod 网络会为每个 Pod 都分配 IP。因为没有创建 Service，所以目前 kube-proxy 还没参与进来。

每个 Pod 都有自己的 IP 地址。当 Controller 用新 Pod 替代发生故障的 Pod 时，新 Pod 会分配到新的 IP 地址。这样就产生了一个问题：如果一组 Pod 对外提供服务（比如 HTTP），它们的 IP 很有可能发生变化，那么客户端如何找到并访问这个服务呢？Kubernetes 给出的解决方案是 Service。

Kubernetes Service 从逻辑上代表了一组 Pod。Service 有自己的 IP，而且这个 IP 是不变的。客户端只需要访问 Service 的 IP，Kubernetes 则负责建立和维护 Service 与 Pod 的映射关系。无论后端 Pod 如何变化，对客户端不会有任何影响，因为 Service 没有变。Service 提供了访问 Pod 的抽象层。无论后端的 Pod 如何变化，Service 都作为稳定的前端对外提供服务。同时，Service 还提供了高可用和负载均衡功能，Service 负责将请求转发给正确的 Pod。

无论是 Pod 的 IP 还是 Service 的 Cluster IP，它们只能在 Kubernetes 集群中可见，对集群之外的世界，这些 IP 都是私有的。Kubernetes 提供了两种方式让外界能够与 Pod 通信：

- NodePort：Service 通过 Cluster 集群节点的静态端口对外提供服务，外部可以通过 <NodeIP>:<NodePort> 访问 Service。
- LoadBalancer：Service 利用 Cloud Provider 提供的 LoadBalancer 对外提供服务，Cloud Provider 负责将 LoadBalancer 的流量导向 Service。目前支持的 Cloud Provider 有 GCP、AWS、Azure 等。Kubernetes 集群完整的架构如图 18-14 所示。

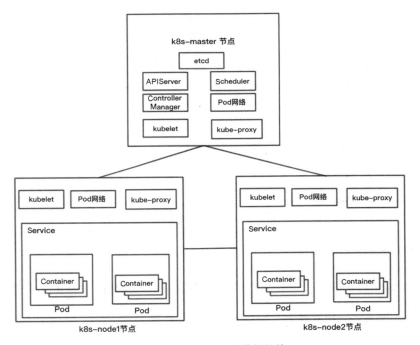

图 18-14　k8s 集群完整的架构

18.4.6　Kubernetes 集群监控

　　Kubernetes 是一个复杂的系统，创建 Kubernetes 集群并部署容器化应用只是第一步。一旦集群运行起来，我们需要确保集群一切都是正常的，有足够的资源满足应用的需求。因此，需要有一套监控工具获取集群的实时状态，并为故障排查提供及时和准确的数据支持。

　　目前，Kubernetes 集群监控有如下三种：

　　（1）Weave Scope 可以展示集群和应用的完整视图。其出色的交互性让用户能够轻松对容器化应用进行实时监控和问题诊断。

　　（2）Heapster 是 Kubernetes 原生的集群监控方案。预定义的 Dashboard 能够从 Cluster 和 Pod 两个层次监控 Kubernetes。

　　（3）Prometheus Operator 可能是目前功能最全面的 Kubernetes 开源监控方案。除了能够监控 Node 和 Pod 外，还支持集群的各种管理组件，比如 API Server、Scheduler、Controller Manager 等。

18.4.7　Kubernetes 集群日志管理

　　Kubernetes 开发了一个 Elasticsearch 附加组件来实现集群的日志管理。这是 Elasticsearch、Fluentd 和 Kibana 的组合。Elasticsearch 是一个搜索引擎，负责存储日志并提供查询接口。Fluentd 负责从 Kubernetes 搜集日志并发送给 Elasticsearch。Kibana 提供了一个 Web GUI 界面。用户可以浏览和搜索存储在 Elasticsearch 中的日志，如图 18-15 所示。

图 18-15　k8s 集群日志管理架构

　　关于 Elasticsearch、Fluentd 和 Kibana 的更多资料，可参考第 13 章的内容。

18.4.8　Kubernetes 解决方案

　　使用 Spring Boot + Docker + Kubernetes 搭建分布式微服务架构，总体的架构如图 18-16 所示。

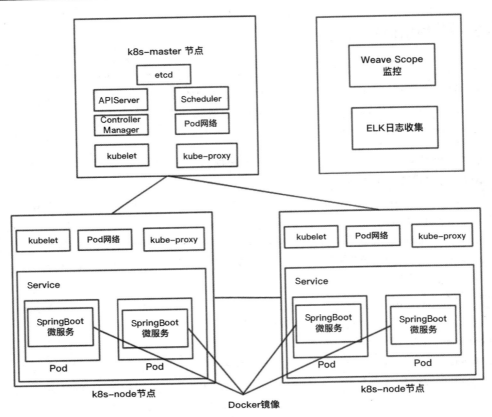

图 18-16　k8s 日志管理架构

Spring Boot 作为微服务项目的脚手架，Docker 容器技术将微服务打包成容器镜像，部署到 Pod 里，最后 Kubernetes 充当所有微服务应用的管理者，监控微服务、收集微服务应用的日志信息等。

参 考 文 献

[1] https://blog.csdn.net/suifeng3051/article/details/28861883.

[2] https://blog.csdn.net/lipp555/article/details/52610540.

[3] Wikipedia.[Bruce Jay Nelson]（https://en.wikipedia.org/wiki/Bruce_Jay_Nelson）.

[4] https://blog.csdn.net/suifeng3051/article/details/25238243.

[5] https://mp.weixin.qq.com/s/kXtliHCqtrTjlWFm1aHtVQ.

[6] DUBBO. [DUBBO]（http://dubbo.io/）.

[7] https://www.cnblogs.com/leohe/p/6667469.html.

[8] https://baike.baidu.com/item/Hessian/2385196.

[9] 孙卫琴.Java 网络编程精解[M]. 北京：电子工业出版社，2007.3.

[10] 李业兵.架构探险：从零开始写分布式服务架构[M]. 北京：电子工业出版社，2017.

[11] https://blog.csdn.net/huangshulang1234/article/details/79374034.

[12] 李智慧．大型网站技术架构核心原理与案例分析，电子工业出版社，2013.

[13] https://blog.csdn.net/z15818264727/article/details/78890642.

[14] 黄勇．架构探险:轻量级微服务框架(上册)[M]. 北京：电子工业出版社，2016.

[15] 黄勇．架构探险:轻量级微服务框架(下册)[M]. 北京：电子工业出版社，2016.

[16] http://kafka.apachecn.org/intro.html.

[17] 牟大恩. Kafka 入门与实践[M]. 北京：人民邮电出版社，2017.

[18] http://spring.io/projects/spring-kafka.

[19] https://baike.baidu.com/item/JSON.

[20] 杨保华，戴王剑，曹亚仑.Docker 技术入门与实战[M]. 北京：机械工业出版社，2018.

[21]朱林. Elasticsearch 技术解析与实战[M].北京：机械工业出版社，2017.

[22] https://zhuanlan.zhihu.com/p/28851786.

[23] 李林峰. Netty 权威指南[M].北京：电子工业出版社，2014.

[24] 诺曼·毛瑞尔（Norman Maurer），马文·艾伦·沃尔夫泰尔（Marvin Allen Wolfthal）.Netty 实战[M]. 人民邮电出版社，2017.

[25] https://baike.baidu.com/item/IntelliJ%20IDEA/9548353?fr=aladdin.

[26] https://baike.baidu.com/item/jdk/1011?fr=aladdin.

[27] https://baike.baidu.com/item/tomcat/255751?fr=aladdin.

[28] https://baike.baidu.com/item/Maven/6094909?fr=aladdin.

[29] https://projects.spring.io/spring-framework/.

[30] 埃克尔.JAVA 编程思想（第 4 版）[M]. 北京：机械工业出版社，2007.

[31] 郝佳. Spring 源码深度解析[M]. 北京：人民邮电出版社，2013.

[32] 黄健宏. Redis 设计与实现[M]. 北京：机械工业出版社，2014.

[33] 倪炜. 分布式消息中间件实践[M]. 北京：电子工业出版社，2011.

[34] 周继锋，冯钻优，陈胜尊，左越宗. 分布式数据库架构及企业实践——基于 Mycat 中间件[M]. 北京：电子工业出版社，2016.

[35] https://baike.baidu.com/item/Avro/6633226.

[36] 刘伟.设计模式[M]. 北京：清华大学出版社，2011.

[37] 郝佳.Spring 源码深度解析[M]. 北京：人民邮电出版社，2013.

[38] 倪超.从 Paxos 到 ZooKeeper [M]. 北京：电子工业出版社，2015.

[39] http://dubbo.io/

[40] https://www.oschina.net/p/sharding-jdbc

[41] http://www.mybatis.org/mybatis-3/

[42] https://baike.baidu.com/item/junit/1211849?fr=aladdin

[43] https://logging.apache.org/log4j/2.x/

[44] 鸟哥.鸟哥的 Linux 私房菜[M]. 北京：人民邮电出版社，2010.

[45] 李林锋. Netty 权威指南第 2 版[M]. 北京：电子工业出版社，2015.

[46] https://www.jianshu.com/p/70b5387cbef7.

[47] https://junit.org/junit5/docs/current/user-guide/.

[48] http://www.h2database.com/html/tutorial.html.

[49] https://baike.baidu.com/item/Jmeter/3104456.

[50] https://github.com/Netflix/Hystrix/wiki.

[51] Leader-us.架构解密：从分布式到微服务[M].北京：电子工业出版社，2017.

[52] https://springcloud.cc/.

[53] https://blog.csdn.net/ityouknow/article/details/78431130.

[54] CloudMan.每天 5 分钟玩转 Kubernetes[M].北京：清华大学出版社，2018.

[55] https://kubernetes.io/docs/setup/independent/install-kubeadm/.

[56] https://kubernetes.io/docs/setup/independent/create-cluster-kubeadm.

[57] https://baike.baidu.com/item/Dubbo/18907815.

[58] http://dubbo.apache.org/en-us/docs/user/quick-start.html.

[59] 徐郡明.MyBatis 技术内幕[M] . 北京：电子工业出版社，2017.